Du Point à l'Espace

Du Point à l'Espace
Introduction formelle à la géométrie euclidienne

Christian V. Nguembou Tagne

BoD - Books on Demand

© 2018, Christian Valéry Nguembou Tagne

« Cette œuvre est protégée par le droit d'auteur et strictement réservée à l'usage privé du client. Toute reproduction ou diffusion au profit de tiers, à titre gratuit ou onéreux, de tout ou partie de cette œuvre, est strictement interdite et constitue une contrefaçon prévue par les articles L 335-2 et suivants du Code de la Propriété Intellectuelle. L'auteur se réserve le droit de poursuivre toute atteinte à ses droits de propriété intellectuelle devant les juridictions civiles ou pénales. »

Éditeur : BoD - Books on Demand,

12/14 rond-point des Champs Élysés, 75008 Paris

Impression : BoD - Books on Demand, Allemagne

ISBN : 978-2-322-11931-8

Dépôt légal : avril 2018

À la mémoire de
JEANNE KAMBOU
(1933 – 1995)

Avant-propos

Comment définir rigoureusement le concept de point en géométrie ? Au premier abord, cette interrogation paraît inopportune, en tant que sa réponse semble évidente et triviale. Elle ne manque pas d'à-propos cependant, et s'inscrit à mon sens dans la problématique plus globale de la présentation des notions mathématiques à des publics non-experts. Un regard serré sur les définitions familières, notamment sur celles proposées dans l'enseignement secondaire, permet de soutenir ce jugement.

En l'espèce, un manuel destiné aux collégiens, dans la section consacrée à la géométrie du plan, dicte :

« Le *plan* est une surface infinie. [...] Un *point* du plan est un lieu, un endroit qui n'a ni longueur ni épaisseur. »

Plus loin dans le même ouvrage, la notion de droite est introduite comme suit.

« Si l'on a marqué et nommé A et B deux points du plan, on peut *tracer* autant de traits que l'on veut : on obtient des *lignes*. Mais on ne peut (avec une *règle*) tracer qu'une seule *droite* passant par ces deux points. Cette *droite* est appelée la droite AB et on la note (AB). »

Ces définitions sont adossées aux sens courants des termes *surface*, *infinité*, *lieu*, *endroit* ou *ligne*. À ce titre, elles permettent une perception intuitive du plan, des points et droites. Toutefois, elles sont porteuses de confusion et de fragilité, eu égard à l'ambiguïté et à la versatilité des mots employés.

Ces définitions sont donc au fond inadaptées à la pratique des mathématiques, même élémentaires. En effet, par essence, la construction de raisonnements inductifs, déductifs et discursifs, est inhérente à la démarche mathématique. Elle exige robustesse des matériaux, précision des outils, et rigueur dans leur emploi.

Au demeurant, la seconde définition reprise ci-dessus associe l'existence d'une droite à un instrument matériel (la règle) et à une action concrète (tracer). Cette matérialisation de la droite, entité abstraite, s'il en est, est un élément supplémentaire de fragilisation de ladite définition. Elle se conjugue à l'imprécision de la terminologie, et instille l'idée fallacieuse que les concepts mathématiques trouvent toujours des manifestations perceptibles par les sens de l'humain.

De fait, les mathématiques ne sont pas assujetties au réel. Elles peuvent s'en inspirer certes. Dans cette optique, représentations graphiques et simulations peuvent être intégrées à un processus de recherche mathématique, non pas pour dégager des enseignements définitifs, mais pour stimuler et soutenir l'esprit qui, seul et en dernier ressort, va par le raisonnement tirer des conclusions valides. Les nombreux schémas et figures présents dans les textes sur la géométrie s'inscrivent dans cette perspective. Ils sont le tribut que l'humain doit parfois payer pour favoriser l'émancipation de l'esprit des pesanteurs du corps. À ce sujet, le philosophe français ÉMILE-AUGUSTE CHARTIER, dit ALAIN, dans son ouvrage *Histoire de mes pensées* (1936), écrit d'un ton juste et vibrant :

> « *La ligne droite n'est pas, je la trace parce que je la veux. La tracer est même une faiblesse. La droite est si belle par deux étoiles ! L'esprit la soutient seul.* »

En somme, pour rendre fidèlement l'essence des concepts mathématiques, les définitions doivent éviter les écueils de l'imprécision désinvolte et les périls de la matérialisation perfide. La démarche mathématique, fondée sur une logique et des structures formelles, offre le cadre de réalisation de ce dessein. Elle permet notamment la construction de terminologies précises.

Le présent texte est dédié à la géométrie euclidienne. Il en propose une vue frappée au coin du formalisme mathématique. Son écriture a été motivée par des discussions profanes sur la nature et les propriétés des points en géométrie. Ces échanges ont révélé en la matière le désir de discours à vocation universelle, dépassant l'horizon étroit des approches intuitives à la mode. En écho, ce texte est publié à l'adresse de ceux qui aspirent à un regard affiné sur la géométrie euclidienne. Il est également destiné aux élèves et enseignants des collèges et lycées. Puissent-ils y trouver des lumières ou de la substance pour exercer leur esprit critique.

L'ouvrage comporte trois chapitres et deux annexes.

Le premier chapitre propose une description succincte de la démarche mathématique. Il donne en outre des outils structurels nécessaires ou utiles à une pratique sereine et décomplexée de la géométrie euclidienne. Le deuxième chapitre présente et confronte deux approches différentes de cette matière : la vision originelle d'EUCLIDE datée vers l'an 300 avant notre ère et celle formalisée de DAVID HILBERT, publiée pour la première fois en 1899. Dans le sillage de l'approche de Hilbert, le troisième chapitre propose une construction rigoureuse de la distance entre les points de l'espace euclidien.

La première annexe présente les bases de l'approche vectorielle de la géométrie euclidienne, tandis que la seconde est dédiée à la résolution des exercices proposés dans le livre.

Francfort-sur-le-Main, le 29 mars 2018

Christian V. Nguembou Tagne[*]

---

[*]. Vous pouvez poser des questions, faire des commentaires, ou avoir des informations complémentaires à la page suivante : **formalis-mathematica.net**

Table des matières

Avant-propos   vii

1. La démarche mathématique   1
    1.1. Les trois phases de la démarche mathématique 2
    1.2. Logique mathématique 4
       1.2.1. Syntaxe des langages formels 7
       1.2.2. Sémantique des langages formels 11
       1.2.3. Règles de déduction 20
    1.3. Théorie des ensembles 27
       1.3.1. Les axiomes de Zermelo et Fränkel 27
       1.3.2. Opérations sur la collection des ensembles 29
       1.3.3. Relations, fonctions, applications et opérations 36
       1.3.4. Les nombres entiers naturels 48
       1.3.5. Les nombres entiers relatifs 51
       1.3.6. Les nombres rationnels 55
       1.3.7. Les nombres réels 71
    Post-scriptum 82
    Exercices 89

2. Euclide versus Hilbert   91
    2.1. La géométrie d'Euclide 92
       2.1.1. Définitions, postulats et notions communes 92
       2.1.2. Propositions 96
       2.1.3. Exégèse et critique de la géométrie d'Euclide 104

2.2. La géométrie euclidienne selon Hilbert 105
    2.2.1. Les axiomes de Hilbert 106
    2.2.2. Conséquences des axiomes de Hilbert 116
    2.2.3. Consistance des axiomes de Hilbert 131
    2.2.4. Indépendance mutuelle des axiomes de Hilbert 131
  Post-scriptum 132
  Exercices 133

3. Distance dans l'espace euclidien — 139
  3.1. Relations d'équivalence sur les collections 140
  3.2. Classes de congruences de segments 142
  3.3. Construction de la distance dans l'espace euclidien ... 148
  Post-scriptum 172
  Exercices 173

A. Approche vectorielle de l'espace euclidien — 177
  A.1. Parallélisme 178
  A.2. Projections 186
  A.3. Repères cartésiens, coordonnées et vecteurs 189
  A.4. Dimension 200
  Post-scriptum 204
  Exercices 204

B. Solutions d'exercices — 207
  B.1. Solutions d'exercices du chapitre 1 207
  B.2. Solutions d'exercices du chapitre 2 213
  B.3. Solutions d'exercices du chapitre 3 229
  B.4. Solutions d'exercices de l'annexe A 232

Liste des tableaux 237

Liste des schémas 239

Bibliographie 241

Index 243

Chapitre 1.

La démarche mathématique

> *Contrairement à Kronecker,*
> *pour fonder les mathématiques,*
> *je n'ai pas besoin de Dieu.*
>
> DAVID HILBERT

Chaque science se caractérise par ses objets et ses méthodes. Les mathématiques se distinguent des autres disciplines scientifiques non seulement par la nature abstraite de leurs objets, mais surtout par le formalisme de leurs méthodes. Ce formalisme s'exprime notamment par l'usage de la logique et de la théorie des ensembles, qui sont au cœur de la démarche mathématique, sujet du présent chapitre.

Ce dernier est constitué de trois sections. La première décrit les trois phases de la démarche mathématique. La logique et la théorie des ensembles sont des disciplines riches et complexes. Les deuxième et troisième sections en donne toutefois des descriptions succinctes, pour une meilleure intelligence de la démarche mathématique.

1.1. Les trois phases de la démarche mathématique

Dans la pratique, les théories mathématiques se bâtissent par une méthode en trois étapes. *Axiomatisation, explication* et *développement* sont les phases de ce triptyque.

L'axiomatisation est l'étape préliminaire de la démarche mathématique. Elle a deux desseins : définir les objets et concepts de base, puis formuler les lois consubstantielles à ceux-ci. Ces lois ontologiques sont appelées *axiomes*. La phase d'axiomatisation trace un canevas et met sur pied une fondation sur laquelle sera érigée une théorie. La validité et la robustesse de la théorie à naître est tributaire de la pertinence, de la cohérence et de la consistance du système d'axiomes.

L'explication intervient à la suite de l'axiomatisation. C'est la phase d'imprégnation. Elle vise principalement la familiarisation avec les objets et concepts de base, notamment par des exemples ou par la confrontation avec des éléments d'autres théories. Par ailleurs, elle doit permettre d'éprouver la pertinence, la cohérence et la consistance du canevas axiomatique, autant que faire se peut.

Le développement, phase ultime de la démarche mathématique, consiste en trois actions :
— déduction de nouveaux objets et concepts,
— examen minutieux de tous les éléments de la théorie,
— formulation et validation par la démonstration de lois régissant ces éléments.

De telles lois, déduites des définitions et axiomes, sont appelées *propositions*, *corollaires*, *lemmes* ou *théorèmes*, selon leur portée dans la théorie.

La pensée est le ressort du cheminement mathématique. Ses formes peuvent être classées en trois catégories, en miroir des opérations du jugement que sont l'*abduction* (ou *intuition*), l'*induction* et la *déduction*. Ces dernières interviennent dans la démarche mathématique à des degrés divers.

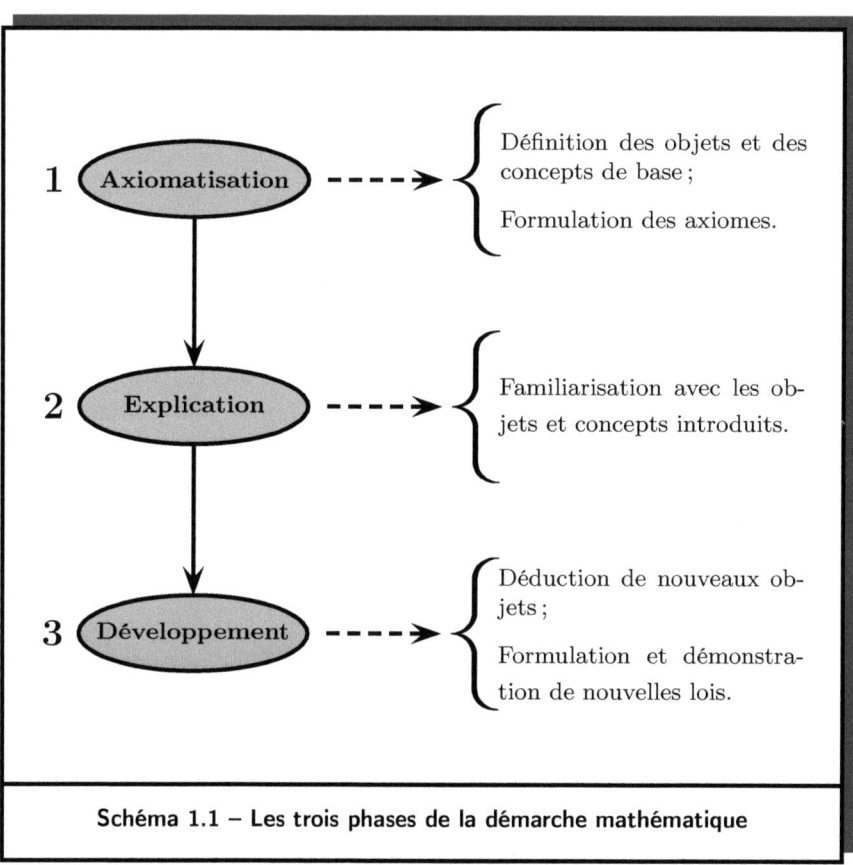

Schéma 1.1 – Les trois phases de la démarche mathématique

Précisément, le mathématicien élabore des hypothèses dans la phase d'axiomatisation, puis les met à l'épreuve dans la phase d'explication, et enfin explore leurs conséquences dans la phase de développement. L'élaboration des hypothèses est de l'ordre de l'intuition, la mise à l'épreuve du ressort de l'induction, et l'exploration du domaine de la déduction.

Les mathématiques sont donc une discipline d'exploration d'hypothèses : une science hypothético-déductive. La logique y joue un rôle majeur. En effet, elle met à disposition des langages pour la définition rigoureuse des objets et la formulation précise des concepts et lois, puis édicte les règles de déduction.

1.2. Logique mathématique

La formalisation des actions de l'esprit est un principe essentiel de la pensée mathématique. Cette dernière repose sur quatre actions fondatrices : *identification*, formation de *collections*, mise en *relation* et mise en *correspondance*.

Les objets mathématiques peuvent être variables ou constants. Leur *identification* se réalise au moyen de symboles.

Une **variable** est un symbole représentant un objet inconnu ou un objet quelconque d'une nature déterminée. Une **constante** est un symbole désignant un objet précisément défini.

Le symbolisme mathématique n'est pas soumis à une réglementation universelle. Le respect de certains usages est toutefois recommandé. Les symboles 0, 1, 2, 3, ..., 9 désignent notamment les dix premiers nombres entiers naturels. Au demeurant, pour la représentation des variables et constantes, la coutume préconise l'utilisation des lettres minuscules et majuscules des alphabets latin et grec. Chacune de ces lettres peut par ailleurs être indexée ou accentuée, et générer des symboles tels que x_0, x_1 et x_2, puis y' et y'', etc. Un stock illimité de symboles est ainsi constitué.

Tableau 1.1 – L'alphabet grec

Lettres		Noms
Minuscules	*Majuscules*	
α	A	alpha
β	B	bêta
γ	Γ	gamma
δ	Δ	delta
ε, ϵ	E	epsilon
ζ	Z	zêta ou dzêta
η	H	êta
θ, ϑ	Θ	thêta
ι	I	iota
κ	K	kappa
λ	Λ	lambda
μ	M	mu
ν	N	nu
ξ	Ξ	xi ou ksi
o	O	omicron
π	Π	pi
ρ, ϱ	P	rhô
σ, ς	Σ	sigma
τ	T	tau
υ	Υ	upsilon
φ, ϕ	Φ	phi
χ	X	khi
ψ	Ψ	psi
ω	Ω	oméga

Des symboles distincts peuvent désigner le même objet. Le signe d'égalité (=) permet le cas échéant de le signaler. Par exemple, l'expression $x = y$ signifie que les symboles x et y désigne le même objet. En miroir, la différence entre deux objets A et B se symbolise par $A \neq B$.

Des objets identifiés peuvent être organisés en collections.

Une **collection** est une entité réunissant en son sein des objets déterminés. Les symboles d'appartenance ($\in$) et de non-appartenance ($\notin$) permettent d'exprimer le rapport entre un objet et une collection donnés. Précisément, pour un objet x et une collection $\mathcal{C}$, le libellé $x \in \mathcal{C}$ signifie que x appartient à $\mathcal{C}$. Du reste, la formule $x \notin \mathcal{C}$ exprime que l'objet x n'est pas un élément de la collection $\mathcal{C}$.

Les symboles indexés x_1, ..., x_n désignant n objets, la collection constitué de ces dernier est symbolisée par $\{x_1, \ldots, x_n\}$. Ainsi, la formule $\mathcal{C} = \{x_1, \ldots, x_n\}$ signifie que $\mathcal{C}$ est la collection constituée des objets $x_1, \ldots, x_n$.

Les collections peuvent être mis en relation par la création d'un nouveau type d'objets : les n-uplets.

Pour chaque nombre entier naturel n distinct de 0 et de 1, et pour des objets x_1, ..., x_n, un nouvel objet, symbolisé par $(x_1, \ldots, x_n)$, appelé n-*uplet*, est défini. Dans le cas particulier $n = 2$, le 2-uplet (x_1, x_2) est appelé *couple*. Dans le même esprit, (x_1, x_2, x_3) est un *triplet*, (x_1, x_2, x_3, x_4) est un *quadruplet*, etc.

Des collections $\mathcal{C}_1, \ldots, \mathcal{C}_n$ étant données, toute collection constituée de n-uplets $(x_1, \ldots, x_n)$ tels que $x_1 \in \mathcal{C}_1, \ldots,$ et $x_n \in \mathcal{C}_n$, est appelée **relation n-aire** entre les collections $\mathcal{C}_1, \ldots, \mathcal{C}_n$. L'ordre de citation des collections doit ici être conforme l'ordre d'apparition de leurs objets dans les n-uplets de la relation.

Dans le cas particulier $n = 2$, cet ordre s'exprime autrement. Précisément, toute collection $\mathcal{R}$ constituée de couples (x_1, x_2), avec $x_1 \in \mathcal{C}_1$ et $x_2 \in \mathcal{C}_2$, est appelée **relation binaire** de $\mathcal{C}_1$ vers $\mathcal{C}_2$. En l'occurrence, un objet x_1 de $\mathcal{C}_1$ est *en relation* avec un objet x_2 de $\mathcal{C}_2$ via

$\mathcal{R}$ lorsque $(x_1, x_2) \in \mathcal{R}$. Ce fait peut également être symbolisé par $x_1 \mathcal{R} x_2$. Cette dernière notation met en exergue le caractère liant de la relation : elle affiche explicitement que l'objet relationnel $\mathcal{R}$ assure la liaison entre x_1 et x_2. Dans le cas d'espèce, la collection $\mathcal{C}_1$ est dite *de départ*, tandis que $\mathcal{C}_2$ est appelée *collection d'arrivée* de $\mathcal{R}$.

Toute relation binaire contraignante pour les objets de la collection de départ, et subordonnée au principe d'exclusivité pour la liaison avec les objets de la collection d'arrivée, est une correspondance.

Précisément, une relation binaire $\mathcal{C}$ d'une collection $\mathcal{A}$ vers une collection $\mathcal{B}$ est appelée **correspondance** de $\mathcal{A}$ vers $\mathcal{B}$ si, pour chaque objet a de $\mathcal{A}$, il existe un et un seul objet b de $\mathcal{B}$ tel $a\mathcal{C}b$, c'est-à-dire $(a, b) \in \mathcal{C}$. Le cas échéant, la notation $b = \mathcal{C}(a)$ est adoptée en lieu et place de $a\mathcal{C}b$ ou $(a, b) \in \mathcal{C}$. La coutume commande alors de dire que b est *l'image* de a par la correspondance $\mathcal{C}$, ou que a est *un antécédent* de b par $\mathcal{C}$. Si au demeurant la collection $\mathcal{A}$ de départ est constituée de n-uplets, alors la correspondance $\mathcal{C}$ est dite *de n variables*, et la notation $\mathcal{C}(x_1, \ldots, x_1)$ désigne l'image d'un n-uplet $(x_1, \ldots, x_n)$ par $\mathcal{C}$. Autrement, $\mathcal{C}$ est une correspondance *d'une variable*.

La logique mathématique est un système de **langages formels** fondés sur les quatre principes ci-dessus évoqués ; à savoir : identification (variables et constantes), formation de collections, mise en relation et mise en correspondance. Ces langages formels, au même titre que la langue française, ont une syntaxe et une sémantique. Les règles syntaxiques régissent la *rédaction des textes*. La sémantique cependant, par un principe clair de contextualisation et de rigoureuses règles d'interprétation, encadre le *raisonnement*.

1.2.1. Syntaxe des langages formels

Chaque langage formel est constitué d'un *alphabet*, de *termes* et d'*expressions*. Toutefois, les termes ne sont pas tirés d'un dictionnaire à proprement parler, mais sont formés à partir de symboles de l'alphabet, dans le respect de règles précises. De même, les expressions, qui sont comparables aux phrases de la langue courante, se construisent avec des termes, dans le cadre de lois déterminées. Avant la présentation des règles de formation des termes et de construction des expressions, il sied de décrire l'alphabet des langages formels.

L'*alphabet* d'un *langage formel* est constitué des symboles suivants :

(**1**) signes délimiteurs (parenthèses, crochets, accolades, etc.) ;
(**2**) $=$ (symbole d'égalité) et $\in$ (symbole d'appartenance) ;
(**3**) $\neg, \vee, \wedge, \Rightarrow, \Leftrightarrow$ (connecteurs logiques) ;
(**4**) $\forall$ (quantificateur universel) et $\exists$ (quantificateur existentiel) ;
(**5**) variables ;

et éventuellement,

(**6**) des symboles de constantes, de relations et de correspondances.

Les symboles des cinq premières catégories sont structurels, au sens où ils appartiennent à tous les langages formels. Ceux de la sixième catégorie sont circonstanciels ou conjoncturels, car ils peuvent varier d'un langage à l'autre. Mieux, un langage formel dépourvu de symboles de cette dernière catégorie est théoriquement concevable.

Tableau 1.2 – Traductions littérales des connecteurs logiques et quantificateurs

Symboles		Traductions littérales
Connecteurs logiques	$\neg$	non
	$\vee$	ou
	$\wedge$	et
	$\Rightarrow$	si ... alors
	$\Leftrightarrow$	si et seulement si
Quantificateurs	$\forall$	pour tout
	$\exists$	il existe

Les ***termes*** d'un ***langage formel*** sont déterminés par les trois règles suivantes :

- (***T_1***) Toute variable est un terme.
- (***T_2***) Tout symbole de constante est un terme.
- (***T_3***) Si $t_1, \ldots, t_n$ sont des termes et $\mathcal{C}$ un symbole de correspondance de n variables, alors $\mathcal{C}(t_1, \ldots, t_n)$ est un terme.

Les termes des langages formels sont ainsi définis avec précision. Ceux obtenus des deux premières règles, à savoir les symboles de variables et de constantes, sont dit *élémentaires*. La troisième règle permet par induction, à partir de termes élémentaires ou déjà connus, d'en former de nouveaux. La définition des expressions intègre également ce principe d'induction.

Les ***expressions*** (ou ***formules***) d'un ***langage formel*** sont déterminées par les cinq règles suivantes :

- (***$\mathcal{E}_1$***) Si t_1 et t_2 sont des termes, alors $t_1 = t_2$ et $t_1 \in t_2$ sont des expressions.
- (***$\mathcal{E}_2$***) Si $t_1, \ldots, t_n$ sont des termes et $\mathcal{R}$ un symbole de relation n-aire, alors $(t_1, \ldots, t_n) \in \mathcal{R}$ est une expression ; pour $n = 2$ en particulier, $t_1 \mathcal{R} t_2$ est une expression.
- (***$\mathcal{E}_3$***) Si p est une expression, alors $\neg p$ est une expression.
- (***$\mathcal{E}_4$***) Si p et q sont des expressions, alors $(p \wedge q)$, $(p \vee q)$, $(p \Rightarrow q)$ et $(p \Leftrightarrow q)$ sont des expressions.
- (***$\mathcal{E}_5$***) Si x et $\mathcal{S}$ sont des variables et p une expression, alors

$$(\forall x \in \mathcal{S}) \, p \qquad \text{et} \qquad (\exists x \in \mathcal{S}) \, p$$

sont des expressions.

Les suites de symboles obtenues selon les préceptes ci-dessus édictés sont des expressions ou formules *syntaxiquement correctes*. Elles peuvent être classées en quatre catégories.

Les expressions livrées par les règles (***$\mathcal{E}_1$***) et (***$\mathcal{E}_2$***) sont dites *atomiques*. Celles déduites de la règle (***$\mathcal{E}_3$***) sont appelées *négations*. Les *expressions connectées* sont celles obtenues par la règle ($\mathcal{E}_4$). L'usage de la règle ($\mathcal{E}_5$) produit des *expressions quantifiées*.

Tableau 1.3 – Noms des expressions composées

Expressions	Noms
$\neg p$	négation de p
$p \vee q$	disjonction de p et q
$p \wedge q$	conjonction de p et q
$p \Rightarrow q$	implication de p vers q
$p \Leftrightarrow q$	équivalence de p et q

Dans les langages formels, les règles de formation des termes et de construction des expressions ont un caractère automatique très marqué. Elles sont fortement contraignantes, contrairement aux règles de la langue française qui, dans la rédaction des phrases, laissent une certaine latitude. Rigueur et précision sont les bénéfices de ces contraintes. Cette réalité fait que les mathématiciens parlent de *calcul* pour désigner tout processus de composition de termes et d'expressions des langages formels.

Des exemples permettent de se familiariser avec la mécanique de ce calcul. À cet effet, soit $\mathfrak{L}$ le langage formel dont l'alphabet n'est constitué que des symboles structurels ; à savoir : signes délimiteurs, symboles d'égalité et d'appartenance, connecteurs logiques, quantificateurs et variables. L'alphabet du langage formel $\mathfrak{L}$ ne contient donc pas de symboles de constante, de relation ou de correspondance. Par conséquent, les variables sont les seuls termes de $\mathfrak{L}$.

Soient $\mathfrak{M}$ et X, puis Y et a, de telles variables. Alors, $a \in X$, puis $a \in Y$ et $X = Y$ sont des expressions atomiques de $\mathfrak{L}$. Au compte des règles de calcul ($\mathcal{E}_4$) et ($\mathcal{E}_5$) à la page 9, il en résulte l'implication

$$\big[(\forall a \in \mathfrak{M}) \, (a \in X \Leftrightarrow a \in Y)\big] \Rightarrow \big[X = Y\big],$$

désignée ici par p, ainsi que l'expression quantifiée

$$(\forall X \in \mathfrak{M})(\forall Y \in \mathfrak{M})\, p. \tag{1.1}$$

Du reste, la règle $(\mathcal{E}_3)$ livre la négation $\neg(a \in X)$. L'expression

$$\left(\exists X \in \mathfrak{M}\right)\left[(\forall a \in \mathfrak{M})\, \neg(a \in X)\right] \tag{1.2}$$

est de ce fait syntaxiquement correcte. Par ailleurs, si Z est une variable, alors la formule

$$[(X \in Z) \wedge (Y \in Z)] \wedge (\forall a \in \mathfrak{M})([a \in Z] \Rightarrow [a = X \vee a = Y]),$$

symbolisée ici par q, est valide dans le langage $\mathfrak{L}$. Il en est de même pour l'expression

$$(\forall X \in \mathfrak{M})(\forall Y \in \mathfrak{M})(\exists Z \in \mathfrak{M})\, q. \tag{1.3}$$

En l'état, ces expressions ne sont que des suites de symboles sans signification. Elles ne prendront du sens que dans un contexte. Les modalités de la contextualisation sont du ressort de la sémantique.

1.2.2. Sémantique des langages formels

En amont de la définition de la notion de contexte, il est utile de faire des précisions relatives aux collections, relations et correspondances.

Une collection est appelée *sous-collection* d'une seconde collection lorsque chaque élément de la première appartient également à la seconde.

Toute relation n-aire entre des collections $\mathcal{C}_1, \ldots, \mathcal{C}_n$ peut également être nommée relation n-aire ***sur*** une collection $\mathfrak{M}$ si $\mathcal{C}_1, \ldots,$ et $\mathcal{C}_n$ sont des sous-collections de $\mathfrak{M}$. Dans le même esprit, une correspondance de $\mathcal{C}_1$ vers $\mathcal{C}_2$ peut être appelée correspondance ***sur*** $\mathfrak{M}$ si $\mathcal{C}_1$ et $\mathcal{C}_2$ sont des sous-collections de $\mathfrak{M}$, ou si $\mathcal{C}_1$ est une relation n-aire sur $\mathfrak{M}$ et $\mathcal{C}_2$ est une sous-collection de $\mathfrak{M}$.

À présent, soit L un langage formel. Les symboles conjoncturels de L sont alors regroupés dans une collection désignée par $\mathfrak{A}_L$. Par ailleurs, soit $\mathfrak{M}$ une collection d'objets telle que les conditions suivantes soient vérifiées :
— chaque symbole de constante dans $\mathfrak{A}_L$ est le nom d'un objet déterminé de $\mathfrak{M}$,
— chaque symbole de relation dans $\mathfrak{A}_L$ désigne une relation sur $\mathfrak{M}$,
— tout symbole de correspondance dans $\mathfrak{A}_L$ est le nom d'une correspondance sur $\mathfrak{M}$.

Alors, une telle collection $\mathfrak{M}$, munie de ces constantes, correspondances et relations (dont les noms sont contenus dans $\mathfrak{A}_L$), est appelée **contexte associé au langage L**, ou **L-contexte**, ou encore **L-structure**.

Par exemple, toute collection d'objets est un contexte du *langage formel primaire* (celui dont l'alphabet ne contient que les symboles structurels). Cette observation coule de source.

La notion de contexte, définie ci-dessus, révèle un raffinement des langages formels. Elle souligne la différence entre le nom d'un objet, qui est un symbole, et l'objet proprement dit, qui est un ensemble de propriétés et caractéristiques le décrivant. Il en est de même pour les relations et correspondances. Les exemples ci-dessus, construits autour de la collection des nombres entiers naturels, permettent un meilleur entendement de ce principe.

Les nombres entiers naturels sont une chaîne se déroulant du plus petit à l'infini. Cet enchaînement produit une relation binaire, appelée *ordre naturel*, sur la collection des nombres entiers naturels. Cet ordre met en exergue un *plus petit élément*. Dans cette chaîne, l'élément qui suit directement un nombre n est appelé *successeur* de n. En miroir, n est le *prédécesseur* de ce dernier.

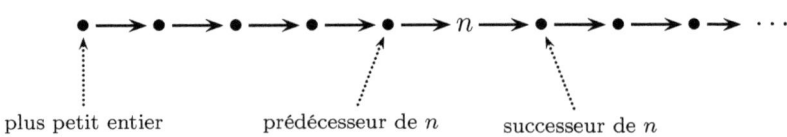

La collection des nombres entiers naturels est d'un type particulier, examiné dans la section dédiée à la théorie des ensembles.

Soit L_1 un langage formel dont les symboles conjoncturels sont contenus dans $\mathfrak{A}_{L_1} = \{0, +\}$, où 0 est un symbole de constante et $+$ un symbole de correspondance de deux variables. Par ailleurs, soit $\mathcal{C}$ la collection des nombres entiers naturels, et $\mathcal{P}$ la collection des couples (x_1, x_2) tels que $x_1 \in \mathcal{C}$ et $x_2 \in \mathcal{C}$. Au demeurant, le plus petit entier naturel est désigné par 0. Du reste, $+$ symbolise la correspondance de $\mathcal{P}$ vers $\mathcal{C}$, associant à tout couple (x_1, x_2) la somme des nombres x_1 et x_2. Selon un certain usage, cette correspondance se représente aussi de manière schématique comme suit :

$$+ : \mathcal{P} \to \mathcal{C}, \ (x_1, x_2) \mapsto x_1 + x_2,$$

où le terme simplifié $x_1 + x_2$ est utilisé en lieu et place de $+(x_1, x_2)$. Alors, $+$ est une correspondance sur $\mathcal{C}$. Par conséquent, le triplet $(\mathcal{C}, 0, +)$, c'est-à-dire la collection $\mathcal{C}$, munie de 0 et de $+$, est un contexte associé au langage L_1.

À présent, soit L_2 un langage formel déterminé par

$$\mathfrak{A}_{L_1} = \{0, 1, \leq, +, \times\},$$

où 0 et 1 sont des symboles de constantes, $\leq$ un symbole de relation binaire, $+$ et $\times$ des symboles de correspondances. Comme précédemment, la lettre $\mathcal{C}$ symbolise ici la collection des nombres entiers naturels, tandis que $\mathcal{P}$ désigne la collection de tous couples de nombres entiers naturels. De plus, 0 représente le plus petit nombre entier naturel et 1 son successeur. En outre, la relation d'ordre naturel sur $\mathcal{C}$ est notée $\leq$. Au demeurant, les signes $+$ et $\times$ symbolisent respectivement l'addition et la multiplication des nombres entiers. Précisément, $+$ et $\times$ sont des correspondances définies comme suit :

$$+ : \mathcal{P} \to \mathcal{C}, \ (x_1, x_2) \mapsto x_1 + x_2$$

et

$$\times : \mathcal{P} \to \mathcal{C}, \ (x_1, x_2) \mapsto x_1 \times x_2.$$

Alors, $(\mathcal{C}, 0, 1, \leq, +, \times)$ est un contexte associé au langage L_2.

Les exemples précédents montrent que la *contextualisation* d'un langage se fait d'une part par *le choix d'objets*, puis d'autre part, le cas échéant, par l'*association* de chaque symbole conjoncturel à une entité (objet, relation, correspondance) liée à la collection des objets choisis.

Chaque expression d'un langage formel contextualisé se prête à une **interprétation** précise et unique. Une **assertion** est une expression associée à son interprétation dans un contexte déterminé.

La définition en catégories des expressions suggère de distinguer quatre types d'assertions ; à savoir : les assertions atomiques, les négations, les assertions connectées et les assertions quantifiées.

Les **assertions atomiques** sont celles déduites d'expressions de la forme
$$t_1 = t_2, \qquad t_1 \in t_2 \qquad \text{et} \qquad \mathcal{R}(t_1, \ldots, t_n),$$
où $t_1, \ldots, t_n$ sont des termes et $\mathcal{R}$ un symbole de relation n-aire.

Les **négations** sont des assertions découlant d'expressions de la forme $\neg p$, où p est une assertion.

Les **assertions connectées** sont celles obtenues d'expressions de la forme
$$p \vee q, \qquad p \wedge q, \qquad p \Rightarrow q \qquad \text{ou} \qquad p \Leftrightarrow q,$$
où p et q sont des expressions. Elles sont respectivement appelées *disjonction, conjonction, implication* ou *équivalence,* conformément au nom de l'expression sous-jacente.

Les **assertions quantifiées** sont celles résultant d'expressions de la forme
$$(\forall x \in \mathcal{S})\ p \qquad \text{ou} \qquad (\exists x \in \mathcal{S})\ p,$$
où x et $\mathcal{S}$ sont des variables et p une assertion.

À la suite de l'introduction des principes de contextualisation et d'interprétation des expressions, le tableau de la sémantique des langages formels se complète par la mise en place d'un modèle permettant la détermination de la valeur de vérité des assertions. Ce modèle se décline en quatre temps, à la cadence de la typologie des assertions livrée ci-dessus.

Soit L un langage formel associé à un contexte $\mathcal{C}$.

(1) Pour des termes t_1 et t_2 du langage L, l'assertion $t_1 = t_2$ est *vraie* (ou a **V** pour *valeur de vérité*) dans le contexte $\mathcal{C}$ si les objets dudit contexte désignés par les symboles t_1 et t_2 sont identiques. Autrement, elle est *fausse* (ou sa *valeur de vérité* est **F**) dans le contexte $\mathcal{C}$.

(2) Pour des termes t_1 et t_2 du langage L, l'assertion $t_1 \in t_2$ est vraie dans le contexte $\mathcal{C}$ si t_2 désigne une collection d'objets et l'objet symbolisé par t_1 appartient à cette collection. Dans le cas contraire, sa valeur de vérité est **F**.

(3) Pour des termes $t_1, \ldots, t_n$ et un symbole $\mathcal{R}$ de relation n-aire dans le langage L, l'assertion $\mathcal{R}(t_1, \ldots, t_n)$ a pour valeur de vérité **V** dans le contexte $\mathcal{C}$ si le n-uplet $(t_1, \ldots, t_n)$, constitué d'objets du contexte $\mathcal{C}$, appartient à $\mathcal{R}$ qui, par définition, désigne une collection de n-uplets. Elle est fausse autrement.

Les règles de détermination de la *valeur de vérité des assertions atomiques* sont ainsi fixées.

Le principe permettant d'établir la *valeur de vérité des négations*, résumé dans le tableau 1.4, coule de source. Précisément, dans un langage formel contextualité, une assertion p et sa négation $\neg p$ ont des valeurs de vérité contraires.

Tableau 1.4 – Table de vérité de la négation

p	$\neg p$
V	F
F	V

À présent, soient p et q des assertions d'un langage formel muni d'un contexte.

La disjonction $p \vee q$ est fausse si les deux assertions p et q le sont. Elle est vraie dans toutes les autres situations.

La conjonction $p \wedge q$ est vraie si les deux assertions p et q le sont. Autrement, elle est fausse.

L'implication $p \Rightarrow q$ est fausse lorsque p est vraie et q fausse. Elle est vraie dans toutes les autres situations.

L'équivalence $p \Leftrightarrow q$ est vraie lorsque les assertions p et q ont la même valeur de vérité. Elle est fausse si la valeur de vérité de p diffère de celle de q.

La problématique de la *valeur de vérité des assertions connectées* est ainsi réglée. Le tableau 1.5 ci-dessous récapitule ce règlement.

Tableau 1.5 – Tables de vérité de la disjonction, conjonction, implication et équivalence

p	q	$p \vee q$	$p \wedge q$	$p \Rightarrow q$	$p \Leftrightarrow q$
V	V	V	V	V	V
V	F	V	F	F	F
F	V	V	F	V	F
F	F	F	F	V	V

La détermination de la valeur de vérité des assertions quantifiées exige de jeter un regard serré sur les variables cruciales des expressions quantifiées. Précisément, dans chacune des expressions de la forme

$$(\forall x \in \mathcal{S}) \; p \quad \text{ou} \quad (\exists x \in \mathcal{S}) \; p,$$

la variable x est dite **liée** au quantificateur $\forall$ ou $\exists$. Dans une expression donnée, toute variable qui n'est liée à aucun quantificateur est dite **libre**. Si une variable x est libre dans une expression p, alors l'expression obtenue en remplaçant, dans p, la variable x par un terme a est notée $p^{[x=a]}$.

Pour l'illustration de ces nouveaux concepts, dans un langage formel L, sont considérés $\mathcal{R}$ un symbole de relation binaire, f un symbole de correspondance à deux variables, c un symbole de constante, puis x, y et $\mathcal{S}$ des variables. Alors, les variables x et y sont libres dans l'expression atomique $f(x,c)\mathcal{R}y$. En revanche, dans l'expression

$$(\forall x \in \mathcal{S})\ f(x,c)\mathcal{R}y,$$

la variable x est liée, tandis que y est libre. De plus, si p désigne l'expression $(\forall x \in \mathcal{S})\ f(x,c)\mathcal{R}y$, alors $p^{[y=a]}$ désigne l'expression

$$(\forall x \in \mathcal{S})\ f(x,c)\mathcal{R}a,$$

obtenue en remplaçant y par un terme a.

Les assertions quantifiées pertinentes sont celles déduites d'expressions de la forme

$$(\forall x \in \mathcal{S})\ p \qquad \text{et} \qquad (\exists x \in \mathcal{S})\ p,$$

où la variable x est libre dans p. Leurs valeurs de vérité se déterminent selon les principes décrits ci-dessous.

Soit L un langage formel, $\mathcal{C}$ un contexte associé à L, et p une expression de L. Par ailleurs, sont considérés des variables x et $\mathcal{S}$ telles que la première x soit libre dans l'expression p.

Dans le contexte $\mathcal{C}$, l'assertion quantifiée

$$(\forall x \in \mathcal{S})\ p$$

est vraie lorsque $\mathcal{S}$ désigne une collection d'objets du contexte $\mathcal{C}$ et l'assertion $p^{[x=a]}$ est vraie pour tout objet $a \in \mathcal{S}$. Elle est fausse s'il existe au moins un objet a de la collection $\mathcal{S}$ telle que l'assertion $p^{[x=a]}$ soit fausse. Si la collection $\mathcal{S}$ est vide, c'est-à-dire, si elle ne contient aucun objet, alors l'assertion $(\forall x \in \mathcal{S})\ p$ est vraie.

Dans le contexte $\mathcal{C}$, l'assertion quantifiée

$$(\exists x \in \mathcal{S})\ p$$

est vraie lorsque $\mathcal{S}$ symbolise une collection d'objets du contexte $\mathcal{C}$ et l'assertion $p^{[x=a]}$ est vraie pour au moins un objet $a \in \mathcal{S}$. Elle est fausse si $p^{[x=a]}$ est fausse pour chaque objet a de la collection $\mathcal{S}$. Si la collection $\mathcal{S}$ est vide, alors l'assertion $(\exists x \in \mathcal{S})\ p$ est fausse.

Le modèle d'évaluation des assertions est complété par ces définitions. Il est l'élément ultime de la sémantique des langages formels. Les exemples développés ci-dessous veulent contribuer à une meilleure compréhension des mécanismes de mise en œuvre de cette sémantique.

Soit L un langage formel dont l'alphabet est donné par

$$\mathfrak{A}_L = \{+, \times, \leq, |, 0, 1, 2\},$$

où $+$ et $\times$ sont des symboles de correspondances à deux variables, $\leq$ et $|$ des symboles de relations binaires, 0, 1 et 2 des symboles de constantes. Soit à présent $\mathcal{N}$ la collection de tous les nombres entiers naturels.

Si les symboles $+$, $\times$, $\leq$, $|$, 0, 1 et 2 désignent respectivement l'addition, la multiplication, la relation d'ordre (dite d'infériorité large), la relation de divisibilité, le plus petit nombre entier naturel, son successeur, le successeur de ce dernier, alors $\mathcal{C} = (\mathcal{N}, +, \times, \leq, |, 0, 1, 2)$ est un contexte associé à L. À présent, la collection de tous les nombres entiers naturels pairs est désignée par $\mathcal{P}$, et celle de tous les nombres impairs par $\mathcal{I}$. À titre de rappel, un nombre entier naturel n est dit *pair*, s'il est divisible par 2, c'est-à-dire s'il existe un autre nombre entier naturel k tel que $n = 2k$. Par ailleurs, n est *impair* lorsqu'il existe un entier naturel k tel que $n = 2k + 1$.

Dans le contexte $\mathcal{C}$, l'assertion

$$(\forall n \in \mathcal{N})\ (n \in \mathcal{P} \Leftrightarrow 2|n) \tag{1.4}$$

s'interprète comme suit : « Pour tour nombre entier naturel n, les assertions atomiques $2 \in \mathcal{P}$ et $2|n$ ont la même valeur de vérité ». La valeur de vérité de l'assertion (1.4) est par conséquent V ; en effet, les nombres pairs sont par définition divisibles par 2.

Étant donné que 0 est le plus petit nombre entier naturel, l'assertion

$$(\exists n \in \mathcal{N})\ (n \leq 0 \wedge n \neq 0) \tag{1.5}$$

est fausse. Elle exprime en effet, qu'il existe un nombre entier naturel strictement inférieur à 0.

Chaque nombre impair a la forme $2k+1$, où k est un nombre naturel. Par conséquent, l'assertion

$$(\exists m \in \mathcal{I})\ 2|m, \tag{1.6}$$

dont l'interprétation dans le contexte $\mathcal{C}$ est « il existe au moins un nombre impair qui est divisible par 2 », est fausse.

Dans le même contexte, l'assertion

$$(\forall m \in \mathcal{P})(\forall n \in \mathcal{I})\ m + n \in \mathcal{I} \tag{1.7}$$

s'interprète comme suit : « la somme $m + n$ de chaque nombre pair m et de tout nombre impair n est un nombre impair ». Soient m un nombre pair quelconque et n un nombre impair arbitrairement choisi. Par définition, il existe donc deux nombres entiers naturels k et ℓ tels que $m = 2k$ et $n = 2\ell + 1$. Ceci a pour conséquence

$$m + n = 2k + 2\ell + 1 = 2(k + \ell) + 1.$$

Par suite, le nombre $m+n$ est impair. L'assertion (1.7) est donc vraie.

L'assertion
$$(\forall m \in \mathcal{I})(\forall n \in \mathcal{I})\ 2|(n+m) \tag{1.8}$$

s'interprète comme suit : « la somme $m + n$ de deux nombres impairs quelconques m et n est un nombre pair ». Pour déterminer sa valeur vérité, il suffit de considérer deux nombres impairs quelconques m et n, et ensuite de se souvenir que $m = 2k + 1$ et $n = 2\ell + 1$ pour des nombres entiers k et ℓ convenablement choisis. Il s'ensuit

$$m + n = 2k + 1 + 2\ell + 1 = 2k + 2\ell + 2 = 2(k + \ell + 1).$$

De ce fait, $m + n$ est pair. Ainsi, l'assertion (1.8) est vraie.

L'interprétation de l'assertion

$$(\forall n \in \mathcal{I})\ (n \leq 2 \Rightarrow n = 1) \tag{1.9}$$

est : « pour tout nombre impair n, l'implication $n \leq 2 \Rightarrow n = 1$ » est vraie », en d'autres termes, « si n est un nombre impair inférieur ou égal à 2, alors $n = 1$ ». Il sied de noter que la collection des nombres entiers naturels n vérifiant la condition $n \leq 2$ est constituée des trois nombres 0, 1 et 2. Le seul nombre impair parmi ces derniers est 1. Cette observation assure la véracité de l'assertion (1.9).

1.2.3. Règles de déduction

Le modèle de détermination de la valeur de vérité des assertions est un ensemble de principes traduisibles, directement ou par un biais, en des lois garantissant un résultat précis pour des hypothèses données. Ces lois sont appelées ***règles de déduction*** et peuvent s'exprimer par des schémas de la forme

$$\frac{H_1 \quad \cdots \quad H_n}{C},$$

signifiant que, chaque fois que les hypothèses $H_1, \ldots, H_n$ sont vérifiées, alors la conclusion C est valide. Certains de ces instruments de déduction méritent d'être évoqués ici.

À cet effet, des assertions p et q sont considérées.

Si p et q sont vraies, la *règle d'introduction de la conjonction* permet d'affirmer que la conjonction $p \wedge q$ est également vraie. Le schéma

$$\frac{p \quad q}{p \wedge q} \tag{1.10}$$

symbolise ce précepte.

Si, en supposant que p est vraie, il résulte que q est également vraie, alors la *règle d'introduction de l'implication* permet d'affirmer que l'implication $p \Rightarrow q$ est également vraie. Le schéma

$$\frac{\begin{array}{c}[p]\\ \vdots\\ q\end{array}}{p \Rightarrow q} \tag{1.11}$$

est une traduction imagée de cette règle.

Dans l'hypothèse de règle d'introduction de l'implication, contrairement à celle de l'introduction de la conjonction, la valeur de vérité de l'assertion p n'est pas connue. En effet, la véracité de p, dans ce cas, est *supposée*. Cette supposition est matérialisée dans la représentation (1.11) par des *crochets*. La règle suivante obéit au même principe.

Si la véracité de p entraîne celle de q, et réciproquement, la véracité de q entraîne celle de p, alors la *règle d'introduction de l'équivalence* permet d'affirmer que l'équivalence $p \Leftrightarrow q$ est également vraie. Le schéma

$$\frac{\begin{array}{cc}[p] & [q]\\ \vdots & \vdots\\ q & p\end{array}}{p \Leftrightarrow q} \tag{1.12}$$

symbolise cette loi.

Les trois règles de déduction précédentes s'obtiennent directement des tables de vérité (voir le tableau 1.5 à la page 16). Elles introduisent des connecteurs logiques. Il existe également des règles d'élimination de ces mêmes connecteurs.

Si la disjonction $p \vee q$ est vraie et l'assertion q est fausse, la *règle d'élimination de la disjonction* ou *règle de l'alternative* permet d'affirmer que l'assertion p est vraie. Elle est illustrée par le diagramme

$$\frac{p \vee q \qquad \neg q}{p}. \tag{1.13}$$

Si p et l'implication $p \Rightarrow q$ sont vraies, la *règle d'élimination de l'implication* ou *modus ponens* permet d'affirmer que l'assertion q est également vraie. Elle s'exprime schématiquement par

$$\frac{p \qquad p \Rightarrow q}{q}. \qquad (1.14)$$

Si p et l'équivalence $p \Leftrightarrow q$ sont vraies, la *règle d'élimination de l'équivalence* permet d'affirmer que l'assertion q est également vraie. De manière analogue, si q et $p \Leftrightarrow q$ sont vraies, alors p est vraie. Les schémas

$$\frac{p \qquad p \Leftrightarrow q}{q} \quad \text{et} \quad \frac{q \qquad p \Leftrightarrow q}{p} \qquad (1.15)$$

représentent cette règle.

La formulation d'une autre règle d'élimination digne d'intérêt nécessite de considérer des assertions $p_1, \ldots, p_n$ et q.

Si la disjonction $p_1 \vee \cdots \vee p_n$ est vraie, et si la supposition de la véracité de chacune des assertions $p_1, \ldots, p_n$, respectivement, entraîne la véracité de q, alors la *règle de disjonction des cas* permet d'affirmer que l'assertion q est vraie. Le diagramme

$$\frac{p_1 \vee \cdots \vee p_n \qquad \begin{array}{c}[p_1]\\ \vdots \\ q\end{array} \quad \cdots \quad \begin{array}{c}[p_n]\\ \vdots \\ q\end{array}}{q} \qquad (1.16)$$

symbolise cette règle.

Si la supposition de la véracité de p d'une part, et celle de $\neg p$ d'autre part, entraînent la véracité de q, la *règle de disjonction des cas avec le principe du tiers exclu* permet d'affirmer que l'assertion q est vraie.

Elle est esquissée comme suit :

$$\dfrac{\begin{array}{cc}[p] & [\neg p]\\ \vdots & \vdots\\ q & q\end{array}}{q}. \qquad (1.17)$$

Si la supposition que q est fausse entraîne que p est fausse, la *règle de contraposition* permet d'affirmer que l'implication $p \Rightarrow q$ est vraie. L'esquisse suivante exprime ce principe :

$$\dfrac{\begin{array}{c}[\neg q]\\ \vdots\\ \neg p\end{array}}{p \Rightarrow q}. \qquad (1.18)$$

Si q est vraie et si la supposition que p est fausse entraîne que q est fausse, la *règle du raisonnement par l'absurde* ou *reductio ad absurdum* permet d'affirmer que l'assertion p est vraie. Cette règle est représentée par le dessin suivant :

$$\dfrac{\begin{array}{cc} & [\neg p]\\ & \vdots\\ q & \neg q\end{array}}{p}. \qquad (1.19)$$

Si la supposition que l'assertion $(\forall x \in \mathcal{C})\ \neg p(x)$ est vraie conduit à une assertion fausse, la *règle d'existence non-constructive* permet d'affirmer que l'assertion $(\exists x \in \mathcal{C})\ p(x)$ est vraie. Le schéma ci-dessous représente cette règle.

$$\dfrac{\begin{array}{c}[(\forall x \in \mathcal{C})\ \neg p(x)]\\ \vdots\\ \mathbf{F}\end{array}}{(\exists x \in \mathcal{C})\ p(x)}. \qquad (1.20)$$

À toutes fins utiles, le tableau 1.6 ci-dessous propose un panorama des règles de déduction évoquées.

Tableau 1.6 – Principales règles de déduction

Noms des règles	Schématisation
1. Introduction de la conjonction	$$\dfrac{p \quad q}{p \wedge q}$$
2. Introduction de l'implication	$$\dfrac{\begin{array}{c}[p]\\ \vdots \\ q\end{array}}{p \Rightarrow q}$$
3. Introduction de l'équivalence	$$\dfrac{\begin{array}{cc}[p] & [q]\\ \vdots & \vdots \\ q & p\end{array}}{p \Leftrightarrow q}$$
4. Élimination de la disjonction	$$\dfrac{p \vee q \quad \neg q}{p}$$
5. Élimination de l'implication	$$\dfrac{p \quad p \Rightarrow q}{q}$$
6. Élimination de l'équivalence	$$\dfrac{p \quad p \Leftrightarrow q}{q}$$
7. Disjonction des cas	$$\dfrac{p_1 \vee \cdots \vee p_n \quad \begin{array}{c}[p_1]\\ \vdots \\ q\end{array} \cdots \begin{array}{c}[p_n]\\ \vdots \\ q\end{array}}{q}$$
8. Disjonction des cas (tiers exclu)	$$\dfrac{\begin{array}{cc}[p] & [\neg p]\\ \vdots & \vdots \\ q & q\end{array}}{q}$$

Tableau 1.6 – Principales règles de déduction (suite et fin)

Noms des règles	Schématisation
9. CONTRAPOSITION	$[\neg q]$ $\vdots$ $\neg p$ _____ $p \Rightarrow q$
10. REDUCTIO AD ABSURDUM	$[\neg p]$ $\vdots$ $q \quad \neg q$ _____ p
11. EXISTENCE NON-CONSTRUCTIVE	$[(\forall x \in \mathcal{C})\ \neg p(x)]$ $\vdots$ $\mathbf{F}$ _____ $(\exists x \in \mathcal{C})\ p(x)$

Somme toute, la logique mathématique est une constellation de langages formels soumis tous aux mêmes lois syntaxiques et sémantiques.

Le principe de constitution des alphabets, décrit à la page 8, les règles de formation des termes, et lois de construction d'expressions, présentées à la page 9, traduisent l'essence de la syntaxe des langages formels. Leur sémantique, applicable suite à la contextualisation, a pour fondement les normes d'évaluation de la vérité des assertions, exposées à partir de la page 15. Ces normes, les tables de vérité (voir les tableaux 1.4 à la page 15 et 1.5 à la page 16) au premier chef, ont pour corollaires des règles de déduction, outils du raisonnement mathématique.

Le schéma 1.2 ci-dessous permet de visualiser les articulations de ces divers éléments de la logique mathématique.

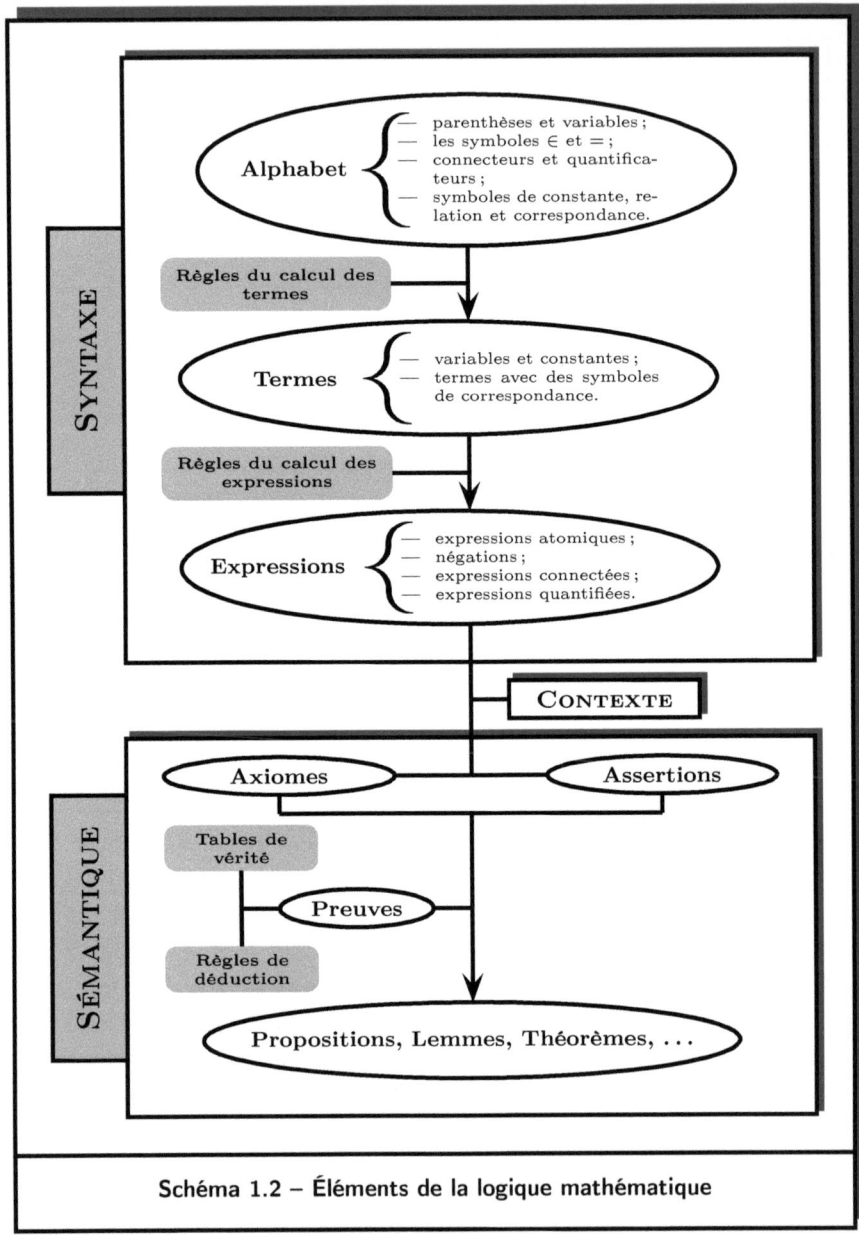

Schéma 1.2 – Éléments de la logique mathématique

1.3. Théorie des ensembles

Les exemples sur les langages formels, exposés dans la section précédente, suggèrent que la mise en pratique de la logique nécessite une réserve d'objets. Les ensembles constituent le fond de cette réserve. Ils sont la matière première de l'industrie mathématique.

La théorie des ensembles est basée sur le principe de formation des collections. Elle est du reste assujettie aux lois des langages formels et se construit selon la démarche en trois étapes décrite par le schéma 1.1 à la page 3.

Cette théorie est donc bâtie sur un socle d'axiomes. Le mathématicien allemand Georg Cantor (1845 – 1915) en est le père. Ses idées ont nourri les recherches de ses collègues et compatriotes Ernst Zermelo (1871 – 1953) et Abraham Fränkel (1891 – 1965), ainsi que les travaux du norvégien Thoralf Skolem (1887 – 1963). Cette communion d'esprits a engendré une organisation d'axiomes efficace et cohérente pour la description des ensembles. Ladite organisation, baptisée ***système d'axiomes de Zermelo-Fränkel*** ou ***système d'axiomes ZF***, a résisté aux épreuves du temps et du développement multiforme des mathématiques.

1.3.1. Les axiomes de Zermelo et Fränkel

La théorie de Zermelo et Fränkel se construit au moyen du langage formel basique $\mathfrak{L}$, c'est-à-dire celui dont l'alphabet n'est constitué que des symboles structurels. Elle postule l'existence d'une collection ou classe $\mathfrak{M}$ d'objets appelés ***ensembles***, qui est un contexte associé au langage $\mathfrak{L}$. Cette classe d'ensembles est réglementée par un système de huit axiomes.

ZF 1 (Axiome d'extensionalité). Si deux ensembles ont les mêmes éléments, alors ils sont égaux. Autrement dit, si tout élément d'un ensemble X appartient à un second ensemble Y, et vice versa, alors $X = Y$.

ZF 2 (Axiome de l'ensemble vide). Il existe un ensemble ne contenant aucun élément. Cet ensemble est symbolisé par $\emptyset$ ou $\{\ \}$.

ZF 3 (Axiome de la paire). Si X et Y sont des ensembles, alors il existe un ensemble ayant pour seuls éléments X et Y. Cet ensemble est symbolisé par $\{X, Y\}$.

Précisément, si X et Y sont des ensembles distincts, alors l'ensemble $\{X, Y\}$, dont l'existence est garantie par l'axiome ZF 3, est appelé *paire*. Par ailleurs, si $X = Y$ alors la paire $\{X, Y\}$ est notée $\{X\}$ ou $\{Y\}$ et appelée *singleton*.

ZF 4 (Axiome de la réunion). Pour tout ensemble X, il existe un ensemble noté $\bigcup X$ dont les éléments sont exactement ceux appartenant à au moins un des éléments de X. En d'autres termes, $a \in \bigcup X$ si et seulement si il existe un $x \in X$ tel que $a \in x$. L'ensemble $\bigcup X$ est appelé *réunion* de X.

Un ensemble X est appelé *sous-ensemble* ou *partie* d'un ensemble Y lorsque chaque élément de X est un élément de Y.

ZF 5 (Axiome de l'ensemble des parties). Pour tout ensemble X, il existe un ensemble noté $\mathcal{P}(X)$ dont les éléments sont exactement les sous-ensembles de X. Autrement dit, Y est un élément de $\mathcal{P}(X)$ si et seulement si Y est un sous-ensemble de X. L'ensemble $\mathcal{P}(X)$ est appelé *ensemble des parties* de X.

ZF 6 (Axiome de l'infini). Il existe un ensemble E tel que les assertions suivantes soient vraies :

1. L'ensemble vide $\emptyset$ est un élément de E.
2. Si x est un élément de E, alors la réunion $\bigcup \{x, \{x\}\}$ de la paire $\{x, \{x\}\}$ est également un élément de E.

La formulation de l'axiome à suivre intègre la notion de variable. À cet égard, il sied de noter que, pour toute assertion p contenant exactement une variable libre, l'expression $p(x)$ désigne l'assertion obtenue en remplaçant cette variable libre par x.

ZF 7 (Axiome de compréhension). Pour tout ensemble A et chaque proposition p contenant exactement une variable libre, il existe un ensemble contenant exactement les éléments de A pour lesquels l'assertion $p(x)$ est vraie. Cet ensemble est symbolisé par $\{x \in A \mid p(x)\}$.

Les ensembles sont des collections d'un type particulier. Des correspondances ayant pour départ un ensemble, conformément aux définitions de la page 7, sont donc concevables. À ce compte-là, la formulation suivante est cohérente.

ZF 8 (Axiome de remplacement). Pour chaque ensemble A et toute correspondance f ayant A pour départ, il existe un ensemble dont les éléments sont les images des éléments de A par la correspondance f. Cet ensemble est noté $\{f(x) \mid x \in A\}$ ou $f(A)$.

Chacun de ces axiomes est la traduction littérale d'une expression du langage formel $\mathfrak{L}$. L'axiome d'extensionalité s'exprime notamment par la formule (1.1) à la page 11. Les axiomes de l'ensemble vide et de la paire sont les interprétations respectives des expressions (1.2) et (1.3) à la même page 11.

Le tableau 1.7 à la page 30 compile les expressions formelles des huit axiomes du système de Zermelo et Fränkel.

1.3.2. Opérations sur la collection des ensembles

Dans un souci de simplification, les symboles $\notin$ et $\neq$ sont introduits pour exprimer les négations des relations d'appartenance et d'égalité, respectivement. Ainsi, $x \notin A$ signifie que x n'appartient pas à A. Par ailleurs, $A \neq B$ exprime que des ensembles A et B sont distincts, c'est-à-dire qu'il existe au moins un élément appartenant à l'un des ensembles, mais pas à l'autre.

La relation d'appartenance permet de définir la relation d'inclusion.

Un ensemble A est dit ***inclus*** dans un ensemble B si A est un sous-ensemble de B, c'est-à-dire, si chaque élément de A appartient également à B. La relation d'*inclusion* est symbolisée par $\subseteq$. Ainsi, $A \subseteq B$ signifie que l'ensemble A est inclus dans l'ensemble B ou que B contient A.

Tableau 1.7 – Expressions formelles des axiomes du système ZF

Noms des axiomes	Expressions formelles
1. Axiome d'extensionalité	$(\forall X \in \mathfrak{M})(\forall Y \in \mathfrak{M})\left[(\forall a \in \mathfrak{M})(a \in X \Leftrightarrow a \in Y)\right] \Rightarrow [X = Y]$
2. Axiome de l'ensemble vide	$(\exists X \in \mathfrak{M})\left[(\forall a \in \mathfrak{M}) \neg (a \in X)\right]$
3. Axiome de la paire	$(\forall X \in \mathfrak{M})(\forall Y \in \mathfrak{M})(\exists Z \in \mathfrak{M})\left[(\forall a \in \mathfrak{M})\left[(a \in Z) \Leftrightarrow [a = X \vee a = Y]\right]\right]$
4. Axiome de la réunion	$(\forall X \in \mathfrak{M})(\forall Y \in \mathfrak{M})(\exists Z \in \mathfrak{M})\left[(a \in Z) \Leftrightarrow [a \in X \vee a \in Y]\right]$
5. Axiome de l'ensemble des parties	$(\forall X \in \mathfrak{M})(\exists P \in \mathfrak{M})(\forall Y \in \mathfrak{M})\left(Y \in X \Leftrightarrow (\forall a \in \mathfrak{M})(a \in Y \Rightarrow a \in X)\right)$
6. Axiome de l'infini	$(\exists E \in \mathfrak{M})\left[(\emptyset \in E) \vee (\forall x \in \mathfrak{M})(x \in E \Rightarrow \cup\{x, \{x\}\} \in E)\right]$
7. Axiome de compréhension	$(\forall X \in \mathfrak{M})(\exists Y \in \mathfrak{M})(\forall x \in \mathfrak{M})(x \in Y \Leftrightarrow [x \in X \wedge p(x)])$
8. Axiome de remplacement	$(\forall A \in \mathfrak{M})(\exists B \in \mathfrak{M})(\forall b \in \mathfrak{M})\left(b \in B \Leftrightarrow [(\exists a \in A)\, b = f(a)]\right)$

Un ensemble A est dit **strictement inclus** dans un ensemble B si $A \subseteq B$ et $A \neq B$. La relation d'inclusion stricte est symbolisée par $\subsetneq$. Tout ensemble strictement inclus dans B est appelé sous-ensemble **propre** de B.

Si par exemple x et y sont des ensembles distincts, alors chacun des singletons $\{x\}$ et $\{y\}$ est un sous-ensemble propre de la paire $\{x, y\}$. Autrement dit, $\{x\} \subsetneq \{x, y\}$ et $\{y\} \subsetneq \{x, y\}$.

Par ailleurs, la table de vérité de l'implication montre que l'assertion

$$(\forall A \in \mathfrak{M})\ (\forall x \in \mathfrak{M})(x \in \emptyset \Rightarrow x \in A)$$

est vraie. De ce fait, *l'ensemble vide est inclus dans chaque ensemble*. Autrement dit,

$$(\forall A \in \mathfrak{M})\ \emptyset \subseteq A. \tag{1.21}$$

Les axiomes du système de Zermelo et Fraenkel engendrent des opérations qu'il convient de présenter ici ; à savoir : l'intersection, la différence, la réunion et le produit cartésien.

Soient A et B des ensembles. Alors, une variable donnée x est libre dans l'expression $x \in B$. En vertu de l'axiome de compréhension (voir ZF 7 à la page 28), il est donc correct de définir l'ensemble

$$\{x \in A \mid x \in B\}$$

dont les éléments sont exclusivement ceux appartenant simultanément à A et B. Ce nouvel ensemble est symbolisé par $A \cap B$ et appelé **intersection** de A et B.

De manière générale, soient $A_1, A_2, \ldots, A_n$ des ensembles. Alors, l'ensemble

$$\{x \in A_1 \mid x \in A_2 \wedge \cdots \wedge A_n\},$$

dont les éléments sont ceux appartenant simultanément à $A_1, A_2, \ldots,$ et A_n, est appelé **intersection** de ces derniers et notée

$$A_1 \cap \cdots \cap A_n \quad \text{ou} \quad \bigcap_{j=1}^{n} A_j.$$

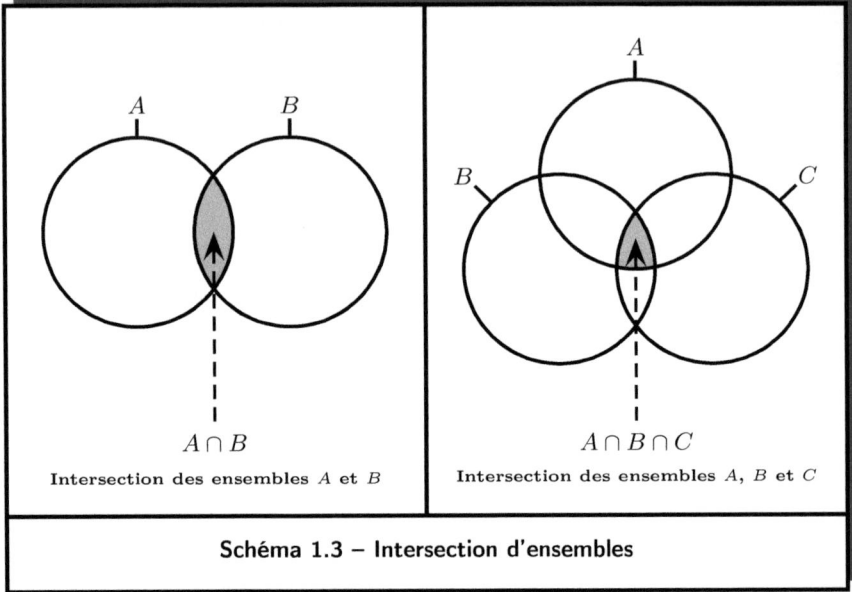

Schéma 1.3 – Intersection d'ensembles

Deux ensembles A et B sont dits ***disjoints*** lorsque leur intersection est vide, c'est-à-dire $A \cap B = \emptyset$.

À présent, soient A et B des ensembles quelconques. Alors, l'axiome de compréhension garantit l'existence d'un ensemble

$$\{x \in A \mid \neg(x \in B)\} = \{x \in A \mid x \notin B\},$$

dont les éléments sont précisément ceux appartenant à A, mais pas à B. Ce nouvel ensemble est appelé ***différence*** de A et B ou ***complément relatif*** de B dans A. Il est du reste symbolisé par $A \setminus B$.

Par exemple, si x, y et z sont des ensembles tels que $y \neq z$, alors l'axiome de la paire (ZF 3 à la page 28) permet de former les ensembles $A = \{x, y\}$ et $B = \{x, z\}$. De ce fait,

$$A \setminus B = \{x, y\} \setminus \{x, z\} = \{y\} \quad \text{et} \quad B \setminus A = \{x, z\} \setminus \{x, y\} = \{z\}.$$

Par ailleurs, l'inégalité $y \neq z$ entraîne $\{y\} \neq \{z\}$. Donc, $A \setminus B \neq B \setminus A$.

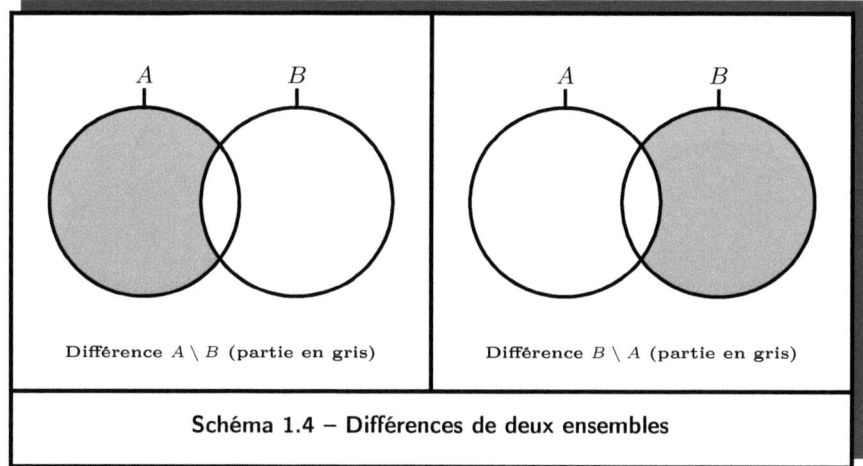

Schéma 1.4 – Différences de deux ensembles

L'axiome de la réunion (voir ZF 4 à la page 28) peut être reformulé comme suit.

Soient A et B des ensembles. La **réunion** de A et B est l'ensemble noté $A \cup B$ dont les éléments sont caractérisés par la propriété suivante : $x \in A \cup B$ si et seulement si $x \in A$ ou $x \in B$.

Plus généralement, la **réunion** d'ensembles A_1, A_2, ..., A_n est l'ensemble symbolisé par

$$A_1 \cup A_2 \cup \cdots \cup A_n \qquad \text{ou} \qquad \bigcup_{j=1}^{n} A_j;$$

ses éléments sont caractérisés par l'équivalence suivante :

$$x \in A_1 \cup A_2 \cup \cdots \cup A_n \Leftrightarrow (x \in A_1 \vee x \in A_2 \vee \cdots \vee x \in A_n).$$

Les notions de couple et de n-uplets, introduits à la page 6, ont leurs pendants dans la théorie des ensembles.

Soient a et b des ensembles. La paire $\{\{a\}, \{a, b\}\}$ est noté (a, b) et appelé **couple**. Les ensembles a et b sont alors nommés respectivement *première* et *seconde composante* de (a, b).

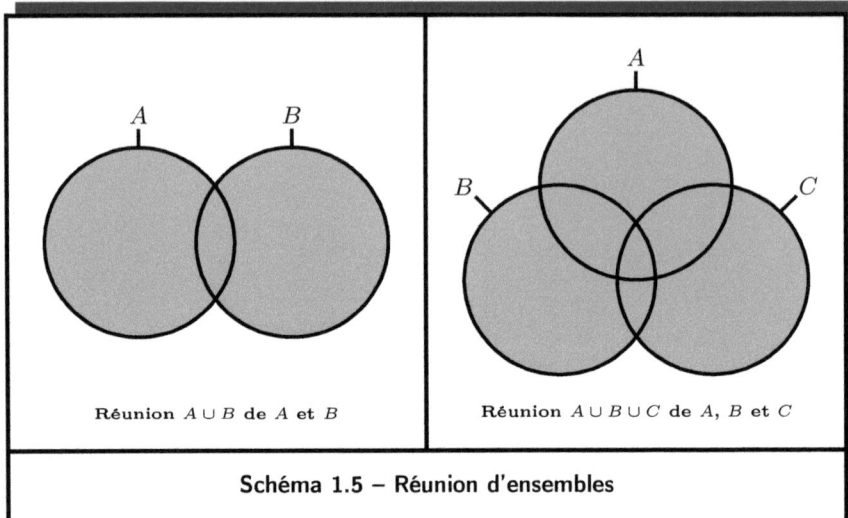

Schéma 1.5 – Réunion d'ensembles

Soient a, b et c des ensembles. Le couple $\big((a,b),c\big)$ est appelé **triplet** et symbolisé par (a,b,c). De plus, a, b et c sont respectivement les première, deuxième et troisième *composantes* du triplet (a,b,c).

Dans le même esprit, étant donné des ensembles a_1, ..., a_{n-1}, et a_n, le couple $\big((a_1,\ldots,a_{n-1}),a_n\big)$ est appelé *n-**uplet*** et symbolisé par

$$(a_1,\ldots,a_{n-1},a_n).$$

En outre, a_j est la j-ième *composante* du n-uplet $(a_1,\ldots,a_{n-1},a_n)$.

Les couples et n-uplets permettent de définir le produit cartésien.

À cet effet, des ensembles A et B sont considérés. Si $a \in A$ et $b \in B$, alors $a \in A \cup B$ et $b \in A \cup B$. Ainsi, $\{a\} \subseteq A \cup B$ et $\{a,b\} \subseteq A \cup B$. Autrement dit, le singleton $\{a\}$ et la paire $\{a,b\}$ sont des éléments de l'ensemble $\mathcal{P}(A \cup B)$ des parties de $A \cup B$, dont l'existence est assurée par l'axiome ZF 5 à la page 28. Par conséquent,

$$(a,b) = \big\{\{a\},\{a,b\}\big\} \subseteq \mathcal{P}(A \cup B).$$

En d'autres termes, le couple (a,b) est un élément de l'ensemble

$$\mathcal{P}\big(\mathcal{P}(A \cup B)\big).$$

De ce fait, tous les couples (a, b), avec $a \in A$ et $b \in B$, constituent un sous-ensemble de l'ensemble $\mathcal{P}\bigl(\mathcal{P}(A \cup B)\bigr)$. Ce sous-ensemble est symbolisé par $A \times B$ et appelé ***produit cartésien*** de A par B. Il s'exprime selon le principe de l'axiome de compréhension (ZF 7 à la page 28) en termes formels comme suit :

$$A \times B = \Bigl\{(a,b) \;\Big|\; a \in A \wedge b \in B\Bigr\}.$$

De manière générale, pour des ensembles A_1, ..., A_{n-1}, et A_n, le produit cartésien
$$(A_1 \times \cdots \times A_{n-1}) \times A_n$$
est symbolisé par
$$A_1 \times \cdots \times A_{n-1} \times A_n$$
et appelé ***produit cartésien*** de A_1, ..., A_{n-1} et A_n. Il est constitué de tous les n-uplets $(a_1, a_2, \ldots, a_n)$ tels que $a_1 \in A_1$, $a_2 \in A_2$, ..., et $a_n \in A_n$.

Le produit cartésien $A \times A$, d'un ensemble A par lui-même, peut également être désigné par A^2. Dans le même esprit,

$$A^1 = A \qquad \text{et} \qquad A^n = \underbrace{A \times \cdots \times A}_{n \text{ fois}}.$$

L'intersection, la différence, la réunion et le produit cartésien sont des *correspondances de deux variables* (voir la définition à la page 7) définies sur la collection $\mathfrak{M}$ de tous les ensembles. Elles associent en effet à chaque couple d'ensembles (A, B) respectivement les ensembles $A \cap B$, $A \setminus B$, $A \cup B$ et $A \times B$.

L'alphabet qui, au départ, ne disposait que des symboles structurels, a donc été enrichi au fur et à mesure par les signes $\cap$, $\setminus$, $\cup$ et $\times$, à la faveur du développement de la théorie. Les symboles $\emptyset$, $\mathcal{P}$, $\subseteq$ et $\subsetneq$ s'inscrivent également dans cet enrichissement. Le premier est un symbole de constante désignant l'ensemble vide. Le deuxième représente la correspondance de la collection $\mathfrak{M}$ vers elle-même qui, à tout ensemble X, associe l'ensemble $\mathcal{P}(X)$ de ses parties. Les troisième et quatrième désignent respectivement les relations binaires d'inclusion large et stricte. Le langage ainsi rehaussé hérite des termes, expressions et assertions du langage initial.

Cet exemple est emblématique de l'une des vertus essentielles des langages formels : la flexibilité.

1.3.3. Relations, fonctions, applications et opérations

Dans le sillage de la définition du produit cartésien, la présente section codifie les relations et correspondances entre les ensembles.

Pour des ensembles quelconques $X_1, \ldots, X_n$, tout sous-ensemble $\mathcal{R}$ du produit cartésien $X_1 \times \cdots \times X_n$ est appelé **relation n-aire**. La coutume consacre la notation $\mathcal{R}(x_1, \ldots, x_n)$ comme alternative à l'expression $(x_1, \ldots, x_n) \in \mathcal{R}$.

Le cas particulier où $n = 2$ mérite un examen particulier.

À cet effet, soient X et Y des ensembles. Une **relation binaire** de X **vers** Y est un sous-ensemble du produit cartésien $X \times Y$. Spécialement, toute relation binaire d'un ensemble X vers lui-même est appelée **relation binaire sur** X. Par ailleurs, pour toute relation binaire $\mathcal{R}$, l'expression $x\mathcal{R}y$ est une alternative à $(x,y) \in R$; elle se lit « x est en relation avec y via $\mathcal{R}$ ».

En outre, si $\mathcal{R}$ est une relation de X vers Y (c'est-à-dire $\mathcal{R} \subseteq X \times Y$), alors X et Y sont respectivement appelés **ensembles de départ** et **d'arrivée** de $\mathcal{R}$.

Un élément x de l'ensemble de départ X est un **antécédent** par $\mathcal{R}$ d'un élément y de l'ensemble d'arrivée Y lorsque $x\mathcal{R}y$. Le cas échéant, l'élément y est *une* **image** de x par $\mathcal{R}$.

Le **domaine de définition** ou l'**ensemble de définition** d'une relation binaire de X vers Y est l'ensemble noté $D_\mathcal{R}$ et constitué de tous les éléments $x \in X$ pour lesquels il existe un $y \in Y$ satisfaisant $x\mathcal{R}y$. En termes formels,

$$D_{\mathcal{R}} = \big\{ x \in X \mid (\exists y \in Y)\ x\mathcal{R}y \big\}.$$

Le domaine de définition est donc formé de tous les éléments de l'ensemble de départ qui ont au moins une image dans l'ensemble d'arrivée.

Parallèlement, l'*image* de $\mathcal{R}$ est l'ensemble symbolisé par $\mathcal{R}(X)$ et formé de tous les éléments $y \in Y$, pour lesquels il existe un $x \in X$ tel que $x\mathcal{R}y$. Elle s'exprime avec la terminologie du langage formel par

$$\mathcal{R}(X) = \big\{ y \in Y \mid (\exists x \in X)\ x\mathcal{R}y \big\}.$$

Autrement dit, l'image d'une relation binaire est constituée de tous les éléments de l'ensemble d'arrivée qui ont au moins un antécédent dans l'ensemble de départ.

Certaines relations binaires portent l'un des attributs suivants : *réflexivité, symétrie, antisymétrie, transitivité.*

Une relation binaire $\mathcal{R}$ sur un ensemble X est dite **réflexive** lorsque l'assertion $x\mathcal{R}x$ est vraie pour chaque $x \in X$. En d'autres termes, la relation $\mathcal{R}$ est réflexive si l'ensemble

$$\big\{ (x,y) \in X \times X \mid x = y \big\},$$

appelé *diagonale* du produit cartésien $X \times X$, est une partie de $\mathcal{R}$.

Elle est dite **symétrique** si, pour tout couple $(x,y) \in X \times X$, l'assertion $x\mathcal{R}y$ entraîne $y\mathcal{R}x$.

La relation $\mathcal{R}$ est dite **antisymétrique** lorsque, pour tout couple $(x,y) \in X \times X$, les assertions $x\mathcal{R}y$ et $y\mathcal{R}x$ induisent l'égalité $x = y$.

Elle est dite **transitive** si pour tout triplet $(x,y,z) \in X \times X \times X$, les assertions $x\mathcal{R}y$ et $y\mathcal{R}z$ impliquent $x\mathcal{R}z$.

Le tableau 1.8 révèle les expressions formelles de la réflexivité, de la symétrie, de l'antisymétrie et de la transitivité.

Tableau 1.8 – Réflexivité, symétrie, antisymétrie et transitivité en langage formel

Propriétés	Expressions formelles
Réflexivité de la relation $\mathcal{R}$ sur X	$(\forall x \in X)\ x\mathcal{R}x$ ou $x \in X \Rightarrow x\mathcal{R}x$
Symétrie de la relation $\mathcal{R}$ sur X	$(\forall (x,y) \in X \times X)\ (x\mathcal{R}y \Rightarrow y\mathcal{R}x)$
Antisymétrie de la relation $\mathcal{R}$ sur X	$(\forall (x,y) \in X \times X)\ ((x\mathcal{R}y \wedge y\mathcal{R}x) \Rightarrow x = y)$
Transitivité de la relation $\mathcal{R}$ sur X	$(\forall (x,y,z) \in X \times X \times X)\ ((x\mathcal{R}y \wedge y\mathcal{R}z) \Rightarrow x\mathcal{R}z)$

Une relation binaire sur un ensemble est dite **d'ordre** si elle est réflexive, antisymétrique et transitive.

Par exemple, la relation d'inclusion large $\subseteq$, définie sur la collection $\mathfrak{M}$ des ensembles, peut être circonscrite à l'ensemble $\mathcal{P}(X)$ des parties de n'importe quel ensemble X. Il en résulte alors une *relation d'ordre* sur $\mathcal{P}(X)$. Pour s'en convaincre, il suffit de désigner l'ensemble

$$\{(A, B) \in \mathcal{P}(X) \times \mathcal{P}(X) \mid A \subseteq B\}$$

par $\subseteq$, puis de vérifier qu'en l'espèce, réflexivité, antisymétrie et transitivité sont satisfaites. Cet exercice est confié à la sagacité du lecteur.

Une relation binaire sur un ensemble est dite **d'équivalence** si elle est réflexive, symétrique et transitive.

Soit $\mathcal{R}$ une relation d'équivalence sur un ensemble X. Alors, pour tout $x \in X$, le sous-ensemble

$$\{y \in X \mid x\mathcal{R}y\}$$

est appelé $\mathcal{R}$-***classe d'équivalence*** de x, et désigné par $\mathcal{R}(x)$ ou $[x]_\mathcal{R}$. Au demeurant, l'ensemble

$$\{A \in \mathcal{P}(X) \mid (\exists x \in X)\ A = \mathcal{R}(x)\},$$

constitué de toutes les $\mathcal{R}$-classes d'équivalence, est appelé **ensemble quotient** de X par $\mathcal{R}$. Il symbolisé par

$$X/\mathcal{R} \quad \text{ou} \quad \{\mathcal{R}(x) \mid x \in X\}.$$

À l'évidence, les relations entre les ensembles participent de l'idéologie de mise en relation des collections. Dans le même esprit, fonctions et applications sont les manifestations du principe de mise en correspondance dans la théorie des ensembles.

Une relation binaire f d'un ensemble X vers un ensemble Y est appelée ***fonction*** lorsque chaque élément de l'ensemble de départ X possède au plus une image dans l'ensemble d'arrivée Y. Dans ce cas, il est coutume d'écrire

$$y = f(x) \quad \text{ou} \quad x \mapsto y$$

en lieu et place de xfy ou de $(x, y) \in f$. De plus, $y = f(x)$ se lit : « y est égal à f de x » ou « y est l'image de x par f » ou encore « x est **un** antécédent de y par f ». En outre, la notation

$$f : X \to Y,\ x \mapsto y$$

indique que f est une fonction de X vers Y, qui associe à l'élément x de X l'élément y de Y.

Le domaine de définition d'une telle fonction est l'ensemble

$$D_f = \{ x \in X \mid (\exists y \in Y)\ y = f(x) \},$$

constitué de tous les éléments de l'ensemble de départ possédant au moins une image. Cependant, tout élément de l'ensemble de départ d'une fonction a au plus une image. Par conséquent, le domaine de définition d'une fonction est constitué des éléments de l'ensemble de départ ayant exactement une image. Et, les éléments de l'ensemble de départ qui ne sont pas contenu dans le domaine de définition n'ont pas d'image.

Deux fonctions f et g, ayant les mêmes ensembles de départ et d'arrivée, sont *égales* si et seulement si leurs domaines de définition coïncident et $f(x) = g(x)$ pour chaque $x \in D_f = D_g$. Cette proposition est une conséquence de l'axiome d'extensionalité (ZF 1 à la page 27).

Une relation binaire f d'un ensemble X vers un ensemble Y est appelée ***application*** si chaque élément de l'ensemble de départ X possède exactement une image dans l'ensemble d'arrivée Y. Autrement dit, une application est une fonction dont le domaine de définition est son ensemble de départ.

Par exemple, pour tout ensemble X non vide, la relation binaire

$$\big\{(x,x) \mid x \in X\big\} \subseteq X \times X,$$

associant à chaque $x \in X$ le même x, est une application de X vers X. Elle est appelée ***application identité*** de X et symbolisée par

$$\mathrm{id}_X : X \to X, \ x \mapsto x.$$

Soit maintenant $f : X \to Y$ une fonction et A une partie de l'ensemble X. Alors, la ***restriction*** $f|A$ de f à A est la fonction définie de A vers Y comme suit : si $a \in A \setminus D_f$, alors a n'a pas d'image par $f|A$; par ailleurs, $(f|A)(a) = f(a)$ pour tout $a \in A \cap D_f$.

En particulier, la restriction d'une fonction à son domaine de définition est une application.

Certaines applications ont des attributs qu'il importe de présenter ici. Il s'agit notamment de l'*injectivité*, la *surjectivité* et la *bijectivité*.

Une application est dite ***injective*** si tout élément de l'ensemble d'arrivée possède au plus un antécédent dans l'ensemble de départ. En d'autres termes, une application $f : X \to Y$ est *injective* si l'assertion

$$\big(\forall (x_1, x_2) \in X \times X\big) \big(f(x_1) = f(x_2) \Rightarrow x_1 = x_2\big)$$

est vraie. Elle est alors appelée ***injection***.

Une application est dite ***surjective*** si tout élément de l'ensemble d'arrivée possède au moins un antécédent dans l'ensemble de départ. Autrement dit, une application $f : X \to Y$ est *surjective* si l'assertion

$$(\forall y \in Y)(\exists x \in X) \ y = f(x)$$

est vraie. Une telle application est appelée **surjection**.

Une application est dite **bijective** (ou appelée **bijection**) si elle est à la fois injective et surjective.

Autrement dit, une application $f : X \to Y$ est bijective si et seulement si pour tout $y \in Y$ il existe un et un seul $x \in X$ tel que $y = f(x)$. Cette observation coule de source. Le lecteur est invité à s'en convaincre.

Soit $f : X \to Y$ une application bijective. Alors, selon l'observation précédente, chaque élément $y \in Y$ possède exactement un antécédent $x \in X$ relativement à f. Ce constat justifie la définition d'une nouvelle application de Y vers X qui associe à chaque élément de Y son antécédent par f. Cette application est symbolisée par f^{-1} et appelée **application inverse** ou **réciproque** de f. En d'autres termes, l'application inverse d'une bijection $f : X \to Y$ est l'application $f^{-1} : Y \to X$ définie sans ambiguïté par l'équivalence

$$y = f(x) \Leftrightarrow x = f^{-1}(y).$$

La réciproque d'une bijection est également bijective.

Les fonctions peuvent interagir entre elles par le principe de *composition*. Précisément, des fonctions $f : X \to Y$ et $g : Y \to Z$ sont dites **composables** lorsque l'image $f(X)$ de f est une partie du domaine de définition D_g de g. Le cas échéant, la fonction $g \circ f : X \to Z$, définie par $(g \circ f)(x) = g\big(f(x)\big)$, est appelée **composée** de g par f.

En particulier, deux applications sont composables si l'ensemble d'arrivée de la première est égale à l'ensemble de départ de la seconde.

Par exemple, tout bijection $f : X \to Y$ et son inverse $f^{-1} : Y \to X$ sont composables. En l'espèce,

$$f^{-1} \circ f = \mathrm{id}_X \qquad \text{et} \qquad f \circ f^{-1} = \mathrm{id}_Y.$$

Ces égalités découlent trivialement de la définition de l'inverse.

Des opérations, notamment l'intersection, la différence, la réunion et le produit scalaire, ont été définies sur la collection $\mathfrak{M}$ des ensembles. À tout couple d'ensembles (A, B), elles font correspondre respectivement les ensembles $A \cap B$, $A \setminus B$, $A \cup B$ et $A \times B$.

Ce principe peut être appliqué à l'échelle réduite de chaque ensemble.

Une **opération** ou **loi de composition interne** sur un ensemble X est une application du produit cartésien $X \times X$ vers X.

Dans un souci de simplification, pour une opération

$$* : X \times X \to X$$

et un couple $(x, y) \in X \times X$, la coutume recommande d'écrire $x * y = z$ au lieu de $*(x, y) = z$. En l'espèce, l'opération $*$ est dite **associative** lorsque

$$(x * y) * z = x * (y * z)$$

pour tout triplet $(x, y, z) \in X \times X \times X$. Elle est **commutative** si

$$x * y = y * x$$

pour chaque couple $(x, y) \in X \times X$. Un élément $e \in X$ est dit **neutre** par l'opération $*$ lorsque

$$e * x = x * e = x$$

pour chaque $x \in X$. En cas d'existence d'un tel élément neutre e, un élément $x \in X$ est dit **inversible** pour la loi $*$ par e s'il existe un $y \in X$ tel que

$$x * y = y * x = e.$$

Le cas échéant, y est appelé **inverse** de x. Un élément $a \in X$ est dit **nul** ou **absorbant** si

$$a * x = x * a = a$$

pour tout $x \in X$.

Deux opérations, définies sur le même ensemble, peuvent interagir harmonieusement. La *distributivité* est l'une de ces interactions vertueuses.

Soient $*$ et $\diamond$ des opérations sur un ensemble X. L'opération $*$ est dite **distributive à gauche** par rapport à $\diamond$ lorsque l'égalité

$$x * (y \diamond z) = (x * y) \diamond (x * z)$$

est satisfaite pour tout triplet $(x, y, z) \in X \times X \times X$. Parallèlement, l'opération $*$ est dite **distributive à droite** par rapport à $\diamond$ si l'égalité

$$(x \diamond y) * z = (x * z) \diamond (y * z)$$

est valide pour chaque triplet $(x, y, z) \in X \times X \times X$.

Un ensemble X muni d'une opération $*$ est appelé **magma** et noté $(X, *)$. Les éléments d'un magma son ceux de l'ensemble sous-jacent. Ses attributs son ceux de l'opération associée. Ainsi, un magma associatif est un magma dont l'opération est associative. Il en est de même pour la commutativité.

Les magmas peuvent être classifiés en fonction des propriétés de son opération. Un **demi-groupe** est un magma associatif. Un **monoïde** est un demi-groupe admettant un élément neutre. Un **groupe** est un monoïde dont les éléments sont inversibles. Un groupe commutatif est appelé **groupe abélien**.

Magmas, demi-groupes, monoïdes et groupes sont des structures algébriques. Des magmas en fusion définissent d'autres types de structures algébriques ; notamment les *anneaux* et les *corps*.

La fusion de deux magmas $(A, *)$ et $(A, \diamond)$ engendre une nouvelle structure symbolisée par $(A, *, \diamond)$. Le triplet $(A, *, \diamond)$ est appelé **anneau** si les conditions suivantes sont satisfaites :

(1) Le magma $(A, *)$ est un groupe abélien.

(2) L'opération $\diamond$ est associative.

(3) L'opération $\diamond$ est distributive à gauche et à droite par rapport à l'opération $*$.

Un anneau $(A, *, \diamond)$ est dit **unitaire** lorsque la seconde opération $\diamond$ possède un élément neutre. Il est dit *commutatif* si la loi $\diamond$ est commutative.

Un **corps** est un anneau unitaire tel que l'élément neutre de la seconde opération soit distinct de celui de la première, et tel que chaque élément qui n'est pas neutre pour la première opération soit inversible pour la seconde.

Précisément, un triplet $(K, *, \diamond)$ est appelé **corps** lorsque les conditions suivantes sont satisfaites :

(1) Le magma $(K, *)$ est un groupe abélien.

(2) La seconde opération $\diamond$ est associative.

(3) La seconde opération $\diamond$ possède un élément neutre distinct de celui de la première $*$.

(4) Tout élément de K, distinct de l'élément neutre de la première opération $*$, est inversible pour la seconde $\diamond$.

(5) L'opération $\diamond$ est distributive à gauche et à droite par rapport à $*$.

Un corps est dit **commutatif** si sa seconde opération est commutative.

La définition des corps formulée ci-dessus suggère l'unicité des éléments neutres, notamment en ses points **(3)** et **(4)**. Elle est cohérente de ce point de vue, car l'unicité de l'élément neutre est une vertu consubstantielle des lois de composition interne. Autrement dit, tout magma admet au plus un élément neutre. En effet, si e_1 et e_2 sont des éléments neutres d'un magma associatif $(X, *)$, alors $e_2 = e_1 * e_2$, en vertu de la neutralité et e_1. Du reste, $e_1 * e_2 = e_1$, eu égard à la neutralité de e_2. Par conséquent, $e_2 = e_1$.

L'associativité assure du reste l'unicité des inverses. En effet, si e est l'élément neutre d'un monoïde $(X, *)$ et si y_1 et y_2 sont des inverses pour $*$ d'un élément $x \in X$, alors

$$y_1 = e * y_1 = (y_2 * x) * y_1 = y_2 * (x * y_1) = y_2 * e = y_2.$$

Tableau 1.9 – Typologie des structures algébriques à une opération

Expressions littérales	$(G,*)$ est un groupe abélien					
	$(G,*)$ est un groupe					
	$(G,*)$ est un monoïde					
	$(G,*)$ est un demi-groupe					
	$(G,*)$ est un magma					
	$*$ est une opération sur G	$*$ est associative	$*$ admet un élément neutre	Tout élément est inversible pour $*$	$*$ est commutative
Expressions formelles	$*: G\times G \to G,\ (x,y)\mapsto x*y$	$(\forall)(x,y,z)\in G^3)\ (x*y)*z = x*(y*z)$	$(\exists e\in G)(\forall x\in G)\ x*e = e*x = x$	$(\forall x\in G)(\exists y\in G)\ x*y = x*y = e$	$(\forall)(x,y)\in G^2)\ x*y = y*x$

Tableau 1.10 – Typologie des structures algébriques à deux opérations

Expressions littérales	Expressions formelles
$(K, *, \diamond)$ est un corps commutatif	
$(K, *, \diamond)$ est un corps	
$(K, *, \diamond)$ est un anneau unitaire	
$(K, *, \diamond)$ est un anneau	
$(K, *)$ est un groupe abélien	
$*$ est une opération sur K	$* : K \times K \to K, \ (x, y) \mapsto x * y$
$*$ est associative	$(\forall)(x, y, z) \in K^3)\ (x * y) * z = x * (y * z)$
$*$ admet un élément neutre	$(\exists e \in K)(\forall x \in K)\ x * e = e * x = x$
Tout élément est inversible pour $*$	$(\forall x \in K)(\exists y \in K)\ x * y = x * y = e$
$*$ est commutative	$(\forall)(x, y) \in K^2)\ x * y = y * x$
$\diamond$ est une opération sur K	$\diamond : K \times K \to K, \ (x, y) \mapsto x \diamond y$
$\diamond$ est associative	$(\forall(x, y, z) \in K^3)\ (x \diamond y) \diamond z = x \diamond (y \diamond z)$
$\diamond$ est distributive par rapport à $*$	$(\forall)(x, y, z) \in K^3)\ x \diamond (y * z) = (x \diamond y) * (x \diamond z)$
	$(\forall)(x, y, z) \in K^3)\ (x * y) \diamond z = (x \diamond z) * (y \diamond z)$
$\diamond$ admet un élément neutre	$(\exists f \in K)(\forall x \in K)\ x \diamond f = f \diamond x = x$
L'élément neutre de $*$ est distinct de celui de $\diamond$	$e \neq f$
Tout élément non neutre pour $*$ est inversible pour $\diamond$	$(\forall x \in K \setminus \{e\})(\exists x')\ x \diamond x' = x' \diamond x = f$
$\diamond$ est commutative	$(\forall)(x, y) \in K^2)\ x \diamond y = y \diamond x$

De même, si un magma possède un élément nul, alors celui-ci est unique. Toutefois, cette unicité n'est pas comme précédemment conditionnée par l'associativité. Car, si a_1 et a_2 sont des éléments absorbants d'un magma $(X, *)$, alors $a_1 = a_1 * a_2 = a_2$.

Un élément d'un magma $(X, *)$ est à la fois neutre et absorbant si et seulement si l'ensemble X est un singleton. En effet, si un élément $e \in X$ est simultanément neutre et absorbant, alors $x = x * e = e$ pour chaque $x \in X$; d'où $X = \{e\}$.

Au demeurant, un élément peut être neutre pour une première opération et absorbant pour une seconde. Tel est le cas dans les anneaux unitaires. Concrètement, $(A, *, \diamond)$ étant un anneau unitaire, si e désigne l'élément neutre de $*$, alors e est absorbant pour l'opération $\diamond$. En vue de la démonstration de cette proposition, soit f l'élément neutre de $(A, \diamond)$, puis x un élément quelconque de A, et y l'inverse de x pour $*$. Alors, la distributivité de $\diamond$ à droite par rapport à $*$ induit

$$x * (e \diamond x) = (f \diamond x) * (e \diamond x) = (f * e) \diamond x = f \diamond x = x.$$

Il en résulte

$$e \diamond x = e * (e \diamond x) = (y * x) * (e \diamond x) = y * \bigl[x * (e \diamond x)\bigr] = y * x = e.$$

De manière analogue, la distributivité de $\diamond$ à gauche par rapport à $*$ implique

$$(x \diamond e) * x = (x \diamond e) * (x \diamond f) = x \diamond (e * f) = x \diamond f = x.$$

Par conséquent,

$$x \diamond e = (x \diamond e) * e = (x \diamond e) * (x * y) = \bigl[(x \diamond e) * x\bigr] * y = x * y = e.$$

Le caractère absorbant de e pour l'opération $\diamond$ est ainsi démontré.

Demi-groupes, monoïdes, groupes, anneaux et corps sont respectivement les objets de luxuriantes et passionnantes théories mathématiques. La proposition démontrée dans le paragraphe précédent s'inscrit par exemple dans la théorie des anneaux ; tandis que les résultats d'unicité évoqués plus haut sont des enseignements de la théorie des demi-groupes.

Le jargon et la typologie des structures algébriques permettent d'exprimer en peu de mots les propriétés de certaines opérations. La théorie des nombres tire de substantiels avantages de cette vertu. De manière générale, elle se nourrit des fruits de l'étude de ces structures algébriques.

1.3.4. Les nombres entiers naturels

Les nombres entiers naturels ont été brièvement introduits à la page 1.2.2 dans le cadre de l'illustration des mécanismes de la sémantique des langages formels. Ils ont été présentés comme étant les maillons d'une chaîne infinie et ordonnée. La notion de succession permet de replacer cette approche dans la théorie des ensembles.

Le ***successeur*** d'un ensemble x est la réunion $x \cup \{x\}$ dudit ensemble et du singleton $\{x\}$. Il est symbolisé par $\text{succ}(x)$. L'ensemble x est alors le ***prédécesseur*** de $\text{succ}(x)$. Ainsi,

$$\text{succ}(x) = x \cup \{x\} = \bigcup \{x, \{x\}\},$$

eu égard à la terminologie de l'axiome de la réunion (ZF 4 à la page 28).

Un ensemble est dit ***inductif*** s'il contient l'ensemble vide et le successeur de chacun de ses éléments. En d'autres termes, un ensemble E est inductif lorsque $\emptyset \in E$ et $\text{succ}(x) \in E$ pour chaque $x \in E$.

L'axiome de l'infini (ZF 6 à la page 28) postule l'existence d'au moins un ensemble inductif E. Soit $\mathfrak{I}$ la collection de tous les ensembles inductifs. Alors, un sous-ensemble de E est défini par

$$\mathbb{N} = \{x \in E \mid (\forall F \in \mathfrak{I})\, x \in F\}.$$

Ce dernier est l'intersection de tous les ensembles inductifs. Il est lui-même inductif et inclus dans tout autre ensemble inductif. Autrement dit, $\mathbb{N}$ est l'ensemble inductif minimal. Ses éléments sont appelés ***nombres entiers naturels***.

L'ensemble ℕ des ***nombres entiers naturels*** est donc défini par l'équivalence suivante :

$$n \in \mathbb{N} \Leftrightarrow \Big(n = \emptyset \vee \big[(\exists m \in \mathbb{N})\ n = \operatorname{succ}(m)\big]\Big). \qquad (1.22)$$

Les notations suivantes permettent d'en donner une description familière et conviviale.

$0 = \emptyset$;

$1 = \{0\} = \{\emptyset\}$;

$2 = \{0, 1\} = \{\emptyset, \{\emptyset\}\}$;

$3 = \{0, 1, 2\} = \{\emptyset, \{\emptyset\}, \{\emptyset, \{\emptyset\}\}\}$;

$4 = \{0, 1, 2, 3\} = \cdots$;

$5 = \{0, 1, 2, 3, 4\} = \cdots$;

$6 = \{0, 1, 2, 3, 4, 5\} = \cdots$;

$7 = \{0, 1, 2, 3, 4, 5, 6\} = \cdots$;

$8 = \{0, 1, 2, 3, 4, 5, 6, 7\} = \cdots$;

$9 = \{0, 1, 2, 3, 4, 5, 6, 7, 8\} = \cdots$;

puis, de proche en proche

$10 = \{0, 1, 2, 3, 4, 5, 6, 7, 8, 9\} = \cdots$;

$11 = \{0, 1, 2, 3, 4, 5, 6, 7, 8, 9, 10\} = \cdots$; etc.

Au regard de cette nouvelle terminologie, le nombre entier 1 est le successeur de 0, puis 2 celui de 1, etc. Du reste, à l'exception de 0, tous les nombres entiers naturels ont un prédécesseur.

Ce principe de succession suggère, sur l'ensemble ℕ des nombres entiers naturels, une relation binaire dite d'***infériorité large*** et symbolisée par $\leq$. Celle-ci est définie comme suit :

$$m \leq n \Leftrightarrow m \subseteq n.$$

Cette relation est *réflexive, antisymétrique* et *transitive*. Autrement dit, l'***infériorité large*** $\leq$ est une ***relation d'ordre*** sur $\mathbb{N}$. Une relation d'infériorité $m \leq n$ est dite ***stricte*** lorsque $m \neq n$. Ce fait est alors exprimé par $m < n$.

Au demeurant, sur $\mathbb{N}$, une opération, appelée ***addition*** et noté $+$, est définie par

$$n + 0 = n \qquad \text{et} \qquad n + \text{succ}(m) = \text{succ}(n + m).$$

En d'autres termes, pour tout couple $(n, m) \in \mathbb{N} \times \mathbb{N}$, l'addition de n par m est donnée par

$$n + m = \begin{cases} n & \text{si } m = 0 \ (m \text{ n'a pas de prédécesseur})\,; \\ \text{succ}(n + p) & \text{si } p \text{ est le prédécesseur de } m. \end{cases}$$

Si le prédécesseur p de m possède lui-même un prédécesseur, la démarche doit se poursuivre, jusqu'à obtention du résultat.

En particulier, pour tout $n \in \mathbb{N}$, les égalités

$$n + 1 = n + \text{succ}(0) = \text{succ}(n + 0) = \text{succ}(n)$$

sont valides. À ce compte-là, l'équivalence suivante est valide :

$$n \in \mathbb{N} \Leftrightarrow \Big(n = 0 \vee \big[(\exists m \in \mathbb{N}) \ n = m + 1\big]\Big). \qquad (1.23)$$

Elle est une formulation alternative de (1.22) à la page 49.

Un examen minutieux montre que l'addition ainsi définie sur $\mathbb{N}$ est *associative* et *commutative*, puis qu'elle admet 0 pour *élément neutre*. Le magma $(\mathbb{N}, +)$ est donc un ***monoïde commutatif***. Il permet de définir une autre opération : la multiplication.

La ***multiplication*** est l'opération désignée par $\times$ ou $\cdot$, et définie sur $\mathbb{N}$ de la manière suivante :

$$n \times 0 = 0 \qquad \text{et} \qquad n \times \text{succ}(m) = n + (n \times m).$$

Cette multiplication est associative, commutative, et distributive à gauche et à droite par rapport à l'addition. De plus, les nombres 0 et 1 sont respectivement absorbant et neutre pour la multiplication. Par conséquent, le magma $(\mathbb{N}, \times)$ est un ***monoïde commutatif***.

Toutefois, le triplet $(\mathbb{N}, +, \times)$ n'est pas un anneau, car 0 est l'unique nombre entier inversible par l'addition. Cependant, $(\mathbb{N}, +, \times)$ participe des ***demi-anneaux*** *unitaires commutatifs* ; c'est-à-dire des triplets $(D, *, \diamond)$, où $(D, *)$ et $(D, \diamond)$ sont des monoïdes commutatifs, et l'opération $\diamond$ est distributive à gauche et à droite par rapport à $*$.

Les preuves des affirmations sur nombres entiers naturels, formulées ci-dessus, sont disponibles dans l'ouvrage [4]. Celui-ci propose en sus des vues serrées sur les interactions entre addition, multiplication et relation d'ordre.

1.3.5. Les nombres entiers relatifs

Soient m et n des nombres entiers naturels. Si $m \leq n$, alors il existe un unique nombre $x \in \mathbb{N}$ tel que $m + x = n$. Spécialement, $x = 0$ si $m = n$. Au demeurant, si $m < n$, alors n s'obtient de m après x successions. Ce nombre x est désigné par $n - m$. Par conséquent,

$$n - 0 = n \quad \text{et} \quad m + (n - m) = n$$

pour tout couple $(m, n) \in \mathbb{N} \times \mathbb{N}$ tel que $m \leq n$.

Toutefois, si $n < m$, alors $n < m + x$ pour chaque $x \in \mathbb{N}$. En particulier, si m est un nombre entier distinct de 0, alors $0 < m + x$ pour tout $x \in \mathbb{N}$; chaque entier naturel distinct de 0 n'admet donc pas d'inverse pour l'addition.

Il est possible de plonger $\mathbb{N}$ dans un nouvel ensemble $\mathbb{Z}$ plus large, puis d'étendre l'addition $+$ des entiers naturels à $\mathbb{Z}$, de telle sorte que le couple $(\mathbb{Z}, +)$ soit un groupe abélien, et que, a fortiori, tout nombre entier naturel soit inversible par l'addition. Les lignes suivantes esquissent les contours de cette démarche.

Les nombres entiers sont par définition des ensembles gigognes, s'emboitant successivement les uns dans les autres (voir la page 49). Chacun d'eux peut être couplé à l'élément minimal et neutre 0. L'ensemble de tous les couples ainsi obtenues, c'est-à-dire des couples ayant la forme $(0, n)$ ou $(n, 0)$ avec $n \in \mathbb{N}$, désigné ici par $\mathbb{Z}$, retient notre attention. Il est la réunion de deux produits cartésiens. Précisément,

$$\mathbb{Z} = \big(\{0\} \times \mathbb{N}\big) \cup \big(\mathbb{N} \times \{0\}\big).$$

En raison de la définition du concept de couple (voir la page 33), il est aisé d'établir que la correspondance

$$\Gamma : \mathbb{N} \times \{0\} \to \mathbb{N}, \ (n, 0) \mapsto n,$$

est une application bijective. À cet égard, il est légitime d'identifier tout couple $(n, 0)$ à sa première composante n. Cette identification est une finesse rendue possible par les principes d'exclusivité et de réciprocité, inhérents aux bijections. Conjuguée à la notation

$$(0, n) = -n,$$

adoptée dans un souci de simplification pour chaque $n \in \mathbb{N}$, elle livre

$$-0 = 0$$

et

$$\begin{aligned}\mathbb{Z} &= \{\ldots, -n, \ldots, -3, -2, -1, -0\} \cup \{0, 1, 2, 3, \ldots, n, \ldots\} \\ &= \{\ldots, -n, \ldots, -2, -1, 0\} \cup \mathbb{N} \\ &= \{\ldots, -n, \ldots, -3, -2, -1, 0, 1, 2, 3, \ldots, n, \ldots\}.\end{aligned}$$

À ce compte-là,
$$\mathbb{N} \subseteq \mathbb{Z}.$$

Ce nouvel ensemble $\mathbb{Z}$, dont les éléments sont appelés **nombres entiers relatifs**, est donc effectivement un bassin de $\mathbb{N}$.

Dans ce processus, l'addition est prolongée à l'ensemble $\mathbb{Z}$ par les prescriptions suivantes :

$$(-m) + (-n) = (-n) + (-m) = -(m+n)$$

et

$$(-m) + n = n + (-m) = \begin{cases} n - m & \text{si } n \geq m, \\ -(m - n) & \text{si } n < m, \end{cases}$$

pour tout couple $(m, n) \in \mathbb{N} \times \mathbb{N}$.

L'opération $+$ ainsi définie sur $\mathbb{Z}$ est commutative et associative. Le nombre 0 est son élément neutre et chaque nombre entier relatif est inversible par $+$. Précisément, 0 est l'inverse de 0 et, pour tout $n \in \mathbb{N} \setminus \{0\}$, les entiers relatifs $-n$ et n s'inversent mutuellement. Le couple $(\mathbb{Z}, +)$ est donc un *groupe abélien*.

Dans l'esprit de ce qui précède, la multiplication définie sur $\mathbb{N}$ peut être prolongée à $\mathbb{Z}$. À cet effet, il suffit de poser

$$0 \times (-n) = (-n) \times 0 = 0,$$

puis

$$(-m) \times n = n \times (-m) = -(m \times n)$$

et

$$(-m) \times (-n) = (-n) \times (-m) = m \times n$$

pour tout couple $(m, n) \in \mathbb{N} \times \mathbb{N}$. Alors, le magma $(\mathbb{Z}, \times)$ est un *monoïde commutatif* dans lequel l'élément 1 est neutre.

Tout compte fait, le triplet $(\mathbb{Z}, +, \times)$ est un **anneau commutatif unitaire**.

Un élément $x \in \mathbb{Z}$ de cet anneau est dit *positif ou nul* s'il appartient à $\mathbb{N}$; autrement, il est dit *strictement négatif*. Par ailleurs, un entier relatif x est dit *strictement positif* lorsqu'il est un entier naturel non nul ; il est sinon dit *négatif ou nul*. Ces faits sont exprimés au moyen des symboles $<$ et $\leq$ comme suit :

(1) $0 \geq x$ lorsque $x \in \mathbb{N}$;
(2) $0 < x$ si $x \in \mathbb{N} \setminus \{0\}$;
(3) $x \leq 0$ lorsque $x \in (\mathbb{Z} \setminus \mathbb{N}) \cup \{0\}$;
(4) $x < 0$ si $x \in \mathbb{Z} \setminus \mathbb{N}$.

Ces considérations permettent de concevoir une relation d'ordre sur $\mathbb{Z}$, compatible avec celle définie précédemment sur $\mathbb{N}$. Dans cette intention, l'inverse par $+$ de chaque nombre $x \in \mathbb{Z}$ est symbolisé par $-x$. Précisément,

$$-x = \begin{cases} 0 & \text{si } x = 0, \\ -n & \text{si } x = n \in \mathbb{N}, \\ n & \text{si } x = -n \text{ avec } n \in \mathbb{N}. \end{cases}$$

Cette notation induit l'opération

$$- : \mathbb{Z} \times \mathbb{Z} \to \mathbb{Z},\ (x, y) \mapsto x - y = x + (-y),$$

appelée **soustraction**. Une **relation d'ordre** $\leq$ est alors définie sur $\mathbb{Z}$ par l'équivalence

$$a \leq b \Leftrightarrow 0 \leq b - a.$$

La preuve de cette affirmation se réalise sans grande difficulté. Elle est confiée au soin du lecteur.

D'autres relations binaires sont concevables sur $\mathbb{Z}$. L'une d'elles, la *divisibilité*, retient notre attention ici.

Soient a et b des nombres entiers relatifs. Le premier a est dit **divisible** par le second b s'il existe un $k \in \mathbb{Z}$ tel que $a = b \cdot k$. Ce fait est symbolisé par $b|a$; le nombre a est alors appelé **multiple** de b, tandis que b est nommé **diviseur** de a.

Par exemple, en raison de l'égalité $6 = 2 \times 3$, l'entier 6 est divisible par 2 et 3.

Tout entier relatif divisible par 2 est dit **pair**. Cependant, un entier relatif qui n'est pas pair est dit **impair**.

Chaque entier relatif a est divisible par lui-même et son opposé $-a$, puis par 1 et -1, car $a = a \times 1 = (-a) \times (-1)$.

Un entier naturel est dit **premier** s'il possède exactement deux diviseurs positifs : à savoir, 1 et lui-même. Par exemple, les nombres 2, 3, 5, 7 et 11 sont premiers. En revanche, 4, 6 et 9 ne sont pas premiers.

Deux entiers relatifs a et b sont dits **premiers entre eux** lorsque -1 et 1 sont leurs uniques diviseurs communs. Le cas échéant, a est dit **premier à** (ou **avec**) b, et vice-versa. Les entiers 4 et 9 par exemple sont premiers entre eux.

1.3.6. Les nombres rationnels

Dans un souci de simplification, l'ensemble $\mathbb{N} \setminus \{0\}$ est désigné par $\mathbb{N}^*$. De la même manière, $\mathbb{Z}^* = \mathbb{Z} \setminus \{0\}$.

Une relation binaire $\mathcal{R}$ est définie sur le produit cartésien $\mathbb{Z} \times \mathbb{Z}^*$ comme suit : $(a,b)\mathcal{R}(c,d)$ lorsque $a \cdot d = b \cdot c$.

La multiplication étant commutative sur $\mathbb{Z}$, l'égalité $a \cdot b = b \cdot a$ est satisfaite pour tout couple $(a,b) \in \mathbb{Z} \times \mathbb{Z}^*$. Ainsi, $(a,b)\mathcal{R}(a,b)$. La relation $\mathcal{R}$ est donc *réflexive*.

Soient (a,b) et (c,d) des couples de $\mathbb{Z} \times \mathbb{Z}^*$ tels que $(a,b)\mathcal{R}(c,d)$. Alors, $a \cdot d = b \cdot c$. En vertu de la commutativité de la multiplication, il s'ensuit $c \cdot b = d \cdot a$, et par conséquent $(c,d)\mathcal{R}(a,b)$. La relation est de ce fait *symétrique*.

Elle est également *transitive*. Pour s'en convaincre, il suffit de considérer des couples (a,b), (c,d) et (e,f) de $\mathbb{Z} \times \mathbb{Z}^*$ tels que $(a,b)\mathcal{R}(c,d)$ et $(c,d)\mathcal{R}(e,f)$. Alors, $a \cdot d = b \cdot c$ et $c \cdot f = d \cdot e$. Par suite,

$$(a \cdot f) \cdot d = f \cdot (a \cdot d) = f \cdot (b \cdot c) = b \cdot (c \cdot f) = b \cdot (d \cdot e) = (b \cdot e) \cdot d.$$

Il en découle que $a \cdot f = b \cdot e$, c'est-à-dire $(a,b)\mathcal{R}(e,f)$. La transitivité de $\mathcal{R}$ est ainsi établie.

En fin de compte, $\mathcal{R}$ est une relation d'équivalence sur $\mathbb{Z} \times \mathbb{Z}^*$. Dans un souci de simplification, la classe d'équivalence représentée par un couple $(a, b) \in \mathbb{Z} \times \mathbb{Z}^*$ est symbolisée par
$$\frac{a}{b} \quad \text{ou} \quad a/b$$
en lieu et place de $[(a, b)]_{\mathcal{R}}$. Donc, l'équivalence
$$\frac{a}{b} = \frac{c}{d} \Leftrightarrow a \cdot d = b \cdot c \tag{1.24}$$
est satisfaite pour tous couples (a, b) et (c, d) appartenant à $\mathbb{Z} \times \mathbb{Z}^*$.

L'ensemble quotient $(\mathbb{Z} \times \mathbb{Z}^*)/\mathcal{R}$ est symbolisé par $\mathbb{Q}$. Ses éléments sont appelés ***nombres rationnels***. Autrement dit,
$$\mathbb{Q} = \left\{ \frac{a}{b} \ \middle| \ a \in \mathbb{Z} \ \wedge \ b \in \mathbb{Z}^* \right\}$$
est l'*ensemble des nombres rationnels*.

Une expression de la forme $\frac{a}{b}$ ou a/b, avec des nombres a et b, est appelée ***fraction***. En l'espèce, les nombres a et b sont respectivement appelés ***numérateur*** et ***dénominateur*** de ladite fraction. Ainsi, un nombre rationnel est une fraction dont le numérateur est un entier relatif quelconque et le dénominateur un entier relatif non nul.

Cette description des nombres rationnels peut être affinée. À cet effet, il sied de remarquer que l'équivalence (1.24) induit l'égalité
$$\frac{a}{b} = \frac{a \cdot z}{b \cdot z}$$
pour chaque couple $(a, b) \in \mathbb{Z} \times \mathbb{Z}^*$ et tout $z \in \mathbb{Z}^*$. En particulier,
$$\frac{a}{b} = \frac{a \cdot (-1)}{b \cdot (-1)} = \frac{-a}{-b}.$$
De ce fait, pour tout nombre $x \in \mathbb{Q}$, il existe un couple $(a, b) \in \mathbb{Z} \times \mathbb{N}^*$ tel que $x = a/b$. À ce compte-là,
$$\mathbb{Q} = \left\{ \frac{a}{b} \ \middle| \ a \in \mathbb{Z} \ \wedge \ b \in \mathbb{N}^* \right\}.$$

L'ensemble $\mathbb{Z}$ s'intègre à $\mathbb{Q}$ par le biais de l'identification de chaque nombre entier relatif à une fraction ayant le nombre 1 pour dénominateur. Précisément,
$$z = \frac{z}{1} = \frac{m \cdot z}{m}$$
pour tout couple $(z, m) \in \mathbb{Z} \times \mathbb{Z}^*$. Par conséquent,
$$\mathbb{N} \subseteq \mathbb{Z} \subseteq \mathbb{Q}.$$

L'*addition* et la *multiplication* sont respectivement définies sur l'ensemble $\mathbb{Q}$ par
$$+ : \mathbb{Q} \times \mathbb{Q} \to \mathbb{Q}, \quad \left(\frac{a}{b}, \frac{c}{d}\right) \mapsto \frac{a}{b} + \frac{c}{d} = \frac{a \cdot d + b \cdot c}{b \cdot d}$$
et
$$\times : \mathbb{Q} \times \mathbb{Q} \to \mathbb{Q}, \quad \left(\frac{a}{b}, \frac{c}{d}\right) \mapsto \frac{a}{b} \times \frac{c}{d} = \frac{a \cdot c}{b \cdot d}.$$

Ces deux opérations sont compatibles à celles construites sur les sous-ensembles $\mathbb{N}$ et $\mathbb{Z}$, car
$$m + n = \frac{m+n}{1} = \frac{m \cdot 1 + 1 \cdot n}{1 \cdot 1} = \frac{m}{1} + \frac{n}{1}$$
et
$$m \times n = \frac{m \cdot n}{1} = \frac{m \cdot n}{1 \cdot 1} = \frac{m}{1} \times \frac{n}{1}$$
pour tout couple $(m, n) \in \mathbb{Z} \times \mathbb{Z}$.

Le triplet $(\mathbb{Q}, +, \times)$ est un **corps commutatif**. Dans ce corps, les nombres 0 et 1 sont respectivement neutres pour l'addition et la multiplication. En outre, l'inverse par $+$ d'un nombre rationnel a/b, où $a \in \mathbb{Z}$ et $b \in \mathbb{N}^*$, est
$$-\frac{a}{b} = \frac{-a}{b} = \frac{a}{-b}.$$
Si $a \neq 0$, alors l'inverse de a/b par la multiplication est
$$\left(\frac{a}{b}\right)^{-1} = \frac{b}{a}.$$

Ces règles d'inversion permettent de définir sur $\mathbb{Q}$ la *soustraction* et la *division* comme suit :

$$\frac{a}{b} - \frac{c}{d} = \frac{a}{b} + \left(-\frac{c}{d}\right) = \frac{a \cdot d - b \cdot c}{b \cdot d}$$

et

$$\left(\frac{a}{b}\right) : \left(\frac{c}{d}\right) = \frac{a/b}{c/d} = \frac{a}{b} \times \left(\frac{c}{d}\right)^{-1} = \frac{a}{b} \times \frac{d}{c} = \frac{a \cdot d}{b \cdot c}.$$

Les *puissances naturelles* de tout nombre rationnel x sont définies par induction comme suit :

$$x^0 = 1,$$
$$x^1 = x,$$
$$x^2 = x \times x,$$
$$x^3 = x^2 \times x = x \times x \times x,$$
$$\vdots$$
$$x^n = x^{n-1} \times x = \underbrace{x \times x \times \cdots \times x}_{n \text{ fois } x}$$

pour chaque $n \in \mathbb{N}^*$. En particulier, x^n, la puissance n de x, se lit également « x au carré » pour $n = 2$, et « x au cube » pour $n = 3$.

Au demeurant, les identités marquantes

$$x^2 - y^2 = (x-y)(x+y) \qquad (1.25)$$

et

$$(x+y)^2 = x^2 + 2xy + y^2, \qquad (1.26)$$

puis

$$(x+y)^3 = x^3 + 3x^2y + 3xy^2 + y^3 \qquad (1.27)$$

et

$$(x-y)^3 = x^3 - 3x^2y + 3xy^2 - y^3, \qquad (1.28)$$

valides pour tout couple $(x,y) \in \mathbb{Q} \times \mathbb{Q}$, se déduisent sans difficulté des propriétés algébriques du corps commutatif $(\mathbb{Q}, +, \times)$.

Par ailleurs, une **relation d'ordre** $\leq$ est définie sur $\mathbb{Q}$ par l'équivalence
$$x \leq y \Leftrightarrow \big(\exists (a,b) \in \mathbb{N} \times \mathbb{N}^*\big)\ y - x = \frac{a}{b}.$$
Le lecteur est invité à s'en persuader. De plus,
$$n - m = \frac{n}{1} - \frac{m}{1} = \frac{n-m}{1}$$
pour chaque couple $(m,n) \in \mathbb{Z} \times \mathbb{Z}$. Cette relation $\leq$ respecte donc l'ordre sur $\mathbb{N}$ et $\mathbb{Z}$.

De manière générale, soit X un ensemble équipé d'une relation d'ordre $\leq$. Un premier élément $x \in X$ est dit **inférieur ou égal** à un second élément $y \in X$ si $x \leq y$. Ce fait est également symbolisé par $y \geq x$, signifiant que y est **supérieur ou égal** à x.

En outre, la conjonction $x \leq y$ et $x \neq y$ est symbolisée de manière simplifiée par
$$x < y \qquad \text{ou} \qquad y > x.$$
Elle signifie que x est **strictement inférieur** à y ou que y est **strictement supérieur** à x. Ainsi, l'équivalence
$$x < y \Leftrightarrow \big(x \leq y \wedge x \neq y\big)$$
est valide pour chaque couple $(x,y) \in X \times X$.

Cette nouvelle terminologie permet de définir la **positivité** et la **négativité** sur l'ensemble $\mathbb{Q}$ des nombres rationnels.

Un nombre rationnel q est dit **positif ou nul** si $0 \leq q$, **strictement positif** (ou de **signe positif**) lorsque $0 < q$, **négatif ou nul** si $q \leq 0$, **strictement négatif** (ou de **signe négatif**) lorsque $q < 0$.

À ce compte-là, un rationnel q_1 est strictement inférieur à un second rationnel q_2 si la différence $q_2 - q_1$ est strictement positive et son opposée $q_1 - q_2 = -(q_2 - q_1)$ strictement négative.

En outre, le produit xy et le quotient $\frac{x}{y}$, où x et y sont des rationnels non nuls, est sont tous les deux de *signe positif* si x et y sont de même signe ; ils sont chacun de *signe négatif* lorsque x et y sont de signes contraires.

Du reste, par définition, pour chaque $q \in \mathbb{Q}$, il existe un couple $(a, b) \in \mathbb{Z} \times \mathbb{N}^*$ tel que
$$q = \frac{a}{b}.$$
En outre, $q = 0$ si et seulement si $a = 0$; puis $q > 0$ équivaut à $a \in \mathbb{N}^*$; tandis que l'assertion $q < 0$ est équivalente à $a < 0$. Ces observations permettent un jugement profond sur la positivité, la négativité et l'ordre de l'ensemble $\mathbb{Q}$. Elles facilitent notamment une appréciation de l'ampleur de l'ordre en question.

Un ensemble X, muni d'une relation d'ordre $\leq$, est dit **totalement ordonné** si, pour tout couple $(x, y) \in X \times X$, la disjonction
$$x \leq y \quad \text{ou} \quad y \leq x,$$
c'est-à-dire
$$x < y \quad \text{ou} \quad x = y \quad \text{ou} \quad y \leq x,$$
est vraie. En d'autres termes, un ordre $(X, \leq)$ est dit **total** lorsque deux éléments quelconques de X sont toujours comparables : ils sont égaux ou l'un est strictement inférieur à l'autre.

La différence de deux nombres rationnels arbitrairement choisis est nulle, strictement positive ou strictement négative. De ce fait, l'ordre $\leq$ sur $\mathbb{Q}$ est total.

Somme toute, le quadruplet $(\mathbb{Q}, +, \times, \leq)$ est un **corps commutatif totalement ordonné**. Cette *structure algébrique et ordonnée* peut potentiellement être mise au service de l'étude de l'espace matériel par la géométrie. La matière étant à la fois ordonnée et dense, il convient de s'assurer au préalable que la notion de *densité* est supportée par ladite structure.

Un ensemble X, muni d'une relation d'ordre $\leq$, est dit **dense** si, pour tout couple $(a, b) \in X \times X$ tel que $a < b$, il existe un $x \in X$ satisfaisant
$$a < x < b.$$
Une partie Y de X est dite **dense dans** X lorsque, pour tout couple $(a, b) \in X \times X$ tel que $a < b$, il existe un $y \in Y$ vérifiant $a < y < b$.

À cette étape, se pose la question de la densité de l'ensemble $\mathbb{Q}$, relativement à l'ordre $\leq$ défini en amont.

Pour y répondre, il convient de considérer des nombres rationnels x_1 et x_2 satisfaisant $x_1 < x_2$. Alors, il existe des couples $(a_1, b_1) \in \mathbb{Z} \times \mathbb{N}^*$ et $(a_2, b_2) \in \mathbb{Z} \times \mathbb{N}^*$ tels que
$$x_1 = \frac{a_1}{b_1} = \frac{a_1 b_2}{b_1 b_2} \qquad \text{et} \qquad x_2 = \frac{a_2}{b_2} = \frac{b_1 a_2}{b_1 b_2},$$
puis
$$a_1 b_2 < b_1 a_2.$$
Cependant, les nombres $a_1 b_2$ et $b_1 a_2$ sont des entiers relatifs. Par conséquent,
$$a_1 b_2 + 1 < b_1 a_2 \qquad \text{ou} \qquad a_1 b_2 + 1 = b_1 a_2.$$

PREMIER CAS : Soit $a_1 b_2 + 1 < b_1 a_2$. Alors,
$$a_1 b_2 < a_1 b_2 + 1 < b_1 a_2,$$
puis
$$x_1 = \frac{a_1 b_2}{b_1 b_2} < \frac{a_1 b_2 + 1}{b_1 b_2} < \frac{b_1 a_2}{b_1 b_2} = x_2.$$

SECOND CAS : Soit $a_1 b_2 + 1 = b_1 a_2$. Alors,
$$x_2 = \frac{b_1 a_2}{b_1 b_2} = \frac{a_1 b_2 + 1}{b_1 b_2} = x_1 + \frac{1}{b_1 b_2} > x_1 + \frac{1}{b_1 b_2 + 1} > x_1.$$

En tout état de cause, pour chaque couple $(x_1, x_2) \in \mathbb{Q} \times \mathbb{Q}$ satisfaisant $x_1 < x_2$, il existe un nombre rationnel y tel que $x_1 < y < x_2$.

L'ensemble $\mathbb{Q}$ des nombres rationnels, muni de la relation d'ordre $\leq$, est donc dense.

Dans cette foulée, il est instructif d'observer que l'ensemble $\mathbb{Z}$, constitué des nombres rationnels entiers, n'est pas une partie dense de $\mathbb{Q}$. Il en est pour l'ensemble $\mathbb{N}$ des entiers naturels, a fortiori. Car, il n'existe aucun nombre entier z, naturel ou relatif, vérifiant

$$\frac{1}{3} < z < \frac{1}{2}.$$

Le quadruplet $(\mathbb{Q}, +, \times, \leq)$ est donc un **corps commutatif totalement ordonné et dense**. Toutefois, la question de son envergure se pose. En termes mathématiques, il s'agit de savoir si ce corps est *complet*.

La notion de *complétude*, degré ultime de la *densité*, est du ressort de la théorie des relations d'ordre. À cet égard, pour la définir convenablement, il sied de révéler des éléments du jargon de cette théorie. En amont de ces révélations, il est utile de rappeler qu'une relation binaire $\leq$ sur un ensemble X est appelée **relation d'ordre** si elle est **réflexive**, **antisymétrique** et **transitive** (voir la page 37).

Étant donné une relation d'ordre $\leq$ sur un ensemble non vide X, soit Y un sous-ensemble de X. Un élément a de X est appelé **minorant** de Y si $a \leq y$ pour chaque $y \in Y$. De manière analogue, un élément b de X est nommé **majorant** de Y lorsque $y \leq b$ pour tout $y \in Y$.

Une partie Y, d'un ensemble X muni d'une relation d'ordre, est dite **minorée** si elle possède au moins un minorant. Elle est dite **majorée** lorsqu'elle a au moins un majorant.

Une partie d'un ensemble ordonné est dite **bornée** si elle est à la fois minorée et majorée.

Une relation d'ordre $\leq$, sur un ensemble non vide X, étant donnée, soit Y un sous-ensemble de X. Un élément a de Y est appelé **minimum** ou **plus petit élément** de Y si $a \leq y$ pour chaque $y \in Y$.

En miroir, un élément b de Y est nommé **maximum** ou **plus grand élément** de Y lorsque $y \leq b$ pour tout $y \in Y$.

Si un sous-ensemble admet un minimum (ou un maximum), alors celui-ci est unique.

Cette proposition est une conséquence directe de l'antisymétrie des relations d'ordre. Pour s'en convaincre, soient a_1 et a_2 des minimums d'une partie Y, d'un ensemble X muni d'une relation d'ordre $\leq$. Alors, par définition,
$$a_1 \in Y \quad \text{et} \quad a_2 \in Y,$$
puis
$$a_1 \leq y \quad \text{et} \quad a_2 \leq y$$
pour tout $y \in Y$. En particulier, $a_1 \leq a_2$ et $a_2 \leq a_1$. De ce fait, $a_1 = a_2$, car la relation binaire $\leq$ est antisymétrique. L'unicité des minimums est ainsi prouvée. Celle des maximums se démontre de manière analogue.

Les *minimum* et *maximum* d'une partie Y, lorsqu'ils existent, sont désignés respectivement par
$$\min Y \quad \text{et} \quad \max Y.$$

Tout minimum est un minorant. L'inverse n'est toutefois pas vrai. En effet, le minimum, contrairement au minorant, doit être contenu dans le sous-ensemble considéré. Pour les mêmes raisons, tout maximum est un minorant, mais chaque minorant n'est pas un maximum.

Toute paire $\{x, y\}$, constituée de nombres rationnels, admet un minimum et un maximum. En effet, la relation d'ordre $\leq$ sur $\mathbb{Q}$ étant totale, $x \leq y$ ou $x \geq y$; ainsi,
$$\min\{x, y\} = \begin{cases} x & \text{si } x \leq y, \\ y & \text{si } x \geq y, \end{cases}$$
puis
$$\max\{x, y\} = \begin{cases} y & \text{si } x \leq y, \\ x & \text{si } x \geq y. \end{cases}$$

En particulier, pour chaque $x \in \mathbb{Q}$, le maximum de la paire $\{-x, x\}$ est symbolisé par $|x|$ et appelé ***valeur absolue*** de x. Autrement dit,

$$|x| = \max\{-x, x\}.$$

À présent, soit Y une partie minorée, d'un ensemble X muni d'une relation d'ordre $\leq$.

Un élément de X est appelé ***borne inférieure*** de Y s'il est le maximum de l'ensemble des minorants de Y. Autrement dit, un élément de X est la *borne inférieure* de Y s'il est le plus grand des minorants de Y. Cette borne inférieure, si elle existe, est symbolisée par

$$\inf Y.$$

Un élément de X est appelé ***borne supérieure*** de Y s'il est le minimum de l'ensemble des majorants de Y. En d'autres termes, un élément de X est la *borne supérieure* de Y s'il est le plus petit des majorants de Y. Cette borne supérieure est désignée par

$$\sup Y,$$

lorsqu'elle existe.

Si une partie Y d'une ensemble X, muni d'une relation d'ordre $\leq$, possède un minimum, alors ce dernier est la borne inférieure de Y. De même, si Y admet un plus grand élément, alors celui-ci est aussi la borne supérieure de Y.

Pour illustrer l'usage de la terminologie introduite ci-dessus, la relation d'ordre $\leq$, sur l'ensemble $\mathbb{Q}$ des nombres rationnels, définie à la page 59, est considérée.

L'ensemble $\mathbb{N}$ des nombres entiers naturel, partie de $\mathbb{Q}$ par définition, est minoré. Tous les entiers relatifs strictement négatifs, comme -1, -3 ou -21, en sont notamment des minorants. Il en est de même pour les nombres rationnels strictement négatifs, à l'instar de $-\frac{1}{2}$, $-\frac{5}{3}$ ou $-\frac{1}{100}$. Mieux, l'ensemble $\mathbb{N}$ possède un minimum. Précisément,

$$\min \mathbb{N} = 0.$$

Toutefois, l'ensemble $\mathbb{N}$ n'est pas majoré. Car, aucun nombre rationnel n'est majorant de $\mathbb{N}$. Autrement dit, pour chaque $q \in \mathbb{Q}$, il existe un nombre $x \in \mathbb{N}$ tel que $q < x$, c'est-à-dire $q \leq x$ et $q \neq x$. En effet, il existe un couple $(m, n) \in \mathbb{Z} \times \mathbb{N}^*$ tel que $q = \frac{m}{n}$. Si m est négatif ou nul, l'affaire est simple : il suffit de prendre par exemple $x = 1$. Si en revanche l'entier m est strictement positif et $x = m + 1$, alors

$$x - q = \frac{m+1}{1} - \frac{m}{n} = \frac{mn + n - m}{n} = \frac{n + m(n-1)}{n}$$

avec $n + m(n-1) \in \mathbb{N}^*$, ceci entraîne $q < x$.

Toute partie minorée de $\mathbb{N}$ possède un minimum relativement à l'ordre $\leq$ sur $\mathbb{Q}$. De manière analogue, chaque partie majorée de $\mathbb{N}$ a un maximum. Ces propositions, que le lecteur est invité à démontrer, s'appliquent aux ensembles respectifs des *multiples* et *diviseurs* positifs des entiers relatifs.

Soit $\mathfrak{M}(a)$ l'ensemble des multiples strictement positifs d'un entier relatif a. Alors,

$$\mathfrak{M}(a) \subseteq \mathbb{N}^* \subseteq \mathbb{Q}.$$

En particulier,

$$\mathfrak{M}(0) = \emptyset$$

puisque 0 est le seul multiple de 0. Cependant, l'ensemble des multiples strictement positifs de chaque entier $a \in \mathbb{Z}^*$ est donné par

$$\mathfrak{M}(a) = \left\{ n \cdot |a| \mid n \in \mathbb{N}^* \right\} = \left\{ |a|, 2 \cdot |a|, 3 \cdot |a|, \ldots \right\}.$$

Il est minoré, mais pas majoré. En outre,

$$\min \mathfrak{M}(a) = |a|.$$

Pour tout couple $(a, b) \in \mathbb{Z}^* \times \mathbb{Z}^*$, l'intersection

$$\mathfrak{M}(a) \cap \mathfrak{M}(b)$$

est l'ensemble des multiples strictement positifs communs à a et b. Elle est minorée, mais pas majorée. Son minimum est désigné par

$$\mathbf{ppmc}(a, b)$$

et nommé *__plus petit multiple commun__* de a et b. Ainsi,

$$\mathbf{ppmc}(a, 1) = \mathbf{ppmc}(1, a) = |a|$$

et

$$\mathbf{ppmc}(a, b) = \mathbf{ppmc}(b, a) = \mathbf{ppmc}(|a|, |b|) = \min\bigl(\mathfrak{M}(a) \cap \mathfrak{M}(b)\bigr)$$

pour tout couple $(a, b) \in \mathbb{Z}^* \times \mathbb{Z}^*$.

Soit $\mathfrak{D}(a)$ l'ensemble des diviseurs strictement positifs d'un entier relatif a. Alors,

$$\mathfrak{D}(a) \subseteq \mathbb{N}^* \subseteq \mathbb{Q}.$$

En particulier,

$$\mathfrak{D}(0) = \mathbb{N}^*$$

car $0 = n \times 0$ pour tout $n \in \mathbb{N}^*$. Donc, l'ensemble $\mathfrak{D}(0)$ est minoré et

$$\min \mathfrak{D}(0) = 1;$$

il n'est toutefois pas majoré. Si en revanche $a \in \mathbb{Z}^*$, alors $\mathfrak{D}(a)$ est borné, puis

$$\min \mathfrak{D}(a) = 1 \qquad \text{et} \qquad \max \mathfrak{D}(a) = |a|.$$

Des entiers relatifs a et b étant considérés, eu égard à cette nouvelle terminologie, l'intersection

$$\mathfrak{D}(a) \cap \mathfrak{D}(b)$$

est l'ensemble des diviseurs strictement positifs communs à a et b. À l'évidence, elle est minorée avec

$$\min\bigl(\mathfrak{D}(a) \cap \mathfrak{D}(b)\bigr) = 1.$$

Cependant, elle n'est majorée que si $a \neq 0$ ou $b \neq 0$; le cas échéant, son maximum est symbolisé par

$$\mathbf{pgdc}(a, b)$$

et appelé *plus grand diviseur commun* de a et b. Ainsi,

$$\mathbf{pgdc}(a, 0) = \mathbf{pgdc}(0, a) = |a|$$

et

$$\mathbf{pgdc}(a, b) = \mathbf{pgdc}(b, a) = \mathbf{pgdc}(|a|, |b|) = \max\bigl(\mathfrak{D}(a) \cap \mathfrak{D}(b)\bigr)$$

pour tout couple $(a, b) \in \mathbb{Z}^* \times \mathbb{Z}^*$.

En cette circonstance, il convient d'observer que des nombres entiers relatifs a et b sont *premiers entres eux* si et seulement si

$$\mathbf{pgdc}(a, b) = 1.$$

En effet, par définition (voir la page 55), des entiers relatifs a et b sont premiers entre eux lorsque -1 et 1 sont leurs uniques diviseurs communs, c'est-à-dire lorsque $\mathfrak{D}(a) \cap \mathfrak{D}(b) = \{1\}$.

Une fraction a/b, où $(a, b) \in \mathbb{Z} \times \mathbb{Z}^*$, est dite *simplifiable* ou *réductible* si a et b sont divisibles par un entier naturel strictement supérieur à 1. Autrement, elle est dite *irréductible*. Ainsi, une fraction a/b est irréductible si et seulement si $\mathbf{pgdc}(a, b) = 1$.

Manifestement, chaque nombre rationnel peut être exprimé par une multitude de fractions simplifiables et par une *unique* fraction irréductible. Par exemple,

$$\frac{4}{3} = \frac{20}{15} = \frac{8}{6} = \frac{40}{30} = \cdots.$$

De manière générale, pour chaque nombre rationnel q, il existe un couple $(a, b) \in \mathbb{Z} \times \mathbb{N}^*$ tel que $q = \frac{a}{b}$. Cependant, il existe un couple $(a_1, b_1) \in \mathbb{Z} \times \mathbb{N}^*$ tel que

$$a = a_1 \cdot \mathbf{pgdc}(a, b) \qquad \text{et} \qquad b = b_1 \cdot \mathbf{pgdc}(a, b).$$

De ce fait,
$$q = \frac{a}{b} = \frac{a_1 \cdot \mathbf{pgdc}(a,b)}{b_1 \cdot \mathbf{pgdc}(a,b)} = \frac{a_1}{b_1}$$
avec $\mathbf{pgdc}(a_1, b_1) = 1$. La fraction a_1/b_1 est donc irréductible. Elle est l'unique fraction irréductible représentant le nombre q. En effet, si un couple $(a_2, b_2) \in \mathbb{Z} \times \mathbb{N}^*$ satisfait $\mathbf{pgdc}(a_2, b_2) = 1$ et
$$\frac{a_1}{b_1} = \frac{a_2}{b_2},$$
alors $a_1 b_2 = b_1 a_2$. Puisque les entiers a_1 et b_1 d'une part, puis a_2 et b_2 d'autre part, sont premiers entre eux, la dernière égalité induit
$$a_1 | a_2 \qquad \text{et} \qquad a_2 | a_1,$$
puis
$$b_1 | b_2 \qquad \text{et} \qquad b_2 | b_1,$$
Il en résulte $a_2 = a_1$ et $b_2 = b_1$.

En somme, pour tout nombre rationnel q, il existe un unique couple $(a, b) \in \mathbb{Z} \times \mathbb{N}^*$ tel que
$$\mathbf{pgdc}(a, b) = 1 \qquad \text{et} \qquad q = \frac{a}{b}.$$

Cette proposition est mise à contribution dans l'examen de la complétude de l'ordre $(\mathbb{Q}, \leq)$.

Un ensemble X, équipé d'une relation d'ordre, est dit ***complet*** si toute partie non vide et majorée de X possède une borne supérieure.

Une partie E de $\mathbb{Q}$ est définie de la manière suivante :
$$E = \{x \in \mathbb{Q} \mid 0 \leq x \wedge x^2 < 2\}.$$

À l'évidence, elle contient les entiers naturels 0 et 1. Elle est en outre majorée, notamment par $\frac{3}{2}$. Car, si $x \in E$, alors
$$0 \leq x^2 < 2 = \frac{8}{4} < \frac{9}{4} = \left(\frac{3}{2}\right)^2$$

et
$$x - \frac{3}{2} = \frac{x^2 - \left(\frac{3}{2}\right)^2}{x + \frac{3}{2}} < 0.$$

Par conséquent, $x < \frac{3}{2}$ pour chaque $x \in E$.

Cette partie E possède-t-elle une borne supérieure dans $\mathbb{Q}$?

La réponse à cette interrogation est négative. Pour le démontrer, il est efficace de mettre à contribution la *règle de raisonnement par l'absurde*. À cet effet, l'existence d'un rationnel q satisfaisant

$$q = \sup E$$

est supposée. Alors, $0 < 1 \leq q$. De plus,

$$p = \frac{q(q^2 + 6)}{3q^2 + 2}$$

est un nombre rationnel. En outre,

$$q - p = q\left(1 - \frac{q^2 + 6}{3q^2 + 2}\right) = q \cdot \frac{3q^2 + 2 - q^2 - 6}{3q^2 + 2} = \frac{2q(q^2 - 2)}{3q^2 + 2}$$

et

$$\begin{aligned}
p^2 - 2 &= \frac{q^2(q^2 + 6)^2}{(3q^2 + 2)^2} - 2 \\
&= \frac{q^6 + 12q^4 + 36q^2 - 18q^4 - 24q^2 - 8}{(3q^2 + 2)^2} \\
&= \frac{q^6 - 6q^4 + 12q^2 - 8}{(3q^2 + 2)^2} \\
&= \frac{(q^2 - 2)^3}{(3q^2 + 2)^2},
\end{aligned}$$

eu égard à l'identité (1.28) à la page 58. Cependant, l'ordre $\leq$ sur $\mathbb{Q}$ est total. Donc, l'une des trois assertions suivantes est vraie :

$$q^2 = 2, \qquad q^2 < 2 \qquad \text{et} \qquad q^2 > 2.$$

Les deux dernières doivent être rejetées.

Car, si $q^2 < 2$, c'est-à-dire $q^2 - 2 < 0$, alors

$$q \in E \quad \text{et} \quad q = \max E,$$

puis

$$q - p = \frac{2q(q^2 - 2)}{3q^2 + 2} < 0 \quad \text{et} \quad p^2 - 2 = \frac{(q^2 - 2)^3}{(3q^2 + 2)^2} < 0.$$

Par conséquent,

$$0 < q < p \quad \text{et} \quad p^2 < 2.$$

Ceci contrarie la maximalité de q dans E.

De même, si $q^2 > 2$, c'est-à-dire $q^2 - 2 > 0$, alors

$$q - p = \frac{2q(q^2 - 2)}{3q^2 + 2} > 0 \quad \text{et} \quad p^2 - 2 = \frac{(q^2 - 2)^3}{(3q^2 + 2)^2} > 0.$$

Ainsi,

$$0 < p < q \quad \text{et} \quad p^2 > 2 > x^2$$

pour chaque $x \in E$. Selon l'identité 1.25 à la page 58, il en résulte

$$p - x = \frac{p^2 - x^2}{p + x} > 0$$

pour tout $x \in E$. Donc, p est un majorant de E vérifiant $0 < p < q$. Ceci est une contradiction de la minimalité de q dans l'ensemble des majorants de E.

L'existence d'un rationnel q, borne supérieure de l'ensemble E, a donc pour conséquence $0 < q$ et $q^2 = 2$. Cependant, tout nombre rationnel s'exprime par une fraction irréductible (voir les pages 67 et 68). Par conséquent, il existe un couple $(a, b) \in \mathbb{N}^* \times \mathbb{N}^*$ tel que

$$\mathbf{pgdc}(a, b) = 1 \quad \text{et} \quad q = \frac{a}{b}.$$

De ce fait, $\frac{a^2}{b^2} = 2$. D'où $a^2 = 2b^2$. L'entier 2 étant premier, il s'ensuit que a est divisible par 2. Autrement dit, il existe un nombre $k \in \mathbb{N}^*$ tel que $a = 2k$. Ainsi, $4k^2 = 2b^2$, c'est-à-dire $b^2 = 2k^2$. Cette égalité entraîne $2|b$. Le nombre 2 est donc un diviseur commun à a et b. Ceci contredit l'hypothèse **pgdc**$(a,b) = 1$. À ce compte-là, eu égard à la règle du raisonnement par l'absurde, la supposition de l'existence d'un nombre $q \in \mathbb{Q}$ vérifiant $q = \sup E$ est fausse.

Le sous-ensemble
$$E = \{x \in \mathbb{Q} \mid 0 \leq x \ \wedge \ x^2 < 2\},$$
partie majorée de $\mathbb{Q}$, n'admet pas de borne supérieure dans l'ensemble $\mathbb{Q}$. Ce dernier, muni de l'ordre $\leq$, n'est donc pas complet.

Le corps commutatif totalement ordonné $(\mathbb{Q}, +, \times, \leq)$ est certes dense, mais incomplet : il a des « trous ». Il est de ce fait inadapté à l'étude mathématique de l'espace physique, supposé dense et continu. À ce titre, il convient de combler ces trous. En l'espèce, il s'agit précisément de compléter le corps des rationnels sous les contraintes suivantes :

— l'addition, la multiplication et l'ordre de $\mathbb{Q}$ se prolonge harmonieusement à l'ensemble obtenu de cette complétion ;
— ledit ensemble, muni de l'addition, de la multiplication et de l'ordre prolongés, est un corps commutatif totalement ordonné, dense et complet.

Cette entreprise de complétion engendre le corps des nombres réels.

1.3.7. Les nombres réels

Chacune des méthodes connues de construction des nombres réels est assez technique et relativement sophistiquée. Celle esquissée dans la présente section, due au mathématicien allemand RICHARD DEDEKIND (1831 – 1916), est dans la ligne de l'exposé précédent sur les nombres rationnels.

Soit A une partie de $\mathbb{Q}$. Le couple $(A, \mathbb{Q} \setminus A)$ est appelé **coupure de Dedekind** ou simplement **coupure** de $\mathbb{Q}$ lorsque les trois conditions suivantes sont satisfaites :

(1) $A \neq \emptyset$ et $A \neq \mathbb{Q}$.

(2) $x < y$ pour chaque couple $(x, y) \in A \times (\mathbb{Q} \setminus A)$.

(3) A n'a pas de maximum relativement à l'ordre $\leq$ sur $\mathbb{Q}$.

En d'autres termes, un couple (A, B) est une coupure de $\mathbb{Q}$ si les quatre conditions suivantes sont vérifiées :

(1) A est partie non vide et propre de $\mathbb{Q}$.

(2) B est le complément de A dans $\mathbb{Q}$.

(3) Chaque élément x de A est strictement inférieur à tout élément y de B.

(4) A n'a pas de plus grand élément pour l'ordre $\leq$ sur $\mathbb{Q}$.

Le cas échéant, la première composante A est dite **majeure**, tandis que la seconde $B = \mathbb{Q} \setminus A$ est dite **résiduelle**. Par définition, la composante majeure d'une coupure est une partie majorée $\mathbb{Q}$; alors que sa composante résiduelle est minorée.

À l'évidence, la collection des coupures de $\mathbb{Q}$, symbolisée ici par $\mathcal{C}(\mathbb{Q})$, est un sous-ensemble du produit cartésien $\mathcal{P}(\mathbb{Q}) \times \mathcal{P}(\mathbb{Q})$, où $\mathcal{P}(\mathbb{Q})$ désigne l'ensemble des parties de $\mathbb{Q}$.

Dans le même esprit, toutes les *composantes majeures* des coupures de $\mathbb{Q}$ forment un ensemble désigné ici par $\mathbb{R}$. En d'autres termes,

$$\mathbb{R} = \Big\{ A \in \mathcal{P}(\mathbb{Q}) \mid (A, \mathbb{Q} \setminus A) \in \mathcal{C}(\mathbb{Q}) \Big\}.$$

Pour chaque $p \in \mathbb{Q}$, soient les ensembles

$$\mathbb{Q}_p^- = \{x \in \mathbb{Q} \mid x < p\} \quad \text{et} \quad \mathbb{Q}_p^+ = \{x \in \mathbb{Q} \mid x \geq p\}.$$

Le premier $\mathbb{Q}_p^-$ et le second $\mathbb{Q}_p^+$ sont des parties non vides et propres de $\mathbb{Q}$. De plus,

$$\sup \mathbb{Q}_p^- = p = \min \mathbb{Q}_p^+ \quad \text{et} \quad \mathbb{Q}_p^+ = \mathbb{Q} \setminus \mathbb{Q}_p^-. \tag{1.29}$$

Au demeurant, si $x \in \mathbb{Q}_p^-$ et $y \in \mathbb{Q}_p^+$, alors $x < p \leq y$. Par conséquent, le couple $(\mathbb{Q}_p^-, \mathbb{Q}_p^+)$ est une coupure de $\mathbb{Q}$. La correspondance

$$\Phi : \mathbb{Q} \to \mathcal{C}(\mathbb{Q}), \quad p \mapsto (\mathbb{Q}_p^-, \mathbb{Q}_p^+) \tag{1.30}$$

définit donc bien une application. Cette dernière est du reste *injective*, car l'égalité

$$(\mathbb{Q}_p^-, \mathbb{Q}_p^+) = (\mathbb{Q}_q^-, \mathbb{Q}_q^+)$$

entraîne $p = q$.

À présent, soit p un nombre rationnel et $(A, \mathbb{Q} \setminus A)$ une coupure de $\mathbb{Q}$ telle que p soit la borne supérieure de A (c'est-à-dire $\sup A = p$). Alors,

$$A = \mathbb{Q}_p^-. \tag{1.31}$$

En effet, l'égalité $\sup A = p$ induit

$$A \subseteq \mathbb{Q}_p^- \cup \{p\}.$$

Toutefois, le rationnel p appartient à $\mathbb{Q} \setminus A$, car le contraire entraînerait $p = \max A$: une violation de la définition qui exclut l'existence d'un maximum dans la composante majeure des coupures de $\mathbb{Q}$. De ce fait,

$$A \subseteq \mathbb{Q}_p^-.$$

Par ailleurs, puisque tout élément de $\mathbb{Q} \setminus A$ est un majorant de A, pour chaque $x \in \mathbb{Q}$, l'inégalité $x < q$ entraîne $x \in A$. Par conséquent,

$$\mathbb{Q}_p^- \subseteq A.$$

L'égalité (1.31) est donc valide. Elle implique

$$(A, \mathbb{Q} \setminus A) = (\mathbb{Q}_p^-, \mathbb{Q}_p^+).$$

Tout compte fait, la composante majeure d'une coupure possède une borne supérieure si et seulement si elle a la forme $(\mathbb{Q}_p^-, \mathbb{Q}_p^+)$ avec $p \in \mathbb{Q}$.

L'application Φ est-elle surjective ? Autrement dit, toutes les coupures de $\mathbb{Q}$ ont-elles la forme $(\mathbb{Q}_p^-, \mathbb{Q}_p^+)$ avec $p \in \mathbb{Q}$?

La réponse à cette question est négative. En effet, il existe au moins une coupure $(A, \mathbb{Q} \setminus A)$ de $\mathbb{Q}$ distincte de $(\mathbb{Q}_p^-, \mathbb{Q}_p^+)$ pour tout $p \in \mathbb{Q}$. Précisément, soit

$$E = \left\{ x \in \mathbb{Q} \mid 0 \leq x \ \wedge \ x^2 < 2 \right\}$$

et

$$A = \left\{ x \in \mathbb{Q} \mid x < 0 \right\} \cup E.$$

Alors, le couple $(A, \mathbb{Q} \setminus A)$ est une coupure de $\mathbb{Q}$ (le lecteur est invité à en faire la démonstration). Du reste, la partie E, et à fortiori A, n'admet pas de borne supérieure dans $\mathbb{Q}$ (voir la page 71). Il en résulte

$$(A, \mathbb{Q} \setminus A) \neq (\mathbb{Q}_p^-, \mathbb{Q}_p^+)$$

pour tout $q \in \mathbb{Q}$, puisque le nombre rationnel p est la borne supérieure du sous-ensemble $\mathbb{Q}_p^-$.

En somme, les coupures de l'ensemble $\mathbb{Q}$ des nombres rationnels peuvent être classées en deux catégories :

1. Celles ayant la forme $(\mathbb{Q}_p^-, \mathbb{Q}_p^+)$ avec $p \in \mathbb{Q}$, dites du ***premier type***.
2. Celles n'ayant pas d'antécédent par l'application injective Φ définie ci-dessus par l'expression (1.30), dites du ***second type***, et dont la composante majeure n'admet pas de borne supérieure dans $\mathbb{Q}$.

Le « point de rupture » de toute coupure du premier type appartient à $\mathbb{Q}$. Précisément, le rationnel p est appelé ***point de rupture*** de la coupure $(\mathbb{Q}_p^-, \mathbb{Q}_p^+)$. En revanche, les coupures du second type révèlent les « *trous* » du corps commutatif, totalement ordonné et dense, mais *incomplet* $(\mathbb{Q}, +, \times, \leq)$.

Dans l'optique de la formalisation de géométrie euclidienne de l'espace à l'aune des nombres, il importe à présent de combler ces trous de manière à obtenir un corps commutatif, totalement ordonné, dense et *complet*.

Cette complétude peut être réalisée de manière formelle, selon les modalités et étapes suivantes :

1. Considérer que chaque coupure de $\mathbb{Q}$, et a fortiori sa composante majeure, correspond à un nombre réel.
2. Identifier la composante majeure $\mathbb{Q}_p^-$ de toute coupure du premier type à son point de rupture et supremum p.
3. Construire un ordre des nombres réels compatible avec l'ordre des rationnels.
4. Prolonger judicieusement l'addition des nombres rationnels aux réels.
5. Prolonger intelligemment la multiplication des nombres rationnels aux réels.

Définition des nombres réels

La composante majeure de toute coupure de $\mathbb{Q}$ est appelée ***nombre réel***. Ainsi, la collection

$$\mathbb{R} = \Big\{ A \in \mathcal{P}(\mathbb{Q}) \mid (A, \mathbb{Q} \setminus A) \in \mathcal{C}(\mathbb{Q}) \Big\},$$

partie de $\mathcal{P}(\mathbb{Q})$ introduite ci-dessus à la page 72, est l'***ensemble des nombres réels***.

Inclusion de l'ensembles des rationnels dans l'ensemble des réels

L'injectivité et la non-surjectivité de l'application

$$\Phi : \mathbb{Q} \to \mathcal{C}(\mathbb{Q}), \ p \mapsto \big(\mathbb{Q}_p^-, \mathbb{Q}_p^+\big)$$

ont été démontrées en amont. Il en résulte que l'application

$$\Psi : \mathbb{Q} \to \mathbb{R}, \ p \mapsto \mathbb{Q}_p^- \qquad (1.32)$$

est injective et non-surjective. Ceci révèle d'une part que chaque rationnel q correspond sans ambiguïté au réel $\mathbb{Q}_p^-$ et d'autre part, qu'il existe des réels distincts de $\mathbb{Q}_p^-$ pour chaque $p \in \mathbb{Q}$. À ce titre, il est

légitime d'identifier chaque réel de la forme $\mathbb{Q}_p^-$ au rationnel p, notamment en posant
$$\mathbb{Q}_p^- = p.$$
Ce processus d'identification plonge l'ensemble $\mathbb{Q}$ des rationnels dans $\mathbb{R}$. Ainsi,
$$\mathbb{N} \subsetneq \mathbb{Z} \subsetneq \mathbb{Q} \subsetneq \mathbb{R}.$$
Tout réel du sous-ensemble $\mathbb{R} \setminus \mathbb{Q}$ est dit *irrationnel*.

Ordre des nombres réels

L'inclusion large $\subseteq$ définit une relation d'ordre sur l'ensemble $\mathcal{P}(X)$ des parties de tout ensemble X. Au demeurant, l'ensemble des réels est une partie de $\mathcal{P}(\mathbb{Q})$. Il en résulte qu'une relation d'ordre $\leq$ sur $\mathbb{R}$ est déterminée par l'équivalence suivante :
$$\alpha \leq \beta \Leftrightarrow \alpha \subseteq \beta.$$
Soient p et q des nombres rationnels tel que $p \leq q$. Alors,
$$\mathbb{Q}_p^- = \{x \in \mathbb{Q} \mid x < p\} \subseteq \{x \in \mathbb{Q} \mid x < q\} = \mathbb{Q}_q^-.$$
L'inégalité $p \leq q$ entraîne donc $\mathbb{Q}_p^- \leq \mathbb{Q}_q^-$. L'ordre ainsi défini sur $\mathbb{R}$ est par conséquent compatible à l'ordre de $\mathbb{Q}$.

À présent soient α et β des réels tels que la relation $\alpha \leq \beta$ soit fausse, c'est-à-dire tels que α ne soit pas inclus dans β. Alors, il existe un nombre rationnel x appartenant à α, mais pas à β, c'est-à-dire $x \in \alpha \cup (\mathbb{Q} \setminus \beta)$. Maintenant, soit $y \in \beta$. Alors, $y < x$ car le couple $(\beta, \mathbb{Q} \setminus \beta)$ est une coupure de $\mathbb{Q}$. Du reste,
$$y \in \mathbb{Q} = \alpha \cup (\mathbb{Q} \setminus \alpha)$$
et le couple $(\beta, \mathbb{Q} \setminus \beta)$ est aussi une coupure de $\mathbb{Q}$. De ce fait, $y \in \alpha$ (le contraire entraînerait en effet $x < y$). Ainsi, si $y \in \beta$, alors $y \in \alpha$. Par conséquent, $\beta \subseteq \alpha$. Ceci signifie que $\beta \leq \alpha$.

Eu égard à l'argumentation du paragraphe précédent, la relation d'ordre $\leq$ sur $\mathbb{R}$ est **totale**.

Pour analyser la densité de cette relation d'ordre, il convient de noter que pour tout rationnel q et chaque irrationnel α, la relation $q < \alpha$ est valide si et seulement si $q \in \alpha$.

En effet, $q < \alpha$ signifie que $\mathbb{Q}_p^- = \{x \in \mathbb{Q} \mid x < p\} \subsetneq \alpha$. Or, l'assertion $p \notin \alpha$ entraîne $\alpha \subseteq \{x \in \mathbb{Q} \mid x < p\}$: une contradiction de l'hypothèse. De ce fait, la relation $q < \alpha$ induit $q \in \alpha$. Par ailleurs, selon la définition des coupures de $\mathbb{Q}$ et des réels, il est évident que l'appartenance de q à α implique $\mathbb{Q}_p^- = \{x \in \mathbb{Q} \mid x < p\} \subsetneq \alpha$.

Soit à présent des nombres $q \in \mathbb{Q}$ et $\beta \in \mathbb{R} \setminus \mathbb{Q}$ tels que $q < \beta$. Alors, $q \in \beta$. Or, en qualité de composante principale d'une coupure, α n'admet pas de plus grand élément. Il existe donc un rationnel $q \in \beta$ tel que $p < q$. D'où $p < q < \beta$.

Maintenant, soit des nombres $\alpha \in \mathbb{R} \setminus \mathbb{Q}$ et $p \in \mathbb{Q}$ vérifiant $\alpha < p$. Alors, $-(-p) = p \notin \alpha$. D'où $-p \in \beta$ avec

$$\beta = \{x \in \mathbb{Q} \mid -x \notin \alpha\}.$$

Cependant, β est un nombre réel irrationnel (le lecteur est invité à s'en convaincre). Donc, $-p < \beta$. En vertu du paragraphe précédent, il existe de ce fait un rationnel q tel que $-p < q < \beta$. Par conséquent, $\alpha < -q < p$.

Enfin, soient α et β des nombres irrationnels tels que $\alpha < \beta$. Alors, l'ensemble

$$\gamma = \{x + y \mid x \in \beta \wedge -y \notin \alpha\}$$

est un réel et $0 \in \gamma$ (le lecteur est invité à démontrer ces affirmations). Il existe donc des rationnels x et y tels que $x \in \beta$ et $-y \notin \alpha$, puis $x + y = 0$. Il s'ensuit que

$$\alpha < -y = x < \beta.$$

Cependant, selon le paragraphe précédent, il existe un rationnel q tel que $\alpha < q < -y$. Ainsi, $\alpha < q < \beta$.

L'ensemble $\mathbb{Q}$, équipé de l'ordre $\leq$, étant dense, il en résulte, tout compte fait, que pour chaque couple (α, β) de nombres réels vérifiant $\alpha < \beta$, il existe un rationnel q tel que $\alpha < q < \beta$. En conséquence, la partie $\mathbb{Q}$ est *dense* dans $\mathbb{R}$ relativement à l'ordre $\leq$.

Du reste, l'ensemble $\mathbb{R}$, muni de la relation d'ordre $\leq$, est **complet**. Autrement dit, toute partie non-vide et majorée de $\mathbb{R}$ possède une borne supérieure. En d'autres termes, l'ensemble des majorants de toute partie non-vide et majorée de $\mathbb{R}$ admet un plus petit élément.

Ce résultat, dont la preuve est esquissée dans le paragraphe suivant, est appelé *théorème de la borne supérieure*.

Soit E une partie non-vide et majorée de $\mathbb{R}$, puis $\mathcal{M}$ l'ensemble des majorants de E. Alors,

$$\alpha = \{q \in \mathbb{Q} \mid q \notin \mathcal{M}\}$$

est l'ensemble des rationnels qui ne sont pas des majorants de E. Alors, $\alpha \in \mathbb{R}$ et $\alpha = \min E$. L'argumentation menant à ces faits est un brin sophistiquée. Pour ne pas alourdir le discours, elle n'est pas détaillée ici. Les intéressés, curieux et incrédules sont toutefois invités à consulter l'ouvrage [4] de la bibliographie.

En somme, le couple $(\mathbb{R}, \leq)$ est un ordre **total** et **complet**. Il a au demeurant une partie propre **dense** : l'ensemble $\mathbb{Q}$ notamment.

Addition des nombres réels

Soient α et β des parties de $\mathbb{Q}$. Alors, l'ensemble

$$\{x + y \mid x \in \alpha \,\wedge\, y \in \beta\},$$

symbolisé par $\alpha + \beta$ est une partie de $\mathbb{Q}$. De plus,

$$\mathbb{Q}_p^- + \mathbb{Q}_q^- = \mathbb{Q}_{p+q}^-$$

pour chaque couple $(p,q) \in \mathbb{Q} \times \mathbb{Q}$. De manière générale, si α et β sont des réels, alors il en est de même pour l'ensemble $\alpha + \beta$, appelé *somme* de α et β. La correspondance

$$\mathbb{R} \times \mathbb{R} \to \mathbb{R}, \quad (\alpha, \beta) \mapsto \alpha + \beta,$$

est donc une loi de composition interne sur $\mathbb{R}$, nommée **addition**. Le magma $(\mathbb{R}, +)$ est un **groupe abélien**. Son *élément neutre* est

$$0 = \mathbb{Q}_0^- = \{q \in \mathbb{Q} \mid q < 0\}.$$

L'*opposé* $-\alpha$ de chaque réel α par l'addition est déterminé par

$$-\alpha = \{x \in \mathbb{Q} \mid -x \notin \alpha\}$$

si $\alpha \in \mathbb{R} \setminus \mathbb{Q}$, ou par

$$-\alpha = \mathbb{Q}_{-p}^- = -p$$

si $\alpha = \mathbb{Q}_p^-$ avec $p \in \mathbb{Q}$.

Pour mettre sa sagacité à l'épreuve, le lecteur est invité à proposer une preuve pour chacune des propositions du paragraphe précédent. Il pourra au besoin enrichir ou comparer ses vues en l'espèce avec celles formulées dans l'ouvrage [4].

Multiplication des nombres réels

Les ensembles des rationnels négatifs ou nuls d'une part, et des rationnels strictement positifs d'autre part, sont désignés par $\mathbb{Q}_-$ et $\mathbb{Q}_+^*$. Autrement dit,

$$\mathbb{Q}_- = \{x \in \mathbb{Q} \mid x \leq 0\}$$

et

$$\mathbb{Q}_+^* = \{x \in \mathbb{Q} \mid x > 0\}.$$

Par ailleurs, dans le même esprit,

$$\mathbb{R}^* = \mathbb{R} \setminus \{0\} = \{\alpha \in \mathbb{R} \mid \alpha \neq 0\},$$

tandis que
$$\mathbb{R}_-^* = \{\alpha \in \mathbb{R} \mid \alpha < 0\}$$
et
$$\mathbb{R}_- = \{\alpha \in \mathbb{R} \mid \alpha \leq 0\},$$
puis
$$\mathbb{R}_+^* = \{\alpha \in \mathbb{R} \mid \alpha > 0\}$$
et
$$\mathbb{R}_+ = \{\alpha \in \mathbb{R} \mid \alpha \geq 0\}.$$

À présent, des réels $\alpha \in \mathbb{R}_+^*$ et $\beta \in \mathbb{R}_+^*$ étant considérés, soit l'ensemble

$$\gamma = \mathbb{Q}_- \cup \{z \in \mathbb{Q} \mid (\exists x \in \alpha \cap \mathbb{Q}_+^*)(\exists y \in \beta \cap \mathbb{Q}_+^*)\ z = x \cdot y\}.$$

Ce dernier est non vide ; il contient en effet $\mathbb{Q}_-$ et 0 a fortiori. En outre, il existe des rationnels $x_0 \notin \alpha$ et $y_0 \notin \beta$. Cependant, $0 \in \alpha \cap \beta$ car $0 < \alpha$ et $0 < \beta$. Donc, $0 < x_0$ et $0 < y_0$. La relation $x_0 \cdot y_0 \in \gamma$ est supposée. Alors, il existe des rationnels $x_1 \in \alpha \cap \mathbb{Q}_+^*$ et $y_1 \in \beta \cap \mathbb{Q}_+^*$ tels que $x_0 \cdot y_0 = x_1 \cdot y_1$. D'autre part, $0 < x_1 < x_0$ et $0 < y_1 < y_0$. Ceci entraîne $x_1 \cdot y_1 < x_0 \cdot y_0$: une contradiction. Donc, $x_0 \cdot y_0 \notin \gamma$. Par suite, $\gamma \neq \mathbb{Q}$.

Maintenant, soit $z \in \gamma$ et $t \notin \gamma$. Alors, $t > 0$ car $\mathbb{Q}_- \subseteq \gamma$. Donc, si $z \in \mathbb{Q}_-$, alors $z < t$. En revanche, $z \notin \mathbb{Q}_-$ entraînerait l'existence de nombres rationnels $x \in \alpha \cap \mathbb{Q}_+^*$ et $y \in \beta \cap \mathbb{Q}_+^*$ tels que $z = x \cdot y$. Du reste, $t = x \cdot y'$ où $y' = \frac{t}{x}$. De plus, $y' \notin \beta$ (en effet, $y' \in \beta$ impliquerait $t \in \gamma$). Ainsi, $0 < y < y'$. Ceci implique $z = x \cdot y < x \cdot y' = t$. Par conséquent, $z \in \gamma$ et $t \notin \gamma$ induisent $z < t$.

Maintenant, l'ensemble γ est supposé avoir un maximum $a \in \mathbb{Q}$. Les réels α et β contiennent chacun 0, car ils sont positifs. En outre, α et β n'admettent pas de plus grand élément. Il existe donc $x_0 \in \alpha \cap \mathbb{Q}_+^*$ et $y_0 \in \beta \cap \mathbb{Q}_+^*$. Par conséquent, $0 < x_0 \cdot y_0 \in \gamma$. Il en découle $0 < a$. De ce fait, en vertu de la définition de γ, il existe $x \in \alpha \cap \mathbb{Q}_+^*$ et $y \in \beta \cap \mathbb{Q}_+^*$ tels que $a = x \cdot y$. Toutefois, il existe $x' \in \alpha$ et $y' \in \beta$

tels que $0 < x < x^*$ et $0 < y < y'$ puisque α, comme β, n'a pas de plus grand élément. Ainsi, $x' \cdot y' \in \gamma$ et $a = x \cdot y < x' \cdot y'$. Ceci contredit la maximalité de a. Par conséquent, γ n'admet pas de plus grand élément.

L'argumentation des trois paragraphes précédents montre que γ est un nombre réel strictement positif. De ce fait, une loi de composition interne
$$\mathbb{R} \times \mathbb{R} \to \mathbb{R}, \quad (\alpha, \beta) \mapsto \alpha \cdot \beta = \alpha \times \beta = \alpha\beta,$$
appelée ***multiplication***, est définie de la manière suivante :
$$\alpha \cdot \beta = \mathbb{Q}_- \cup \{z \in \mathbb{Q} \mid (\exists x \in \alpha \cap \mathbb{Q}_+^*)(\exists y \in \beta \cap \mathbb{Q}_+^*) \ z = x \cdot y\}$$
si $\alpha > 0$ et $\beta > 0$, ou par
$$\alpha \cdot \beta = \begin{cases} -(\alpha \cdot (-\beta)) & \text{si} \quad \alpha > 0 \quad \text{et} \quad \beta < 0, \\ -((-\alpha) \cdot \beta) & \text{si} \quad \alpha < 0 \quad \text{et} \quad \beta > 0, \\ (-\alpha) \cdot (-\beta) & \text{si} \quad \alpha < 0 \quad \text{et} \quad \beta < 0, \\ 0 & \text{si} \quad \alpha = 0 \quad \text{ou} \quad \beta = 0. \end{cases}$$

Pour tout couple $(\alpha, \beta) \in \mathbb{R} \times \mathbb{R}$, le réel $\alpha \cdot \beta$ est nommé ***produit*** de α et β.

Le lecteur est invité à démontrer, notamment par *disjonction des cas*, que
$$\mathbb{Q}_p^- \cdot \mathbb{Q}_q^- = \mathbb{Q}_{p \cdot q}^-$$
pour chaque couple $(p, q) \in \mathbb{Q} \times \mathbb{Q}$. La multiplication des réels est donc compatible avec celle des rationnels.

Au demeurant, le triplet $(\mathbb{R}, +, \cdot)$ est ***corps commutatif***. Ses éléments *nul* et *neutre* sont respectivement 0 et 1. Une preuve détaillée de cette proposition est livrée dans l'ouvrage [4].

En conclusion, l'ensemble $\mathbb{R}$, muni de l'addition +, de la multiplication $\cdot$ et de la relation d'ordre $\leq$, est un ***corps commutatif, totalement ordonné, dense*** et ***complet***.

Post-scriptum

Dans la perspective d'une étude formelle de la géométrie euclidienne, le présent chapitre souhaite réaliser trois desseins :
- proposer une description précise et concise de la démarche mathématique ;
- donner les principes de mise en œuvre de cette démarche, à savoir la logique mathématique et la théorie des ensembles ;
- esquisser la construction des ensembles de nombres et de leurs structures, puis en relever les propriétés essentielles.

Les schémas 1.6 à la page 83 et 1.7 à la page 84, puis 1.8 à la page 85 et 1.9 à la page 86, proposent un panorama de cette construction, pour un meilleur entendement. Dans la foulée, les tableaux 1.11 à la page 87 et 1.12 à la page 88 récapitulent les principales propriétés relatives aux structures algébriques et d'ordre de l'ensemble $\mathbb{R}$ des nombres réels.

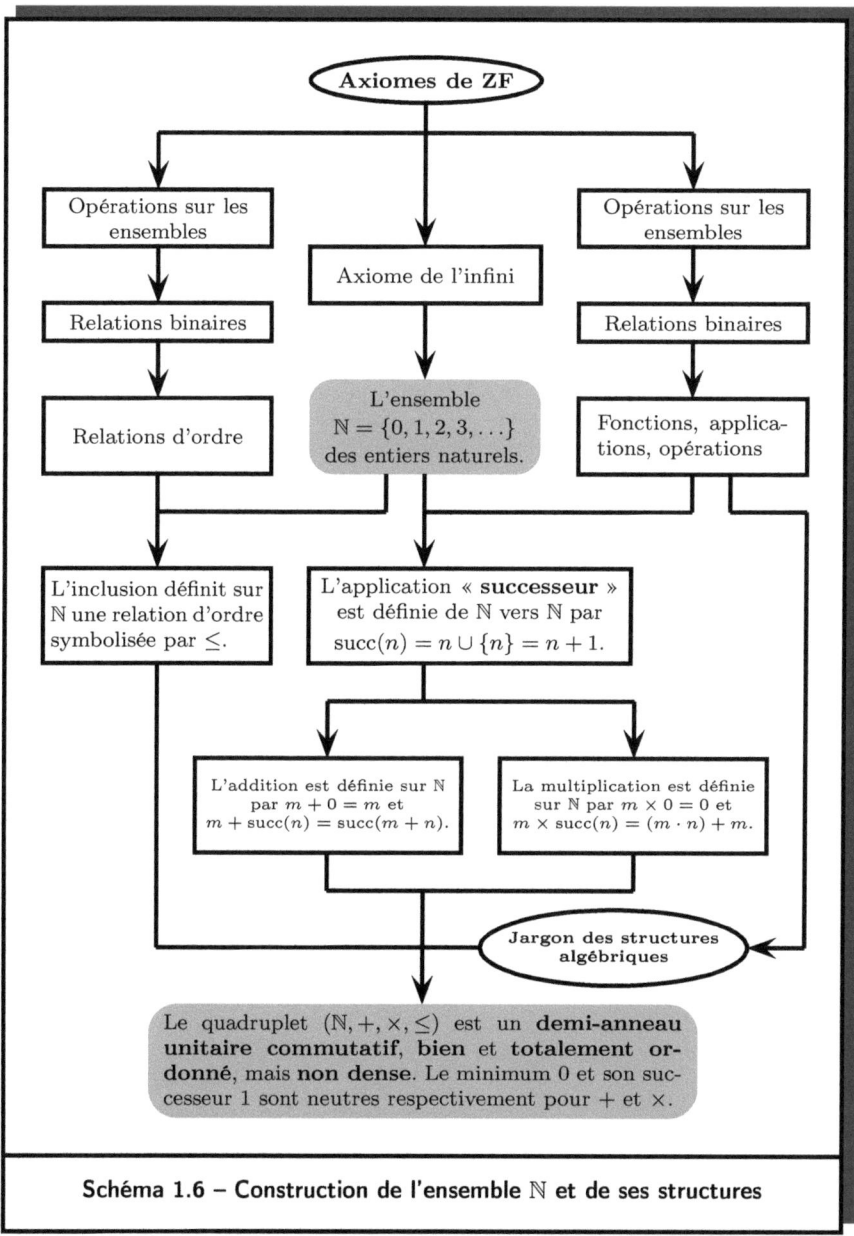

Schéma 1.6 – Construction de l'ensemble $\mathbb{N}$ et de ses structures

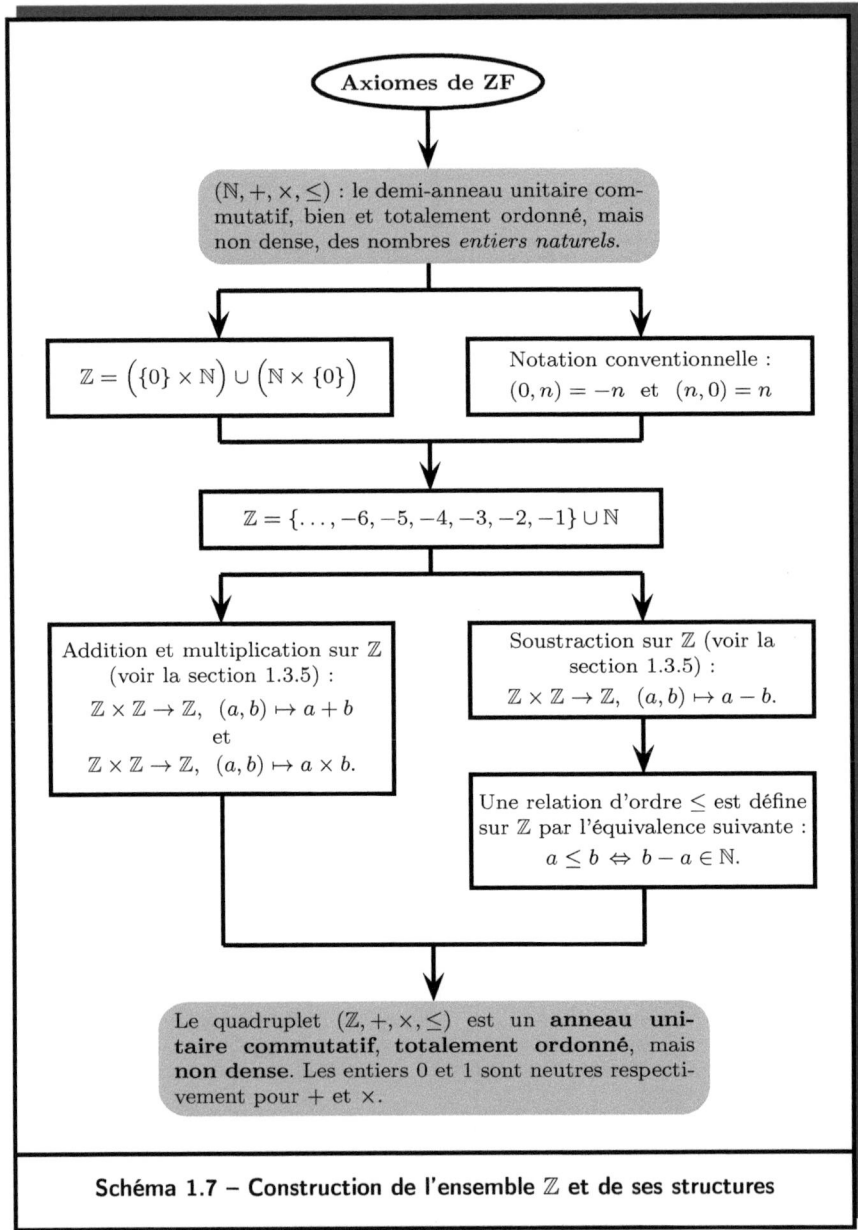

Schéma 1.7 – Construction de l'ensemble $\mathbb{Z}$ et de ses structures

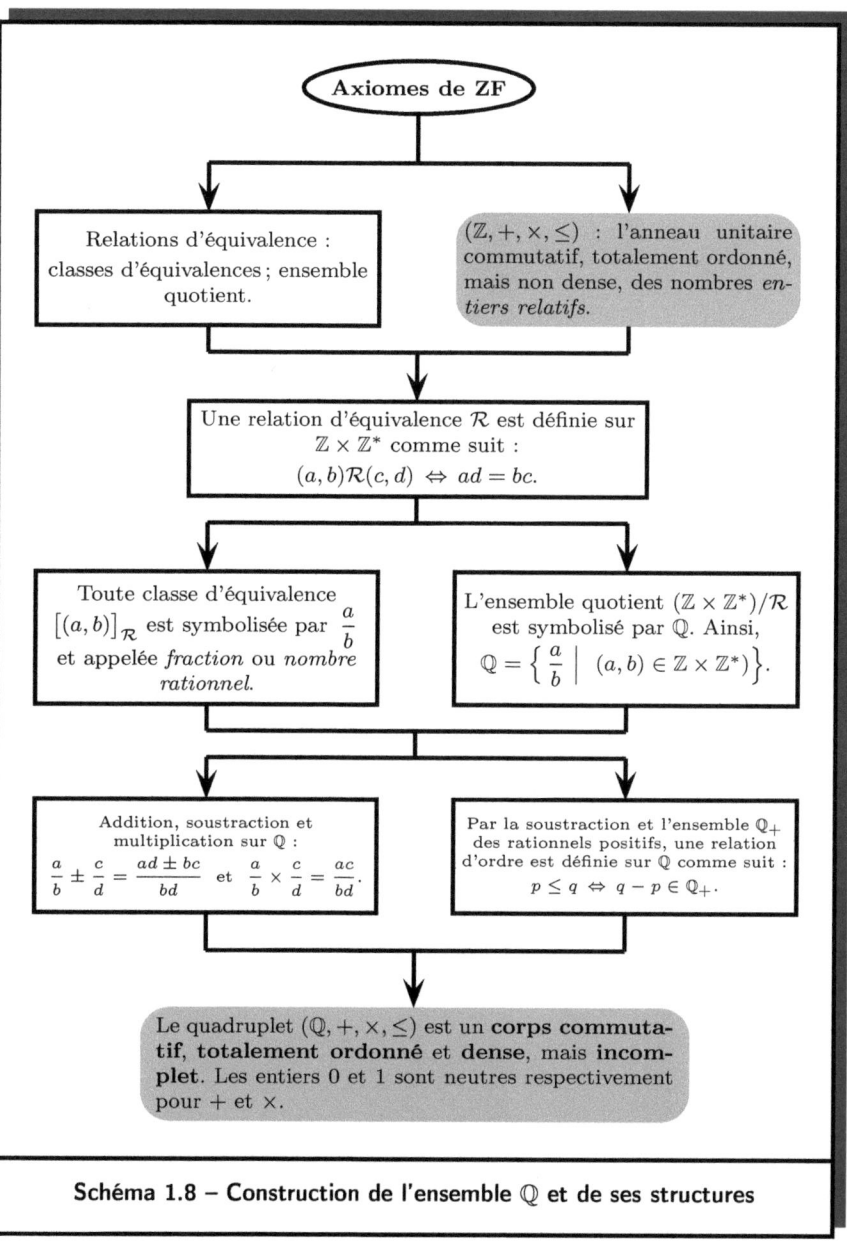

Schéma 1.8 – Construction de l'ensemble $\mathbb{Q}$ et de ses structures

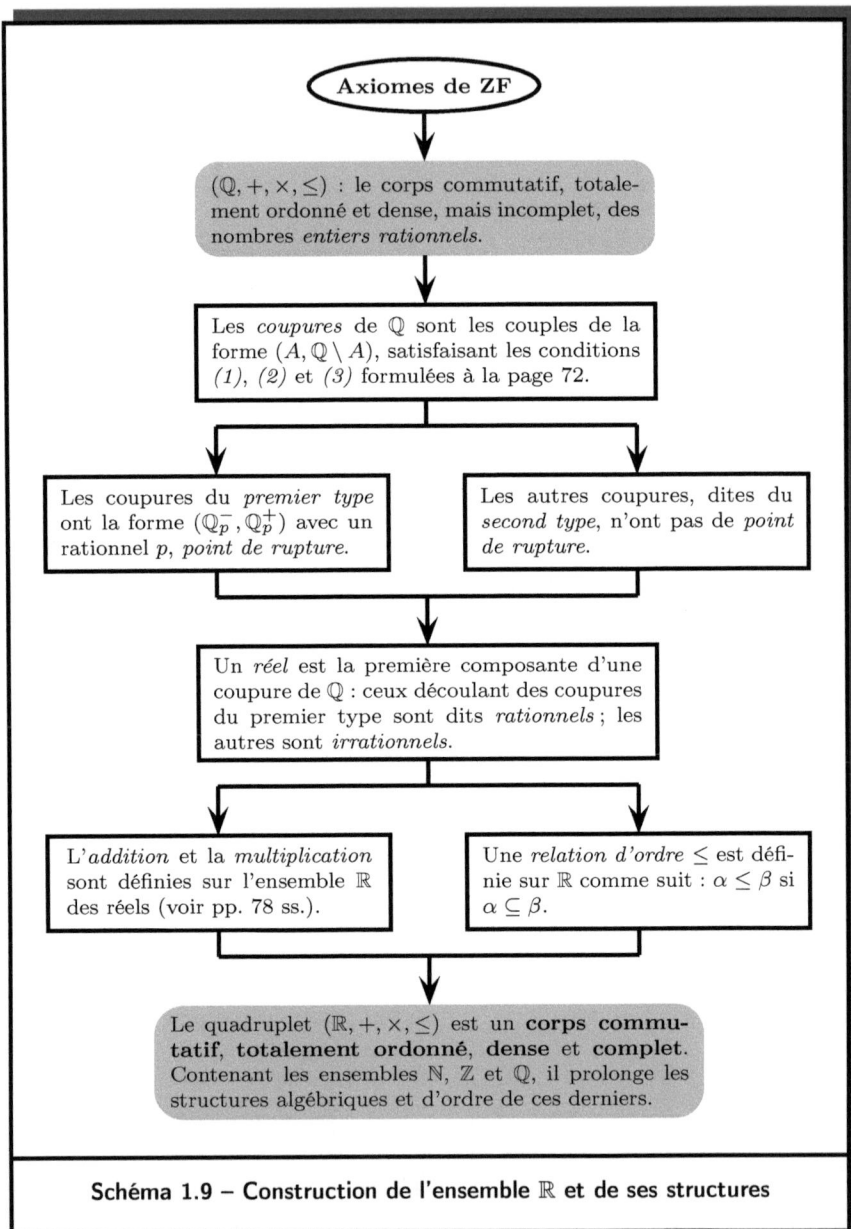

Schéma 1.9 – Construction de l'ensemble $\mathbb{R}$ et de ses structures

Tableau 1.11 – Récapitulatif des principales propriétés relatives aux structures algébriques de l'ensemble $\mathbb{R}$ des nombres réels

		Expressions littérales	Expressions formelles
		Les entiers naturels sont des entiers relatifs	
		Les entiers relatifs sont des rationnels	$\mathbb{N} \subsetneq \mathbb{Z} \subsetneq \mathbb{Q} \subsetneq \mathbb{R}$
		Les rationnels sont des réels	
		$\mathbb{R}^*$ désigne l'ensemble des réels non nuls	$\mathbb{R}^* = \mathbb{R} \setminus \{0\} = \{x \in \mathbb{R} \mid x \neq 0\}$
$(\mathbb{R}, +, \cdot)$ est un corps commutatif	$(\mathbb{R}, +)$ est un groupe abélien	L'addition sur $\mathbb{R}$ est associative	$(\forall (x, y, z) \in \mathbb{R}^3) \ (x + y) + z = x + (y + z)$
		L'addition sur $\mathbb{R}$ est commutative	$(\forall (x, y) \in \mathbb{R}^2) \ x + y = y + x$
		0 est l'élément neutre de $+$ sur $\mathbb{R}$	$(\forall x \in \mathbb{R}) \ x + 0 = 0 + x = x$
		Tout réel est inversible pour l'addition	$(\forall x \in \mathbb{R}) \ x + (-x) = (-x) + x = 0$
		Equations du type $a + x = b$	$(\forall (a, b) \in \mathbb{R}^2) \ (a + x = b \Leftrightarrow x = b - a)$
		Règle de simplification pour l'addition	$(\forall (a, b, x) \in \mathbb{R}^3) \ (a + x = b + x \Leftrightarrow a = b)$
		La multiplication $\mathbb{R}$ est associative	$(\forall (x, y, z) \in \mathbb{R}^3) \ (xy)z = x(yz)$
		La multiplication $\mathbb{R}$ est commutative	$(\forall (x, y) \in \mathbb{R}^2) \ xy = yx$
		1 est l'élément neutre de $\cdot$ sur $\mathbb{R}$	$(\forall x \in \mathbb{R}) \ x \cdot 1 = 1 \cdot x = x$
		Tout réel non nul est inversible pour $\cdot$	$(\forall x \in \mathbb{R}^*) \ x \cdot x^{-1} = x^{-1} \cdot x = 1$
		Distributivité de $\cdot$ par rapport à $+$ sur $\mathbb{R}$	$(\forall (x, y, z) \in \mathbb{R}^3) \ x(y + z) = xy + xz$
			$(\forall (x, y, z) \in \mathbb{R}^3) \ (x + y)z = xz + yz$
		0 est l'élément absorbant de $\cdot$ sur $\mathbb{R}$	$(\forall x \in \mathbb{R}) \ x \cdot 0 = 0 \cdot x = 0$
		Expression de l'opposé d'un réel	$(\forall x \in \mathbb{R}) \ x \cdot (-1) = (-1) \cdot x = -x$
		Expression de l'opposé d'un produit de réels	$(\forall (x, y) \in \mathbb{R}^2) \ x(-y) = (-x)y = -(xy)$
		Equations du type $ax = b$	$(\forall (a, b) \in \mathbb{R}^* \times \mathbb{R}) \ (ax = b \Leftrightarrow x = ba^{-1})$
		Règle de simplification pour la multiplication	$(\forall (a, b, x) \in \mathbb{R}^2 \times \mathbb{R}^*) \ (ax = bx \Leftrightarrow a = b)$

Tableau 1.12 – Récapitulatif des principales propriétés relatives à la relation d'ordre sur l'ensemble $\mathbb{R}$ des nombres réels

	Expressions littérales	Expressions formelles
	$\mathbb{R}_-$ est l'ensemble des réels négatifs ou nuls	$\mathbb{R}_-^* = \{x \in \mathbb{R} \mid x \leq 0\}$
	$\mathbb{R}_-^*$ est l'ensemble des réels négatifs	$\mathbb{R}_-^* = \{x \in \mathbb{R} \mid x < 0\}$
	$\mathbb{R}_+$ est l'ensemble des réels positifs ou nuls	$\mathbb{R}_-^* = \{x \in \mathbb{R} \mid x \geq 0\}$
	$\mathbb{R}_-^*$ est l'ensemble des réels positifs	$\mathbb{R}_-^* = \{x \in \mathbb{R} \mid x > 0\}$
	Expressions de la relation $\leq$ sur $\mathbb{R}$	$\left(\forall (x,y) \in \mathbb{R}^2\right)\left(x \leq y \Leftrightarrow x - y \in \mathbb{R}_-\right)$
		$\left(\forall (x,y) \in \mathbb{R}^2\right)\left(x \leq y \Leftrightarrow y - x \in \mathbb{R}_+\right)$
Le corps $\mathbb{R}$ muni de $\leq$ est archimédien et totalement ordonné	La relation $\leq$ est réflexive sur $\mathbb{R}$	$(\forall x \in \mathbb{R})\ x \leq x$
	La relation $\leq$ est anti-symétrique sur $\mathbb{R}$	$\left(\forall (x,y) \in \mathbb{R}^2\right)\left((x \leq y \wedge y \leq x) \Rightarrow x = y\right)$
	La relation $\leq$ est transitive sur $\mathbb{R}$	$\left(\forall (x,y,z) \in \mathbb{R}^3\right)\left((x \leq y \wedge y \leq z) \Rightarrow x \leq z\right)$
	La relation $\leq$ est totale sur $\mathbb{R}$	$\left(\forall (x,y) \in \mathbb{R}^2\right)\left(x \leq y \vee y \leq x\right)$
		$\left(\forall (x,y) \in \mathbb{R}^2\right)\left(\neg(x \leq y) \Leftrightarrow (y < x)\right)$
		$\left(\forall (x,y) \in \mathbb{R}^2\right)\left(\neg(x < y) \Leftrightarrow (y \leq x)\right)$
	La relation $\leq$ est compatible avec $+$ sur $\mathbb{R}$	$\left(\forall (x,y,z) \in \mathbb{R}^3\right)\left(x \leq y \Leftrightarrow x + z \leq y + z\right)$
	La relation $\leq$ est compatible avec $\cdot$ sur $\mathbb{R}$	$\left(\forall (x,y,z) \in \mathbb{R}^2 \times \mathbb{R}_+^*\right)\left(x \leq y \Leftrightarrow xz \leq yz\right)$
		$\left(\forall (x,y) \in \mathbb{R}^2\right)\left(x \leq y \Leftrightarrow -x \geq -y\right)$
		$\left(\forall (x,y,z) \in \mathbb{R}^2 \times \mathbb{R}_-^*\right)\left(x \leq y \Leftrightarrow xz \geq yz\right)$
	Le corps $\mathbb{R}$ est archimédien	$\left(\forall (x,y) \in \mathbb{R}_+ \times \mathbb{R}_+^*\right)\left(\exists n \in \mathbb{N}\right)\ x \leq ny$
Un produit $x \cdot y$ de réels est de signe positif si et seulement si x et y ont le même signe	
Un produit $x \cdot y$ de réels est de signe négatif si et seulement si x et y ont des signes contraires	
Un produit $x \cdot y$ de réels est nul si et seulement si l'un des nombres x est y est nul	

Exercices

Des assertions P et Q sont dites **logiquement équivalentes** si elles ont la même valeur de vérité dans tous les contextes. Le cas échéant, l'assertion
$$P \Leftrightarrow Q$$
est vraie et appelée **équivalence logique**.

Exercice 1.1 (Lois de distributivité). Soient p, q et r des assertions. Démontrez les *équivalences logiques* suivantes :
- **(a)** $[p \vee (q \wedge r)] \Leftrightarrow [(p \vee q) \wedge (p \vee r)]$.
- **(b)** $[p \wedge (q \vee r)] \Leftrightarrow [(p \wedge q) \vee (p \wedge r)]$. □

Exercice 1.2 (Lois de DE MORGAN). Soient p et q des assertions. Prouvez les *équivalences logiques* suivantes :
- **(a)** $\neg(p \vee q) \Leftrightarrow (\neg p \wedge \neg q)$.
- **(b)** $\neg(p \wedge q) \Leftrightarrow (\neg p \vee \neg q)$. □

Une relation binaire $\mathcal{R}$ sur une collection $\mathcal{C}$ est dite **d'équivalence** lorsque les trois conditions suivantes sont valides :
- **(1)** $x\mathcal{R}x$ pour tout $x \in \mathcal{C}$ (*Réflexivité*).
- **(2)** Pour tout couple (x, y) d'éléments de $\mathcal{C}$, l'assertion $x\mathcal{R}y$ entraîne $y\mathcal{R}x$ (*Symétrie*).
- **(3)** Pour tout triplet (x, y, z) d'éléments de $\mathcal{C}$, les assertions $x\mathcal{R}y$ et $y\mathcal{R}z$ impliquent $x\mathcal{R}z$ (*Transitivité*).

Exercice 1.3. Sur une collection $\mathcal{C}$, soit $\mathcal{R}$ relation binaire vérifiant les deux conditions suivantes :
- **(a)** $x\mathcal{R}x$ pour tout $x \in \mathcal{C}$.
- **(b)** Pour tout triplet (x, y, z) d'éléments de $\mathcal{C}$, les assertions $x\mathcal{R}y$ et $x\mathcal{R}z$ impliquent $y\mathcal{R}z$.

Montrez que $\mathcal{R}$ est une relation d'équivalence. □

Exercice 1.4 (Lois de De Morgan).
Soient A, B et X des ensembles. Montrez les égalités suivantes :
  (a) $X \setminus (A \cup B) = (X \setminus A) \cap (X \setminus B)$.
  (b) $X \setminus (A \cap B) = (X \setminus A) \cup (X \setminus B)$. □

Exercice 1.5. Montrez que $\emptyset$ est une application de l'ensemble vide vers n'importe quel ensemble Y. À quelle condition l'application

$$\emptyset : \emptyset \to Y$$

est-elle injective, surjective ou bijective ? □

Exercice 1.6 (Raisonnement par induction). Soit n un nombre entier naturel et $p(n)$ une assertion dont la valeur de vérité dépend exclusivement de n. Eu égard à l'axiome de compréhension (voir ZF 7 à la page 28), un sous-ensemble de $\mathbb{N}$ est défini par

$$A = \{n \in \mathbb{N} \mid p(n)\}.$$

Si $0 \in A$ et l'implication

$$n \in A \Rightarrow n+1 \in A$$

est vraie, alors $A = \mathbb{N}$. Prouvez ce fait, au moyen de l'équivalence (1.23) à la page 50. Ainsi, pour démontrer la véracité de l'assertion

$$(\forall n \in \mathbb{N})\ p(n),$$

il suffit d'établir la véracité de l'assertion $p(0)$ et de l'implication

$$p(n) \Rightarrow p(n+1).$$

Ce principe est nommé **règle du raisonnement par induction**. □

Exercice 1.7. Soient $f : X \to Y$ et $g : Y \to X$ des applications vérifiant
$$g \circ f = \mathrm{id}_X \quad \text{et} \quad f \circ g = \mathrm{id}_Y.$$
Montrez que f est une bijection et que g est son inverse. □

Chapitre 2.

Euclide versus Hilbert

> *Dieu, toujours, fait de la géométrie.*
>
> **Platon**

Étymologiquement, le mot *géométrie* vient du grec et signifie *mesure du terrain* ou *mesure de l'espace*. La géométrie, comprise comme la conceptualisation et la maîtrise par l'homme de son espace vital, est une discipline millénaire. Des papyrus et ouvrages architecturaux datant de l'antiquité en attestent.

Selon les historiens, l'œuvre intitulé *Les Éléments*, constituée de treize livres et rédigée par Euclide vers l'an 300 avant Jésus-Christ, est le premier traité méthodique consacré aux mathématiques. Dans cet ouvrage, Euclide compile les principales connaissances de géométrie et d'arithmétique de son époque.

Pendant des siècles, ce texte fut le principal support de l'enseignement des mathématiques. La découverte au 19e siècle par Nikolaï Lobatchevski et Bernhard Riemann d'approches non-euclidiennes de la géométrie ont imposé une révision du discours d'Euclide. Cette relecture a révélé des failles que David Hilbert, dans un ouvrage publié en 1899, tenta de résorber.

2. Euclide versus Hilbert

Le présent chapitre, composé de deux sections, propose une vue sur les approches d'Euclide et de Hilbert. Spécifiquement, la première section reproduit les formulations euclidiennes des principes fondamentaux de la géométrie. La seconde livre le système hilbertien d'axiomes de codification de la géométrie euclidienne.

2.1. La géométrie d'Euclide

Les *Éléments* d'Euclide sont un ensemble de treize livres, traitant de géométrie, d'arithmétique, de proportions et de nombres. Les quatre premiers livres sont dédiés à la géométrie du plan. Les cinquième et sixième sont consacrés respectivement aux proportions et à leur application à la géométrie. Les livres VII à X traitent d'arithmétique et de nombres; tandis que la géométrie de l'espace est le sujet des livres XI à XIII.

La méthode utilisée par Euclide dans cette œuvre comprend deux phases : *définitions*, *postulats* et *notions ordinaires* sont formulées dans la première phase; des *propositions*, présentées sous forme de théorèmes ou de problèmes résolus, sont ensuite exposées et démontrées.

Ici, les définitions, postulats et notions ordinaires fondateurs de la géométrie sont le centre de l'intérêt. Ils sont tirés in extenso d'une traduction des *Éléments* par F. Peyrard [1].

2.1.1. Définitions, postulats et notions communes

Le premier livre des *Éléments* s'ouvre sur les 35 **définitions** suivantes :

1. Le *point* est ce qui n'a aucune partie.
2. La *ligne* est une longueur sans largeur.
3. Les *extrémités* d'une ligne sont des points.
4. La *ligne droite* est celle qui est également placée entre ses points.

5. Une *superficie* est ce qui a largeur et longueur seulement.
6. Les *extrémités d'une superficie* sont des lignes.
7. Une *superficie plane* est celle qui est également placée entre ses lignes droites.
8. Un *angle plan* est l'inclinaison mutuelle de deux lignes qui se touchent dans un plan et qui ne sont point placées dans la même direction.
9. Lorsque des lignes droites comprennent un angle, cet angle s'appelle *rectiligne*.
10. Lorsqu'une droite tombant sur une droite fait des angles égaux entre eux, chacun des angles égaux est *droit*. La droite tombante est dite *perpendiculaire* à celle sur laquelle elle tombe.
11. L'angle *obtus* est celui qui est plus grand que l'angle droit.
12. L'angle *aigu* est celui qui est plus petit que l'angle droit.
13. On appelle *terme* ou *limite* ce qui est à l'extrémité de quelque chose.
14. On appelle *figure* ce qui est compris entre une ou plusieurs limites.
15. Le *cercle* est une figure plane comprise dans une seule ligne qu'on appelle *circonférence*; toutes les droites menées à la circonférence d'un seul point de ceux placés dans la figure, sont égales entre elles.
16. Ce point se nomme le *centre du cercle*.
17. Le *diamètre d'un cercle* est une droite menée par le centre et terminée de part et d'autre par la circonférence du cercle; le diamètre partage le cercle en deux parties égales.
18. Un *demi-cercle* est une figure comprise entre le diamètre et la portion de la circonférence soutendue par le diamètre.
19. Un *segment de cercle* est une portion du cercle comprise entre une droite et la circonférence du cercle.
20. Les *figures rectilignes* sont celles qui sont terminées par des droites.

21. On appelle *trilatères* ou *triangles* les figures terminées par trois droites ;
22. *Quadrilatères*, celles qui sont terminées par quatre droites ;
23. *Multilatères* ou *polygones*, celles qui sont terminées par plus de quatre droites.
24. Parmi les trilatères, celle qui est terminée par trois côtés égaux se nomme *triangle équilatéral*.
25. Celle qui a seulement deux côtés égaux se nomme *triangle isocèle*.
26. Celle dont tous les côtés sont inégaux se nomme *triangle scalène*.
27. Parmi les trilatères, celle qui a un angle droit se nomme *triangle rectangle*.
28. Celle qui a un angle obtus se nomme *triangle amblygone* ou *triangle obtus-angle*.
29. Celle qui a ses trois angles aigus se nomme *triangle oxygone* ou *triangle acutangle*.
30. Parmi les figures quadrilatères, celle qui a ses côtés égaux et ses angles droits se nomme *carré*.
31. Celle qui a ses angles droits, mais qui n'a pas ses côtés égaux, se nomme *carré oblong* ou *rectangle*.
32. Celle qui a ses côtés égaux, mais qui n'a pas ses angles droits, se nomme *rhombe*.
33. Celle dont les côtés et les angles opposés sont égaux, mais dont tous les côtés ne sont pas égaux, se nomme *rhomboïde*.
34. Les autres quadrilatères, exceptés ceux définis plus haut, se nomment *trapèzes*.*
35. Enfin, les *parallèles* sont des droites qui, étant placées sur un même plan, et qui étant prolongées de part et d'autre à l'infini, ne se rencontrent nulle part.

---

*. Aujourd'hui, *trapèze* désigne un quadrilatère dont seulement deux des côtés sont parallèles, et les autres quadrilatères, exceptés le trapèze et les quadrilatères dont parle Euclide, se nomment ordinairement quadrilatères simplement dits.

Dans le texte d'EUCLIDE, les cinq ***postulats*** suivants font suite aux définitions précédentes :

1. Il est possible de conduire une droite d'un point quelconque à un autre point quelconque.
2. Il est possible de prolonger continuellement, selon la direction, une droite finie.
3. Il est possible, d'un point quelconque et avec un intervalle quelconque, de décrire une circonférence de cercle.
4. Tous les angles droits sont égaux entre eux.
5. Si une droite, tombant sur deux droites, fait les angles intérieurs du même côté plus petits que deux angles droits, les deux droites prolongées à l'infini se rencontreront du côté où les angles sont plus petits que deux angles droits.

Dans la foulée des postulats, les dix ***notions communes*** suivantes sont consignées :

1. Les quantités qui sont égales à une même quantité sont égales entre elles.
2. Si à des quantités égales on ajoute des quantités égales, les tous seront égaux.
3. Si de quantités égales on retranche des quantités égales, les restes seront égaux.
4. Si à des quantités inégales on ajoute des quantités égales, les tous seront inégaux.
5. Si de quantités inégales on retranche des quantités égales, les restes seront inégaux.
6. Les quantités qui sont les doubles d'une même quantité sont égales entre elles.
7. Les quantités qui sont les moitiés d'une même quantité sont égales entre elles.

8. Les choses qui se conviennent mutuellement sont égales entre elles.

9. Le tout est plus grand que sa partie.

10. Deux droites ne referment point un espace.

2.1.2. Propositions

Pour compléter la présentation de la méthode d'EUCLIDE, la présente sous-section expose les cinq premières propositions et démonstrations du Livre I des *Éléments*, consacré à la géométrie du plan. Ces résultats et preuves s'inscrivent en conséquence dans ce cadre.

Dans un souci de clarté, certains passages ont été reformulés et sont rendus dans un jargon et un style relativement contemporains. Au demeurant, chacune des cinq propositions et preuves retranscrites s'accompagne d'un commentaire critique de mise en perspective.

Proposition I. Dans un plan, une droite finie d'extrémités A et B étant donnée, il est possible de construire un point C tel que ABC soit un triangle équilatéral.

Preuve de la proposition I. Une droite finie d'extrémités A et B, symbolisée ici par $[AB]$, est considérée. Eu égard au *postulat 3* à la page 95, il est possible de construire le cercle Γ_1, de centre A de rayon $[AB]$. Dans le même esprit, soit Γ_2 le cercle de centre B et de rayon $[BA]$. Ce dernier rencontre le premier cercle construit Γ_1 (voir le schéma 2.1). Soit C un point appartenant simultanément aux deux cercles. Alors, les lignes finies $[AB]$ et $[AC]$ d'une part, puis $[BA]$ et $[BC]$ d'autre part, sont égales (c'est-à-dire qu'elles ont la même longueur). Puisque $[AB]$ et $[BA]$ se confondent, il en résulte que les droites finies $[AB]$, $[AC]$ et $[BC]$ ont la même longueur. De ce fait, ABC est un triangle équilatéral (voir la *définition 24* à la page 94).

Commentaires relatifs à la proposition I.

Dans la terminologie contemporaine, les lignes finies sont appelées *segments*. À ce titre, la symbolique de ces derniers est utilisée dans la retranscription de cette preuve, par souci de simplification. Il s'agit là d'une remarque sur la forme.

Dans le fond, le résultat suivant est au cœur de l'argumentation : les cercles Γ_1 et Γ_2 se coupent, c'est-à-dire qu'ils ont au moins un point en commun. Ce fait n'est toutefois pas une conséquence directe des définitions, postulats et notions communes. Du reste, il n'a pas été démontré en amont.

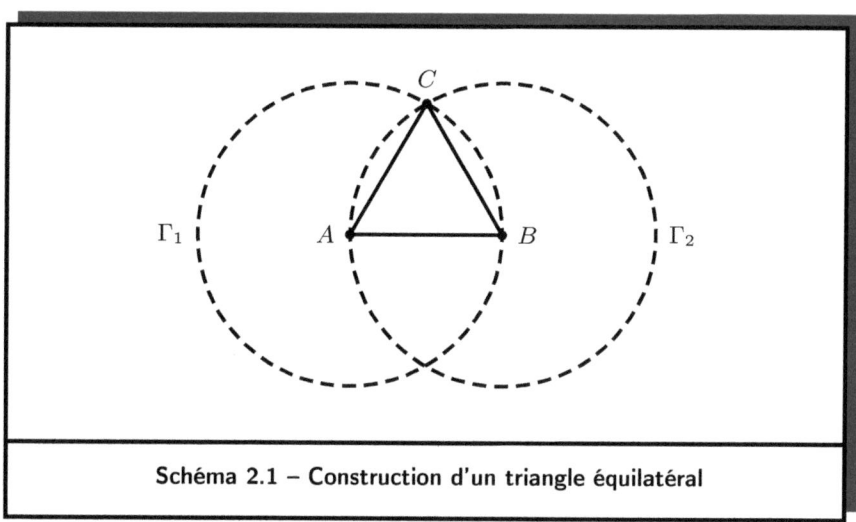

Schéma 2.1 – Construction d'un triangle équilatéral

Proposition II. Dans un plan, étant donné un point A et une droite finie d'extrémités B et C, il est possible de construire un point P tel que les droites finies $[AP]$ et $[BC]$ aient la même longueur.

Preuve de la proposition II. Dans le plan, un point A et une droite finie $[BC]$ sont considérés. Au regard de la proposition I, il existe un point D tel que ABD soit un triangle équilatéral. Par ailleurs, soit Γ_1 le cercle de centre B et de rayon $[BC]$. Alors, le prolongement de la droite finie $[DB]$, du côté de B, coupe Γ_1 en point désigné ici par E (voir le *postulat 2* à la page 95 et le schéma 2.2 ci-dessous). Ainsi, les longueurs des droites finies $[BC]$ et $[BE]$, notées respectivement BC et BE, sont égales. En d'autres termes, $BC = BE$. Du reste, en vertu de la définition du point E, la longueur de la droite finie $[DE]$ est égale à la somme des longueurs de $[DB]$ et de $[BE]$. Autrement dit, $DE = DB + BE$. Ceci induit

$$BC = BE = DE - DB.$$

À présent, est considéré le cercle Γ_2 de centre D et de rayon $[DE]$. Alors, le prolongement de la droite finie $[DA]$, du côté de A, rencontre Γ_2 en un point symbolisé ici par P. De ce fait,

$$DE = DP = DA + AP.$$

Donc, $AP = DE - DA$. Cependant, $DA = DB$, car ABD est un triangle équilatéral. Eu égard à *notion commune 3* à la page 95, il résulte que

$$AP = DE - DA = DE - DB = BC.$$

> ### ✍ Commentaires relatifs à la proposition II.
>
> La version originale de cette proposition et sa preuve suggère une relation de comparaison entre les droites finies. Il s'agit en réalité d'une relation de comparaison entre les longueurs de ces droites. Cependant, ni cette relation de comparaison, ni le concept de longueur des droites finies, ne sont définis clairement dans le texte d'Euclide. Nonobstant ce manque, la notion de quantité, qui s'applique aux longueurs, est encadrée par des *notions communes* listées ci-dessus à partir de la page 95.
>
> Au demeurant, la preuve de la proposition II repose sur deux principes.
>
> Le premier est la possibilité de prolonger à l'infini une droite finie, d'un coté ou de l'autre de ses extrémités. Stipulé par le deuxième postulat (voir la page 95), il équivaut en réalité à l'existence des demi-droites (infinies).
>
> Le second garantit la rencontre entre tout cercle et chaque demi-droite partant du centre de ce cercle. Ce principe n'est pas expressément prescrit dans les définitions, postulats et notions communes.

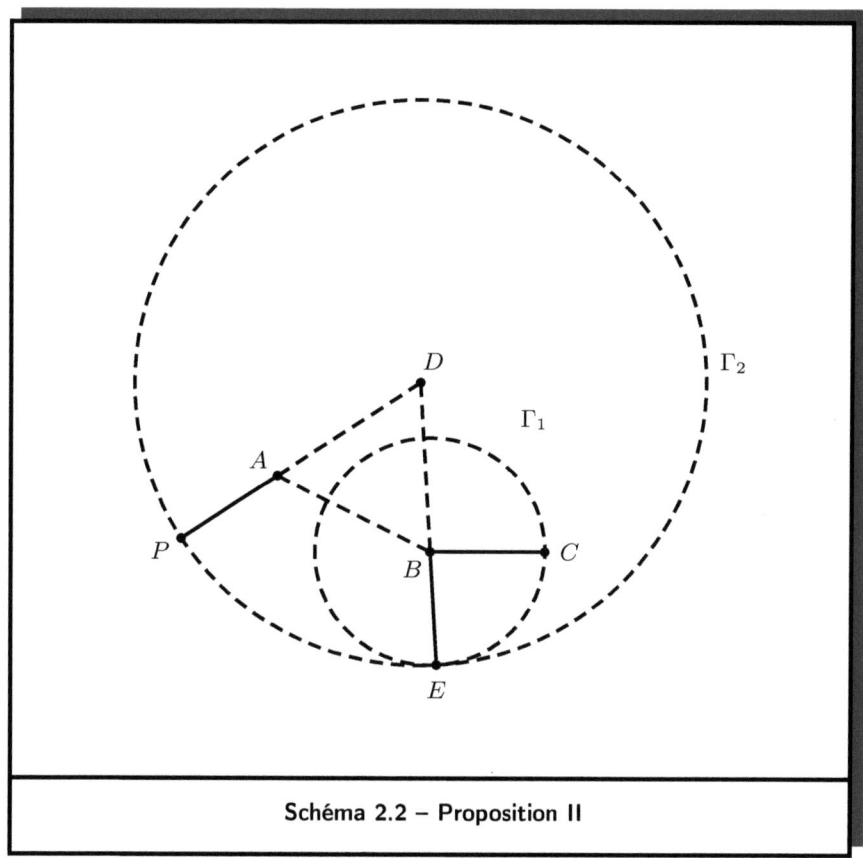

Schéma 2.2 – Proposition II

Proposition III. Dans un plan, étant donné des droites finies $[AB]$ et $[CD]$, telles que la longueur de la première soit strictement supérieure à celle de la seconde, c'est-à-dire, $AB > CD$, il existe un point P sur $[AB]$ vérifiant $AP = CD$.

Preuve de la proposition III. Soient $[AB]$ et $[CD]$ des droites finies telles que $AB > CD$. D'après la proposition II, il existe un point M telle que $AM = CD$. Soit Γ le cercle de centre A et de rayon $[AM]$. En outre, le prolongement de la droite finie $[AB]$, du côté de B, rencontre le cercle Γ en un point désigné ici par P (voir le schéma 2.3). Alors, $AP = CD < AB$, et le point P appartient à la droite finie $[AB]$. La proposition III est ainsi démontrée.

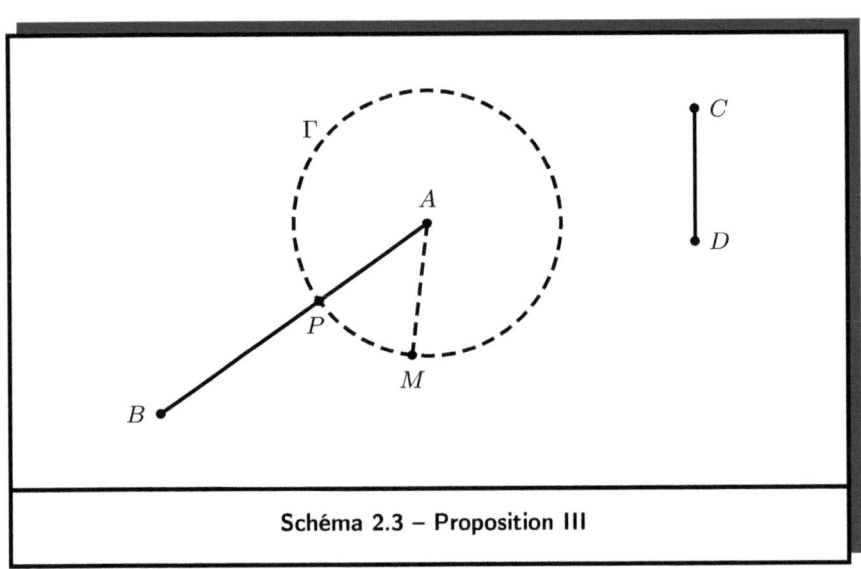

Schéma 2.3 – Proposition III

✍ **Commentaires relatifs à la proposition III.**

Cette proposition est un corollaire de la proposition II. Sa preuve est également bâtie sur le principe de la rencontre entre tout cercle et chaque demi-droite infinie partant du centre de ce cercle.

Proposition IV. Dans un plan, soient ABC et DEF des triangles. Si $AB = DE$ et $AC = DF$, et si les angles $\widehat{BAC}$ et $\widehat{EDF}$ sont égaux, alors $BC = EF$, tandis que les angles $\widehat{ABC}$ et $\widehat{DEF}$ d'une part, puis $\widehat{ACB}$ et $\widehat{DFE}$ d'autre part, sont égaux.

Preuve de la proposition IV. Soient ABC et DEF des triangles tels que $AB = DE$ et $AC = DF$, puis les angles $\widehat{BAC}$ et $\widehat{EDF}$ soient égaux. En faisant appliquant le triangle ABC au triangle DEF, le point A étant posé sur le point D, la droite finie $[AB]$ sur $[DE]$, alors le point B tombe sur le point E, puisque $AB = DE$. Du reste, la droite finie $[AC]$ se pose sur $[DF]$, puisque les angles $\widehat{BAC}$ et $\widehat{EDF}$ sont égaux. Le point C tombe de ce fait sur F, car $AC = DF$. Dans cette application du triangle ABC sur DEF, les droites finies $[BC]$ et $[EF]$ se confondent donc ; en effet, le contraire supposerait un espace fermé entre les droites $[BC]$ et $[EF]$: une contradiction de la *notion commune 10* à la page 96. Par conséquent, $BC = EF$, tandis que les angles $\widehat{ABC}$ et $\widehat{DEF}$ d'une part, puis $\widehat{ACB}$ et $\widehat{DFE}$ d'autre part, sont égaux. Ceci conclut la preuve de la proposition IV.

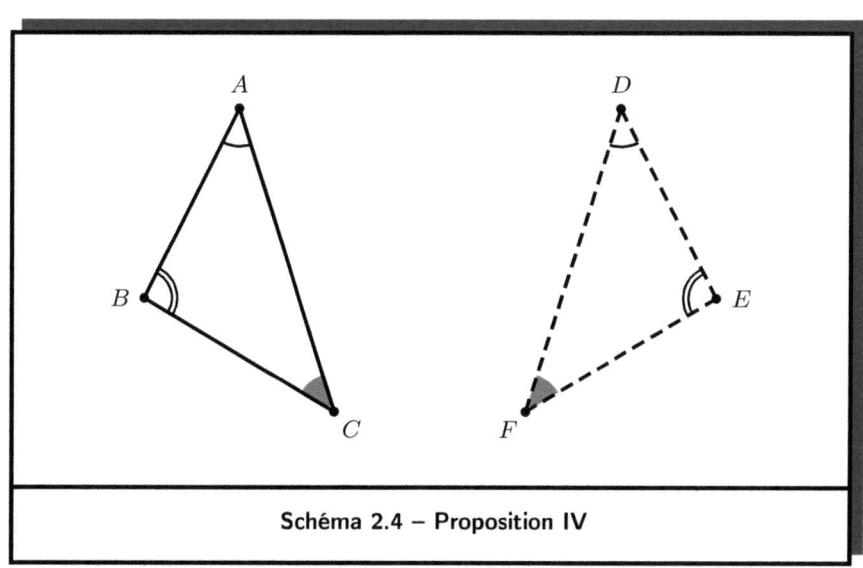

Schéma 2.4 – Proposition IV

2 Euclide versus Hilbert

> ✍ **Commentaires relatifs à la proposition IV.**
>
> Dans sa formulation, la proposition IV suggère une relation d'égalité entre certains angles. Cette dernière apparait déjà dans le *postulat 4* à la page 95, mais n'a pas été clairement définie. Dans ces deux cas, EUCLIDE utilise l'expression « égalité des angles » pour en réalité parler de *congruence des angles*, c'est-à dire l'*égalité de la mesure* de ces angles.
>
> Par ailleurs, dans la preuve de la proposition IV, EUCLIDE considère qu'il est possible de déplacer des objets d'un plan à l'envi et de les superposer au besoin. En l'espèce, ces actions de déplacement et de superposition sont purement intuitives : elles n'ont pas été stipulées, réglementées ou codifiées dans les définitions, postulats et notions communes.
>
> Dans la conception moderne de la géométrie euclidienne, la proposition IV est appelée *première loi de congruence pour les triangles*. Elle est le corollaire d'un axiome qui n'est pas formulé dans les *Éléments* d'EUCLIDE.

Proposition V. Dans un plan, soit ABC un triangle isocèle en A (c'est-à-dire satisfaisant $AB = AC$). Alors, les angles $\widehat{ABC}$ et $\widehat{ACB}$ sont égaux. En outre, si D est un point du prolongement de la droite finie $[AB]$ du côté de B, et si E est un point de la droite finie $[AC]$ du côté de C, alors les angles $\widehat{CBD}$ et $\widehat{BCE}$ sont égaux.

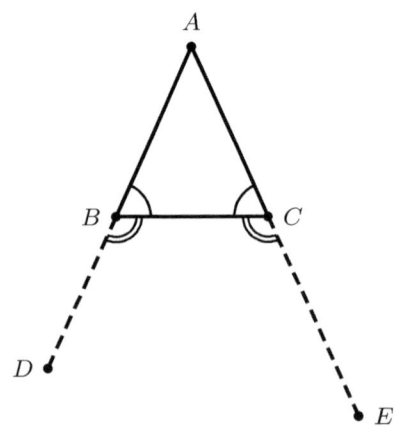

Preuve de la proposition V. L'inégalité $AD < AE$ est supposée. (Cette supposition ne nuit pas à la généralité.) De plus, soit F un point quelconque de la droite finie $[BD]$, distinct de B (voir le schéma 2.5 à la page 104). Alors, $AF < AE$. Il existe donc sur la droite finie $[AE]$ un point G tel que $AG = AF$ (voir la proposition III à la page 100).

À présent, les triangles ACF et ABG sont considérés. Alors, les angles $\widehat{CAF}$ et $\widehat{BAG}$ sont égaux, puis $AC = AB$ et $AF = AG$. Eu égard à la proposition IV, il en résulte que $FC = GB$, tandis que les angles $\widehat{ACF}$ et $\widehat{ABG}$ d'une part, puis $\widehat{AFC}$ et $\widehat{AGB}$ d'autre part, sont égaux. Cependant, l'angle $\widehat{AFC}$ se confond à $\widehat{BFC}$, comme l'angle $\widehat{AGB}$ s'identifie à $\widehat{CGB}$. Ceci signifie que les angles $\widehat{BFC}$ et $\widehat{CGB}$, des triangles respectifs FBC et GCB, sont égaux. Au demeurant,

$$FB = AF - AB = AG - AC = GC$$

(voir la *notion commune 3* à la page 95). De ce fait, en raison de la proposition IV, une fois de plus, les angles $\widehat{CBF}$ et $\widehat{BCG}$ d'une part, puis $\widehat{BCF}$ et $\widehat{CBG}$, sont égaux. Étant donné que les angles $\widehat{CBF}$ et $\widehat{CBD}$ d'une part, puis $\widehat{BCG}$ et $\widehat{BCE}$ d'autre part, se confondent, ceci entraîne l'égalité des angles $\widehat{CBD}$ et $\widehat{BCE}$.

Maintenant, il convient d'observer que les angles $\widehat{ACF}$ et $\widehat{ABG}$, notoirement égaux, sont les sommes respectives de $\widehat{ACB}$ et $\widehat{BCF}$ pour le premier, et de $\widehat{ABC}$ et $\widehat{CBG}$ pour le second. Puisque $\widehat{BCF}$ et $\widehat{CBG}$ sont égaux, selon la *notion commune 3*, l'égalité des angles $\widehat{ACB}$ et $\widehat{ABC}$ en découle par soustraction. La proposition V est ainsi prouvée.

> ✍ **Commentaires relatifs à la proposition V.**
>
> Dans cette proposition V, comme dans la précédente, il n'est pas question d'égalité stricte entre les angles considérés, mais plutôt de congruence de ces angles, c'est-à-dire de l'égalité de leurs mesures. La démonstration proposée par EUCLIDE corrobore cet état de chose, puisqu'elle utilise l'addition et la soustraction des angles, traitant ainsi ces derniers comme des quantités (c'est-à-dire des nombres). Toutefois, ces opérations sur les angles sont déployées ici de manière intuitive, hors de tout cadre formel.

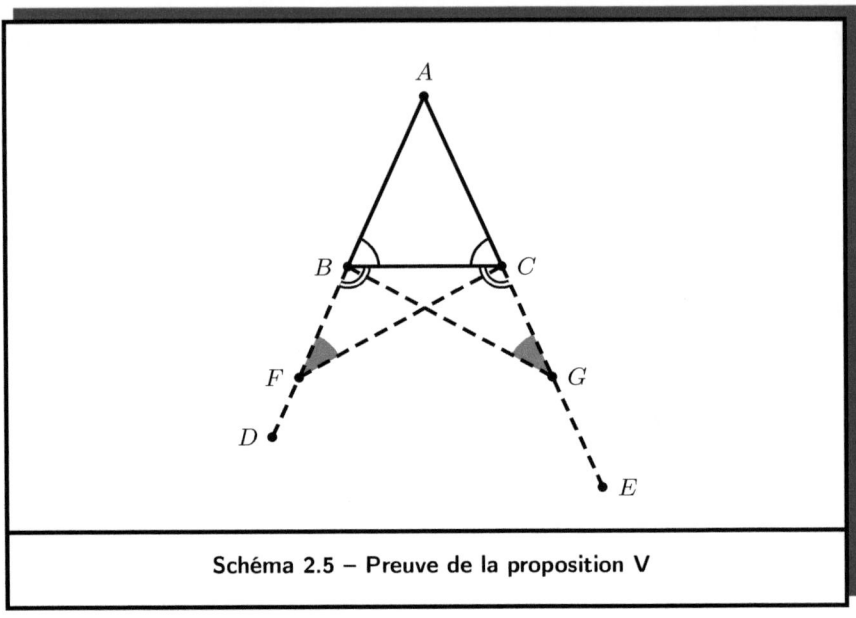

Schéma 2.5 – Preuve de la proposition V

2.1.3. Exégèse et critique de la géométrie d'Euclide

D'un point de vue contemporain, la géométrie d'EUCLIDE est bâtie sur des sables mouvants. Ses définitions, postulats et propositions sont en effet formulés de manière intuitive, et ont de ce fait un caractère imprécis et ambivalent. Tel est le cas notamment de la *définition 2* à la page 92, qui sans expliciter les notions de *longueur* et *largeur*, prescrit :

« La *ligne* est une longueur sans largeur. »

Au demeurant, même si la grande majorité des résultats formulés par EUCLIDE sont valides, certaines de ses démonstrations, déjà héritières du passif de l'imprécision des définitions, sont invalides. Les preuves respectives des propositions I et IV en attestent : La première utilise un résultat n'ayant pas été établi préalablement, tandis que la seconde fait usage de principes non codifiés en amont.

Nonobstant les imperfections et failles susmentionnées, les *Éléments* proposent une conception méthodique et relativement rigoureuse de l'espace. Ils sont un témoignage remarquable de la flamboyance de l'esprit humain, vu qu'EUCLIDE et ses contemporains ne disposaient pas des outils conceptuels et opérationnels sophistiqués de notre époque.

Dans une démarche conjuguant intuition et méthode, EUCLIDE a donc produit une pensée considérable. Charge à nous, à l'instar de DAVID HILBERT, d'en tirer la substantifique moelle.

2.2. La géométrie euclidienne selon Hilbert

Pour EUCLIDE, dans un plan, pour toute droite $\mathcal{D}$ et chaque point A n'appartenant pas à $\mathcal{D}$, il existe une *unique* droite passant par A et *parallèle* à $\mathcal{D}$. Jusqu'au premier quart du 19e siècle, ce fait, nommé *axiome des parallèles*, coulait de source. Cette croyance fut ébranlée par deux évènements.

Le premier fut la mise sur pied en 1829, par le mathématicien russe NIKOLAÏ LOBATCHEVSKI (1792 – 1856), d'une géométrie alternative dans laquelle, par un point quelconque, il était possible de faire passer une infinité de parallèles à chaque droite ne contenant pas ledit point.

Le second est daté en 1867, lorsque le mathématicien allemand BERNHARD RIEMANN (1826 – 1866) découvrit une géométrie dans laquelle, pour chaque droite $\mathcal{D}$ et tout point A n'appartenant pas à $\mathcal{D}$, il n'existe aucune droite passant par A et parallèle à $\mathcal{D}$ (autrement dit, toute droite passant par A est sécante à $\mathcal{D}$).

Ces trouvailles déclenchèrent des relectures critiques des *Éléments*, qui eurent pour aboutissement la mise en lumière des imprécisions et failles de l'œuvre d'EUCLIDE. En 1899, le mathématicien allemand DAVID HILBERT (1862 – 1943), engagé par ailleurs dans la refondation des mathématiques, restaura le patrimoine délabré d'EUCLIDE par la publication du texte intitulé *Grundlagen der Geometie* (*Fondements de la géométrie*) [2, 3]. La présente section livre la quintessence de ce texte, modèle de mise en action de la démarche mathématique décrite par le schéma 1.1 à la page 3.

2.2.1. Les axiomes de Hilbert

Un *espace* est un système comprenant :
— une collection $\mathbb{E}$ dont les éléments sont appelés ***points*** ;
— une collection $\mathbb{D}$ dont les éléments, nommés ***droites***, sont des sous-collections de $\mathbb{E}$;
— une collection $\mathbb{P}$ dont les éléments, appelés ***plans***, sont des sous-collections de $\mathbb{E}$.

En l'espèce, tout point P appartient à $\mathbb{E}$; autrement dit, $P \in \mathbb{E}$. Au demeurant, chaque droite $\mathcal{D}$, comme tout plan α, est une partie de $\mathbb{E}$. Ces faits se traduisent respectivement de manière simplifiée en langage formel par $\mathcal{D} \subseteq \mathbb{E}$ et $\alpha \subseteq \mathbb{E}$.

Du reste, l'appartenance $\in$ définit une relation binaire de $\mathbb{E}$ vers $\mathbb{D}$. Pour signifier qu'un point P appartient à une droite $\mathcal{D}$, c'est-à-dire $P \in \mathcal{D}$, les expressions suivantes peuvent être utilisées :

« P est un point de la droite $\mathcal{D}$ » ;
« la droite $\mathcal{D}$ passe par la point P » ;
« le point P est (situé) sur la droite $\mathcal{D}$ » ; etc.

L'appartenance $\in$ forme également une relation binaire de $\mathbb{E}$ vers $\mathbb{P}$ et, pour tout point P et chaque plan α, l'assertion $P \in \alpha$ se traduit par des locutions du type :

« P est un point du plan α » ; « le point P est (situé) dans plan α » ; etc.

Dans le même esprit, l'inclusion $\subseteq$ constitue une relation binaire de $\mathbb{D}$ vers $\mathbb{P}$. Précisément, pour chaque droite $\mathcal{D}$ et tout plan α, l'assertion $\mathcal{D} \subseteq \alpha$, signifiant que tout point de $\mathcal{D}$ est également un point α, s'exprime aussi par :

« le plan α contient la droite $\mathcal{D}$ » ;
« la droite $\mathcal{D}$ est contenue (située) dans le plan α » ; etc.

Un tel espace est dit ***euclidien*** lorsqu'il est soumis aux axiomes, classés en cinq groupes, et formulés ci-dessous.

Premier groupe : axiomes d'association

Axiome I.1. Pour des points distincts quelconques A et B, il existe une droite, symbolisée par (AB) ou (BA), passant par A et B.

Axiome I.2. Deux points distincts quelconques d'une droite déterminent cette dernière. Autrement dit, si des points distincts A et B appartiennent à une droite $\mathcal{D}$, alors $\mathcal{D} = (AB)$.

Des points sont dits *alignés* s'ils sont sur la même droite.

Axiome I.3. Si A, B et C sont des points non alignés, alors il existe un plan contenant A, B et C. Ce plan est noté (ABC).

Axiome I.4. Chaque triplet de points non alignés d'un plan détermine ce dernier. En d'autres termes, si A, B et C sont des points non alignés d'un plan α, alors $\alpha = (ABC)$.

Axiome I.5. Si deux points distincts appartiennent à un plan, alors il en est de même pour chaque point de la droite passant par ces deux points. Autrement dit, si A et B sont des points distincts d'un plan α, alors $(AB) \subseteq \alpha$.

Axiome I.6. Lorsque deux plans ont un point en commun, ils en ont au moins un second autre. Précisément, si α et β sont des plans contenant chacun un point A, alors il existe un point B, distinct de A, appartenant simultanément à α et β.

Des points (ou des droites) sont dites *coplanaires* s'ils (ou si elles) sont situées dans le même plan.

Axiome I.7. Dans tout plan, il y a au moins trois points non alignés ; et, dans l'espace $\mathbb{E}$, il existe au moins quatre points non coplanaires.

Deuxième groupe : axiomes de distribution

Sur chaque droite, il existe une relation ternaire exprimée comme suit : Si (A, B, C) est un triplet de cette relation, il est coutume de dire que B est ***situé entre*** A et C, et de noter $A \prec B \prec C$.

Cette relation est du reste encadrée par les axiomes II.1, II.2, II.3 et II.4 ci-dessous.

Axiome II.1. Si A, B et C sont des points situés sur une droite, et si B est situé entre A et C, alors B est situé entre C et A.

Axiome II.2. Sur une droite, étant donné des points distincts A et C, il existe au moins un point B situé entre A et C, ainsi qu'au moins un point D tel que C soit situé entre A et D.

Axiome II.3. De trois points distincts d'une droite, il en est un et un seul situé entre les deux autres.

Axiome II.4. Quatre points distincts d'une droite peuvent être désignés respectivement par A, B, C et D de sorte que

$$A \prec B \prec C \quad \text{et} \quad A \prec B \prec D,$$

puis

$$A \prec C \prec D \quad \text{et} \quad B \prec C \prec D.$$

Soient A et B des points distincts. La collection des points situés entre A et B est symbolisée par $]AB[$ ou $]BA[$, et appelée ***segment ouvert*** d'***extrémités*** A et B. La réunion du segment $]AB[$ et de ses extrémités est désignée par $[AB]$ ou $[BA]$, et nommée ***segment fermé*** d'***extrémités*** A et B. L'***intérieur*** d'un segment fermé $[AB]$ est le segment ouvert $]AB[$, c'est-à-dire la collection de tous les points situés entre ses extrémités. L'***extérieur*** d'un segment fermé $[AB]$ est la collection de tous les points de la droite (AB), distincts des extrémités A et B, et n'appartenant pas à l'intérieur dudit segment. Du reste, pour chaque point A, le segment $[AA]$ symbolise le singleton $\{A\}$.

Axiome II.5. Soient A, B et C des points non alignés, et soit $\mathcal{D}$ une droite, contenue dans le plan (ABC), ne passant par aucun des points A, B et C. Si la droite $\mathcal{D}$ passe par un point du segment $]AB[$, alors elle passe forcément et exclusivement par un point du segment $]AC[$ ou par un point du segment $]BC[$.

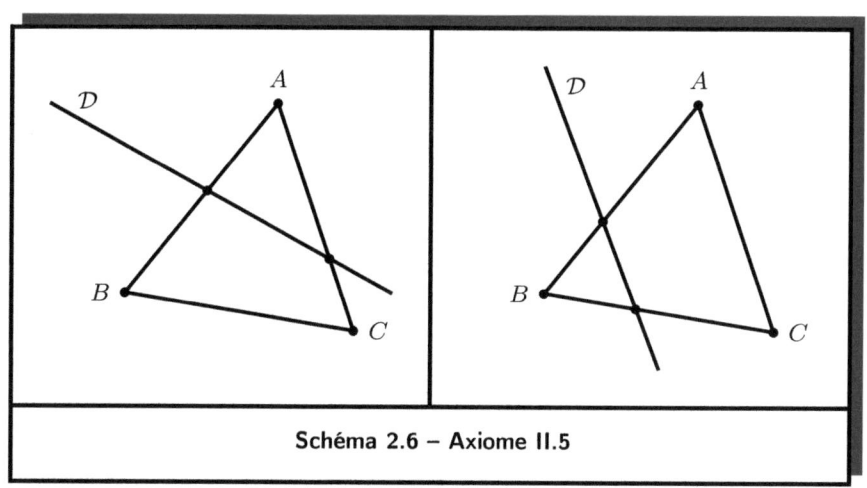

Schéma 2.6 – Axiome II.5

Soient A et B des points distincts. La ***demi-droite ouverte*** d'origine A et passant par B, notée $]AB)$, est la collection des points M de la droite (AB), appartenant à $]AB]$ ou tels que B soit situé entre A et M. La ***demi-droite fermée*** d'origine A et passant par B, symbolisée par $[AB)$, est la réunion du singleton $\{A\}$ et de $]AB)$.

Soit A un point d'une droite $\mathcal{D}$. Alors, cette droite contient exactement deux demi-droites (ouvertes ou fermées) d'origine A. Chacune de ces demi-droites fermées est un ***côté*** de la droite $\mathcal{D}$ ***par rapport au point*** A.

À toutes fins utiles, il sied de rappeler que, la collection des objets appartenant simultanément à des collections données $\mathcal{C}_1$ et $\mathcal{C}_2$, appelée *intersection* de $\mathcal{C}_1$ et $\mathcal{C}_2$, est désignée par $\mathcal{C}_1 \cap \mathcal{C}_2$. Si elle est vide, la coutume recommande d'écrire de manière simplifiée $\mathcal{C}_1 \cap \mathcal{C}_2 = \emptyset$. En outre, la symbolique $\mathcal{C}_1 \subseteq \mathcal{C}_2$ s'emploie lorsque $\mathcal{C}_1$ est une sous-collection (ou partie) de $\mathcal{C}_2$, c'est-à-dire lorsque tout élément de $\mathcal{C}_1$ est contenu dans $\mathcal{C}_2$. La *réunion* de $\mathcal{C}_1$ et $\mathcal{C}_2$, notée $\mathcal{C}_1 \cup \mathcal{C}_2$, est la collection de tous les objets appartenant à $\mathcal{C}_1$ ou à $\mathcal{C}_2$.

Soit $\mathcal{D}$ une droite et A un point n'appartenant pas à cette droite. Alors, il existe un unique plan α contenant $\mathcal{D}$ et A. Le **demi-plan ouvert** de **frontière** $\mathcal{D}$ et contenant A, symbolisé par $]\mathcal{D}, A)$, est la partie du plan α contenant A et chaque point M tel que $[AM] \cap \mathcal{D} = \emptyset$. Le **demi-plan fermé** de **frontière** $\mathcal{D}$ contenant A est la collection

$$[\mathcal{D}, A) =]\mathcal{D}, A) \cup \mathcal{D}.$$

À présent, soit P un point quelconque de la droite $\mathcal{D}$. Alors, d'après l'axiome II.2 à la page 108, il existe sur la droite (AP) un point B tel que P soit situé entre A et B. Par ailleurs,

$$]\mathcal{D}, A) \cup \mathcal{D} \cup]\mathcal{D}, B) = \alpha \qquad \text{et} \qquad]\mathcal{D}, A) \cap]\mathcal{D}, B) = \emptyset.$$

De plus, $]\mathcal{D}, A)$ et $]\mathcal{D}, B)$ sont les uniques demi-plans ouverts, de frontière $\mathcal{D}$, contenus dans le plan α.

De manière générale, dans chaque plan contenant une droite $\mathcal{D}$, il existe exactement quatre demi-plans de frontière $\mathcal{D}$: deux ouverts et deux fermés. (Le lecteur est invité à démontrer ce fait.) Dans ledit plan, chacun de ces demi-plans fermés est un **côté** relativement à $\mathcal{D}$.

Troisième groupe : axiomes de congruence

Une relation binaire, dite de **congruence**, symbolisée par $\equiv$, est définie sur la collection des segments fermés. Elle est régie par les axiomes formulés ci-dessous.

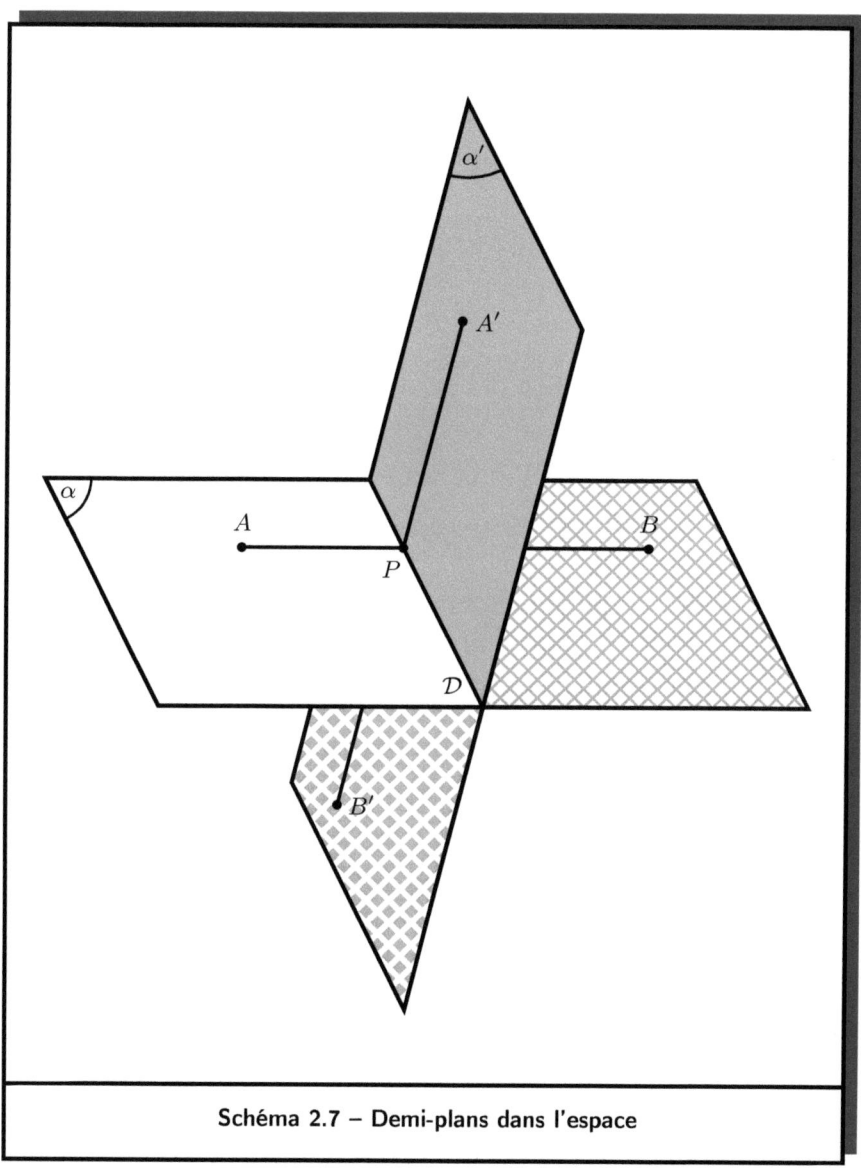

Schéma 2.7 – Demi-plans dans l'espace

Axiome III.1. Tout segment est congruent à lui-même. Précisément,
$$[AB] \equiv [AB] \quad \text{et} \quad [AB] \equiv [BA]$$
pour des points quelconques A et B. Au demeurant, considérant un point A' d'une droite $\mathcal{D}'$, potentiellement égale à (AB), il existe sur $\mathcal{D}'$, de chaque côté de A', un et un seul point B' tel que $[AB] \equiv [A'B']$.

Axiome III.2. Si un segment $[AB]$ est congruent à un segment $[A'B']$, et congruent à un autre segment $[A''B''']$, alors $[A'B']$ est congruent à $[A''B''']$. En d'autres termes, si $[AB] \equiv [A'B']$ et $[AB] \equiv [A''B''']$, alors
$$[A'B'] \equiv [A''B'''].$$

Axiome III.3. Soient A, B et C des points alignés satisfaisant
$$[AB] \cap [BC] = \{B\};$$
puis A', B' et C' des points alignés tels que $[A'B'] \cap [B'C'] = \{B'\}$. Si $[AB] \equiv [A'B']$ et $[BC] \equiv [B'C']$, alors $[AC] \equiv [A'C']$.

Dans un plan α, soient $\mathcal{G}$ et $\mathcal{H}$ des demi-droites fermés de même origine O, contenues dans des droites distinctes dudit plan. La paire $\{\mathcal{G}, \mathcal{H}\}$ est symbolisée par
$$\widehat{(\mathcal{G}, \mathcal{H})} \quad \text{ou} \quad \widehat{(\mathcal{H}, \mathcal{G})},$$
et appelée ***angle*** d'***origine*** O. En particulier, s'il existe dans le plan α des points A et B tels que $\mathcal{G} = [OA)$ et $\mathcal{H} = [OB)$, alors cet angle est désigné de façon condensée par $\widehat{AOB}$ ou $\widehat{BOA}$. Les demi-droites $\mathcal{G}$ et $\mathcal{H}$ sont les ***côtés*** dudit angles.

Maintenant, soient O, A et B des points non alignés d'un plan α. Alors, l'***intérieur*** de l'angle $\widehat{AOB}$ est la partie du plan α déterminée par l'intersection
$$](OA), B) \cap](OB), A).$$

Son ***extérieur*** est la collection des points de α n'appartenant ni à son intérieur, ni à ses côtés.

Il existe une relation binaire, dite de congruence, sur la collection des angles. Pour éviter une inflation de symboles, cette relation de congruence, comme pour les segments, est désignée par $\equiv$. Elle est par ailleurs soumise aux lois formulées dans les axiomes III.4 et III.5 ci-dessous.

Axiome III.4. Tout angle est congruent à lui-même. Autrement dit, si $\mathcal{G}$ et $\mathcal{H}$ sont des demi-droites de même origine, alors

$$\widehat{(\mathcal{G}, \mathcal{H})} \equiv \widehat{(\mathcal{G}, \mathcal{H})}.$$

Maintenant, soient $[OA)$ et $[OB)$ des demi-droites quelconques d'un plan α. Par ailleurs, dans un plan α', des points distincts O' et A' sont considérés. Alors, de chaque côté de la droite $(O'A')$, il existe une est une seule demi-droite $]O'B')$ telle que

$$\widehat{AOB} \equiv \widehat{A'O'B'}.$$

Axiome III.5. Si $\widehat{(\mathcal{G}, \mathcal{H})} \equiv \widehat{(\mathcal{G}', \mathcal{H}')}$ et $\widehat{(\mathcal{G}, \mathcal{H})} \equiv \widehat{(\mathcal{G}'', \mathcal{H}'')}$, alors

$$\widehat{(\mathcal{G}', \mathcal{H}')} \equiv \widehat{(\mathcal{G}'', \mathcal{H}'')}.$$

Si A, B et C désignent des points non alignés, alors le ***triangle*** ABC est la réunion des segments $[AB]$, $[BC]$ et $[CA]$.

Axiome III.6. Soient ABC et $A'B'C'$ des triangles. Si

$$[AB] \equiv [A'B'], \qquad [AC] \equiv [A'C'] \qquad \text{et} \qquad \widehat{BAC} \equiv \widehat{B'A'C'},$$

alors

$$\widehat{ABC} \equiv \widehat{A'B'C'} \qquad \text{et} \qquad \widehat{ACB} \equiv \widehat{A'C'B'}.$$

Quatrième groupe : axiome des parallèles

Deux droites coplanaires sont dites ***parallèles*** si elles sont égales ou si elles n'ont aucun point en commun.

Cette ***relation de parallélisme***, symbolisée par $\|$, est encadrée par l'axiome suivant.

Axiome IV (des parallèles). Dans un plan quelconque α, soit $\mathcal{D}$ une droite et A un point n'appartenant pas $\mathcal{D}$. Alors, il existe dans le plan α une unique droite passant par A et parallèle à $\mathcal{D}$.

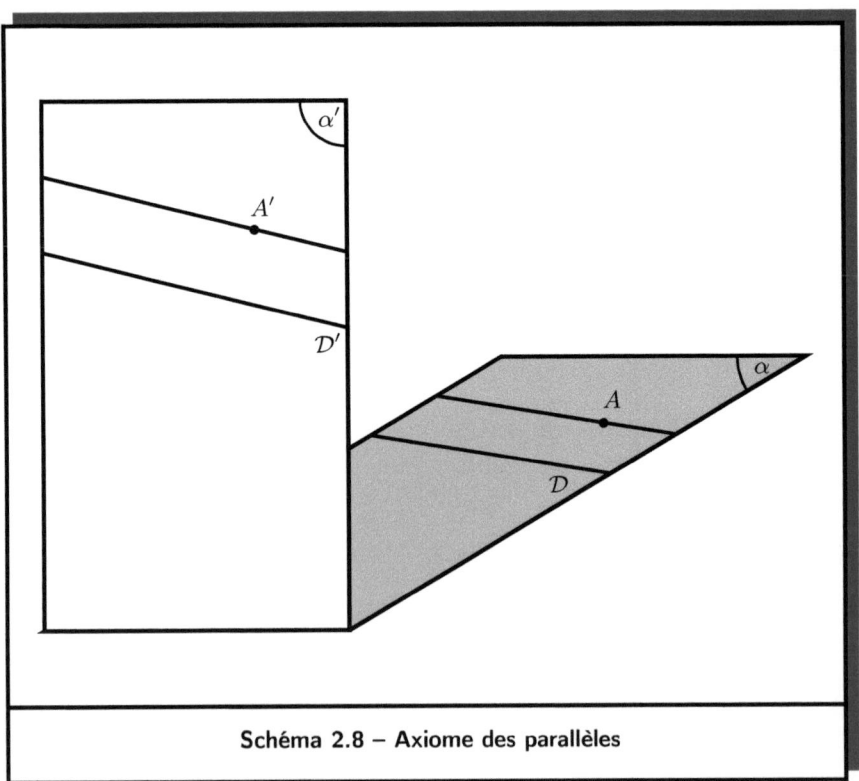

Schéma 2.8 – Axiome des parallèles

Cinquième groupe : axiome de la continuité

L'axiome suivant, aussi appelé *axiome de la mesure* ou *axiome d'Archimède*, consacre la continuité dans l'espace euclidien.

Axiome V. Étant donné des points distincts A et B, soit A_1 un point situé entre A et B, c'est-à-dire un point $A_1 \in]AB[$. Si une suite infinie de points A_2, A_3, A_4, ... est construite sur la droite (AB), telle que A_1 soit situé entre A et A_2, puis A_j entre A_{j-1} et A_{j+1} pour chaque $j \geq 2$, et telle que les segments

$$[AA_1], \quad [A_1A_2], \quad [A_2A_3], \quad [A_3A_4], \ldots$$

soient congruents l'un à l'autre, alors il existe dans cette suite un point A_n tel que B soit situé entre A et A_n.

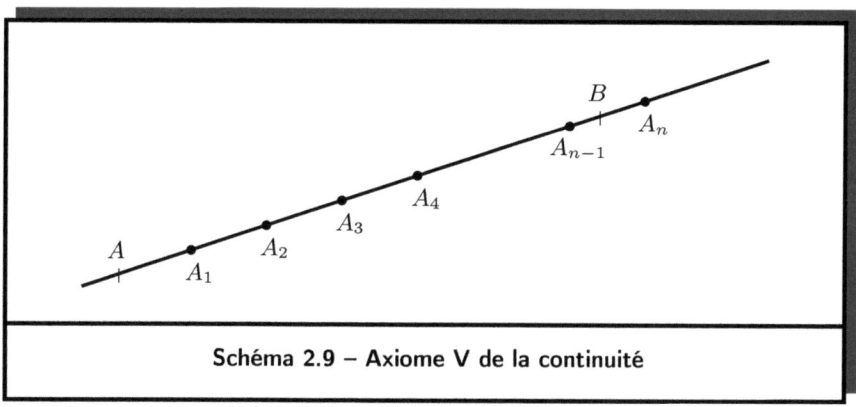

Schéma 2.9 – Axiome V de la continuité

La formulation de l'axiome de la continuité conclut la présentation du système d'HILBERT de formalisation de la géométrie d'EUCLIDE. Ce système peut accessoirement être consolidé par un principe de complétude.

Axiome de complétude. Le système composé de points, de droites et de plans, et soumis aux axiomes d'HILBERT, n'est pas extensible.

2.2.2. Conséquences des axiomes de Hilbert

La présente section est dédiée à la présentation de résultats découlant des axiomes formulés précédemment.

Deux droites sont dites **sécantes** lorsqu'elles ont un unique point en commun. En particulier, si A est l'unique point d'intersection de deux droites, celles-ci sont dites **sécantes en A**.

Proposition 2.1. Dans tout plan, deux droites quelconques sont, soit sécantes, soit égales ou parallèles.

Preuve. Soient $\mathcal{D}_1$ et $\mathcal{D}_2$ des droites d'un plan α. Alors, eu égard au principe du tiers exclus,

$$\mathcal{D}_1 \cap \mathcal{D}_2 = \emptyset \quad \text{ou} \quad \mathcal{D}_1 \cap \mathcal{D}_2 \neq \emptyset.$$

Si $\mathcal{D}_1 \cap \mathcal{D}_2 = \emptyset$, alors les droites $\mathcal{D}_1$ et $\mathcal{D}_2$ sont parallèles. Si en revanche $\mathcal{D}_1 \cap \mathcal{D}_2 \neq \emptyset$, alors l'intersection $\mathcal{D}_1 \cap \mathcal{D}_2$ est un singleton, ou elle contient au moins deux points distincts. Si $\mathcal{D}_1 \cap \mathcal{D}_2 = \{A\}$, alors les droites $\mathcal{D}_1$ est $\mathcal{D}_2$ sont sécantes en A. Si, par contre, il existe des points distincts A et B tels que $\{A, B\} \subseteq \mathcal{D}_1 \cap \mathcal{D}_2$, alors $\mathcal{D}_1 = (AB) = \mathcal{D}_2$ (voir l'axiome I.2 à la page 107). La proposition 2.1 est ainsi prouvée.

Proposition 2.2. Soit $\mathcal{D}$ une droite et A un point n'appartenant pas à $\mathcal{D}$. Alors, il existe un unique plan contenant A et $\mathcal{D}$.

Preuve. Soient B et C des points distincts de la droite $\mathcal{D}$. Alors, $(BC) = \mathcal{D}$. Du reste, par hypothèse, les points A, B et C ne sont pas alignés. Au compte de l'axiome I.4 à la page 107, il en résulte l'existence d'un unique plan $\alpha = (ABC)$, contenant ces trois points. Par ailleurs, $\mathcal{D} = (AB) \subseteq (ABC)$ (voir l'axiome I.5 à la page 107). Par conséquent, $\alpha = (ABC)$ est l'unique plan contenant le point A et la droite $\mathcal{D}$. Ceci conclut la démonstration de la proposition 2.2.

Le lecteur est invité à établir que cette dernière a pour corollaire le résultat suivant.

Proposition 2.3. Il existe un et un seul plan contenant deux droites sécantes données.

Soit α un plan. Une partie non vide $\mathbb{E}'$, de la collection $\mathbb{E}$ de l'espace, est appelée ***demi-espace ouvert*** de frontière α lorsque, pour tout point $A \in \mathbb{E}'$, cette sous-collection contient chaque point M vérifiant $[AM] \cap \alpha = \emptyset$.

Proposition 2.4. Tout plan partage l'espace en deux demi-espaces ouverts. Précisément, pour chaque plan α, il existe exactement deux demi-espaces ouverts $\mathbb{E}'$ et $\mathbb{E}''$, de frontière α, tels que
$$\mathbb{E}' \cup \alpha \cup \mathbb{E}'' = \mathbb{E}.$$

Preuve. Soit α un plan. En vertu de l'axiome I.7 à la page 107, il existe un point A n'appartenant pas au plan α (voir le schéma 2.10 à la page 118). À présent, soit $\mathbb{E}'$ la collection contenant le point A et tous les points M de $\mathbb{E}$ satisfaisant $[AM] \cap \alpha = \emptyset$. Par ailleurs, est considéré un point O du plan α. Alors, d'après l'axiome II.2 à la page 108, il existe un point B tel que le point O soit situé entre A et B. Soit $\mathbb{E}''$ la collection contenant le point B et tous les points M de $\mathbb{E}$ satisfaisant $[BM] \cap \alpha = \emptyset$.

Maintenant, soit P un point de $\mathbb{E}$, distinct de B, n'appartenant ni à $\mathbb{E}'$, ni à α. Alors, il existe dans le plan α un point Q situé entre A et P. Si $Q = O$, alors $P \in]OB)$ et $(OB) \cap \alpha = \{O\}$. Donc, l'égalité $Q = O$ entraîne $[BP] \cap \alpha = \emptyset$ Ainsi, $P \in \mathbb{E}''$. Si $Q \neq O$, alors la droite (OQ), contenue dans le plan (ABP), coupe les segments $]AB[$ et $]AP[$ respectivement en O et Q (voir le schéma 2.11 à la page 119). Eu égard à l'axiome II.5 à la page 109, il en résulte que $[BP] \cap (OQ) = \emptyset$. Cependant, $(ABP) \cap \alpha = (OQ)$. (Pour quelles raisons ?) De ce fait,
$$[BP] \cap \alpha = [BP] \cap \big((ABP) \cap \alpha\big) \subseteq [BP] \cap (OQ) = \emptyset.$$

D'où $[BP] \cap \alpha = \emptyset$. Par conséquent, $P \in \mathbb{E}''$. En tout état de cause, tout point P de $\mathbb{E}$, n'appartenant pas à la réunion $\mathbb{E}' \cup \alpha$, est un élément de $\mathbb{E}''$. Ceci signifie que

$$\mathbb{E}' \cup \alpha \cup \mathbb{E}'' = \mathbb{E}.$$

La proposition 2.4 est ainsi prouvée.

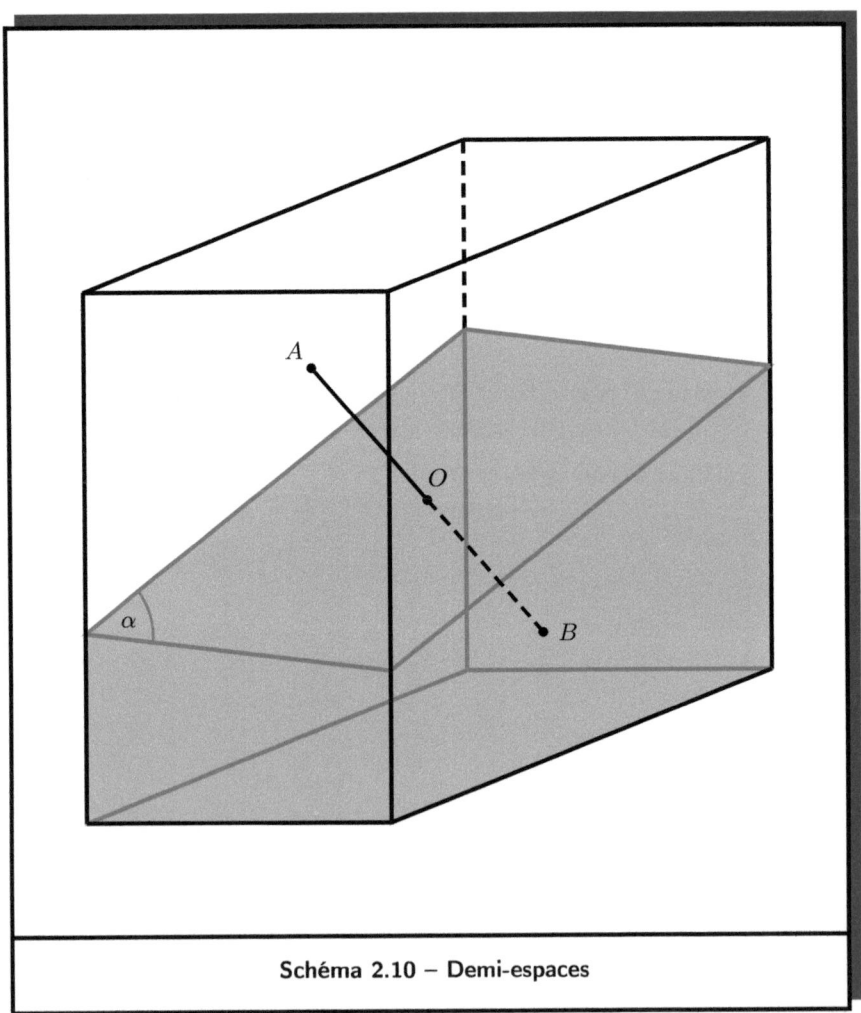

Schéma 2.10 – Demi-espaces

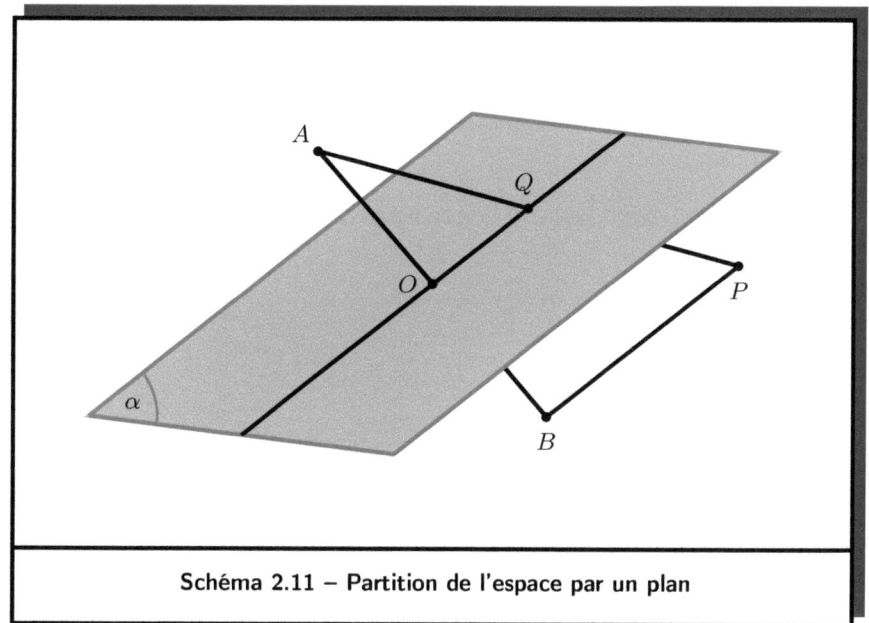

Schéma 2.11 – Partition de l'espace par un plan

La congruence des segments est compatible avec la distribution des points. La proposition 2.5 ci-dessous en atteste.

Proposition 2.5. Soient A, B et C des points distincts et alignés, puis A', B' et C', d'autres points différents et alignés, satisfaisant $[AB] \equiv [A'B']$, $[AC] \equiv [A'C']$ et $[BC] \equiv [B'C']$. Si $A \prec B \prec C$, alors $A' \prec B' \prec C'$. Autrement dit, si $B \in {]AC[}$, alors $B' \in {]A'C'[}$.

La proposition 2.5 se déduit sans difficulté des axiomes de distribution et de congruence pour les segments. Le lecteur est invité à s'en convaincre.

Deux triangles ABC et $A'B'C'$ sont dits **congruents** lorsque les congruences $[AB] \equiv [A'B']$, puis $[AC] \equiv [A'C']$ et $[BC] \equiv [B'C']$ d'une part, ainsi que les congruences $\widehat{BAC} \equiv \widehat{B'A'C'}$, puis $\widehat{ABC} \equiv \widehat{A'B'C'}$ et $\widehat{ACB} \equiv \widehat{A'C'B'}$ d'autre part, sont vérifiées.

Proposition 2.6 (Première loi de congruence des triangles). Si les congruences $[AB] \equiv [A'B']$, puis $[AC] \equiv [A'C']$ et $\widehat{BAC} \equiv \widehat{B'A'C'}$ sont satisfaites pour des triangles ABC et $A'B'C'$, alors ces derniers sont congruents.

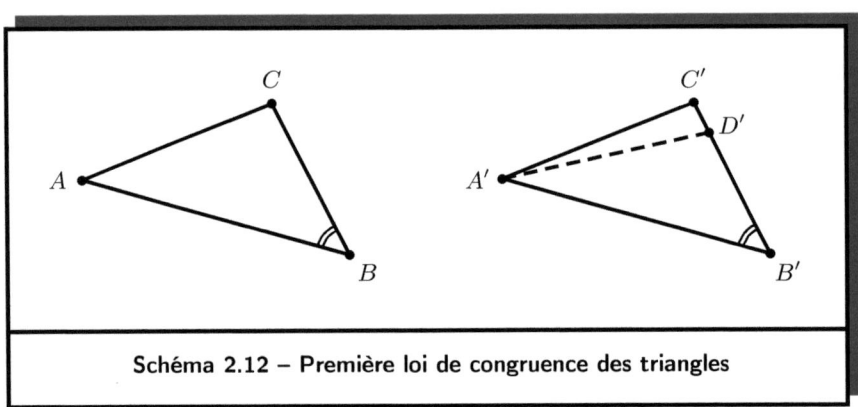

Schéma 2.12 – Première loi de congruence des triangles

Preuve. Soient ABC et $A'B'C'$ des triangles vérifiant

$$[AB] \equiv [A'B'], \qquad [AC] \equiv [A'C'] \quad \text{et} \quad \widehat{BAC} \equiv \widehat{B'A'C'}.$$

Alors, l'axiome III.6 à la page 113 entraîne

$$\widehat{ABC} \equiv \widehat{A'B'C'} \quad \text{et} \quad \widehat{ACB} \equiv \widehat{A'C'B'}.$$

Pour conclure cette preuve, il suffit de démontrer que $[BC] \equiv [B'C']$. Dans cette intention, la méthode de raisonnement par l'absurde est employée. À cet effet, est supposée que la congruence $[BC] \equiv [B'C']$ fausse. En vertu de l'axiome III.1 à la page 112, il existe sur la droite $(B'C')$, du même côté que C' relativement au point B', un point D' tel que $[BC] \equiv [B'D']$. De ce fait, les triangles BAC et $B'A'D'$ satisfont les congruences

$$[BA] \equiv [B'A'], \qquad [BC] \equiv [B'D'] \quad \text{et} \quad \widehat{ABC} \equiv \widehat{A'B'D'}.$$

En raison de l'axiome III.1, il en résulte $\widehat{BAC} \equiv \widehat{B'A'D'}$. Par ailleurs, $\widehat{BAC} \equiv \widehat{B'A'C'}$ et, dans la plan $(A'B'C')$, les demi-droites $]A'C')$

et $]A'D')$, manifestement distinctes, sont situées du même côté. Ceci dément l'axiome III.4 à la page 113. La négation de la congruence $[BC] \equiv [B'C']$, supposée, est donc fausse. Donc, $[BC] \equiv [B'C']$. Par conséquent, les triangles ABC et $A'B'C'$ sont congruents.

La proposition 2.6 ainsi démontrée est mise à contribution dans la preuve de la suivante.

Proposition 2.7 (Deuxième loi de congruence des triangles).
Si des triangles ABC et $A'B'C'$ satisfont $[AB] \equiv [A'B']$, ainsi que $\widehat{BAC} \equiv \widehat{B'A'C'}$ et $\widehat{ABC} \equiv \widehat{A'B'C'}$, alors ils sont congruents.

Preuve. Soient ABC et $A'B'C'$ des triangles satisfaisant

$$[AB] \equiv [A'B'], \qquad \widehat{BAC} \equiv \widehat{B'A'C'} \qquad \text{et} \qquad \widehat{ABC} \equiv \widehat{A'B'C'}.$$

Alors, d'après l'axiome III.1 à la page 112, il existe sur la demi-droite $]A'C')$ un unique point D' tel que $[AC] \equiv [A'D']$. Les triangles ABC et $A'B'D'$ satisfont ainsi les congruences

$$[AB] \equiv [A'B'], \qquad [AC] \equiv [A'D'] \qquad \text{et} \qquad \widehat{BAC} \equiv \widehat{B'A'D'}.$$

Ils sont de ce fait congruents, en vertu de la première loi de congruence. En particulier, $\widehat{ABC} \equiv \widehat{A'B'D'}$. En outre, $\widehat{ABC} \equiv \widehat{A'B'C'}$. D'où $[B'C') = [B'D')$ (voir l'axiome III.4 à la page 113). Donc, $D' \in]B'C')$. En somme, $D' \in]A'C') \cap]B'C')$. Cependant,

$$]A'C') \cap]B'C') = (A'C') \cap (B'C') = \{C'\}.$$

Ainsi, $D' = C'$. Par conséquent, les triangles ABC et $A'B'C'$ sont congruents.

Deux angles de même origine, ayant un côté en commun, sont dits **supplémentaires** si la réunion des deux autres côtés, distincts, constitue une droite. Précisément, des angles $\widehat{AOB}$ et $\widehat{BOC}$ sont dits **supplémentaires** si la réunion $[OA) \cup [OC)$ est une droite, c'est-à-dire si $O \in]AC[$ (voir le schéma 2.13 à la page 122).

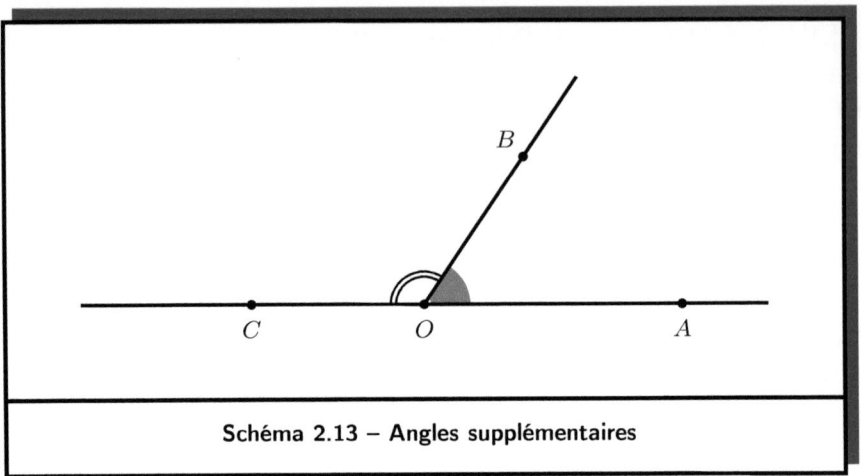

Schéma 2.13 – Angles supplémentaires

Proposition 2.8. Si des angles sont congruents, alors il en est de même pour leurs supplémentaires.

Preuve. Soient $\mathcal{G}$, $\mathcal{H}$ et $\mathcal{K}$ des demi-droites d'origine O, ainsi que $\mathcal{G}'$, $\mathcal{H}'$ et $\mathcal{K}'$ des demi-droites d'origine O' telles que :

(a) les angles $\widehat{(\mathcal{G}, \mathcal{H})}$ et $\widehat{(\mathcal{G}', \mathcal{H}')}$ sont congruents ;
(b) les angles $\widehat{(\mathcal{G}, \mathcal{H})}$ et $\widehat{(\mathcal{H}, \mathcal{K})}$ sont supplémentaires ;
(c) les angles $\widehat{(\mathcal{G}', \mathcal{H}')}$ et $\widehat{(\mathcal{H}', \mathcal{K}')}$ sont supplémentaires.

Établir la congruence $\widehat{(\mathcal{H}, \mathcal{K})} \equiv \widehat{(\mathcal{H}', \mathcal{K}')}$ est l'objectif ici. À cet effet, il convient de noter l'existence de points A, B, C, A', B' et C' tels que

$$\mathcal{G} = [OA), \qquad \mathcal{H} = [OB) \qquad \text{et} \qquad \mathcal{K} = [OC),$$

puis

$$\mathcal{G}' = [O'A'), \qquad \mathcal{H}' = [O'B') \qquad \text{et} \qquad \mathcal{K}' = [O'C'),$$

ainsi que

$$[OA] \equiv [O'A'], \qquad [OB] \equiv [O'B'] \qquad \text{et} \qquad [OC] \equiv [O'C'].$$

Alors, $\widehat{AOB} \equiv \widehat{A'O'B'}$. De ce fait, les triangles OAB et $O'A'B'$ sont congruents. Par conséquent, $[AB] \equiv [A'B']$ et $\widehat{BAO} \equiv \widehat{B'A'O'}$. Par ailleurs, l'axiome III.3 à la page 112 induit $[AC] \equiv [A'C']$. Puisque

$$\widehat{BAO} = \widehat{BAC} \qquad \text{et} \qquad \widehat{B'A'O'} = \widehat{B'A'C'},$$

il en résulte $\widehat{BAC} \equiv \widehat{B'A'C'}$ et, selon la première loi de congruence,

$$[CB] \equiv [C'B'] \qquad \text{et} \qquad \widehat{BCA} \equiv \widehat{B'C'A'}.$$

Dans la mesure où $\widehat{BCA} = \widehat{BCO}$ et $\widehat{B'C'A'} = \widehat{B'C'O'}$, ceci induit la congruence des triangles CBO et $C'B'O'$. Par suite, $\widehat{BOC} \equiv \widehat{B'O'C'}$, c'est-à-dire $\widehat{(\mathcal{H}, \mathcal{K})} \equiv \widehat{(\mathcal{H}', \mathcal{K}')}$: ce qu'il fallait démontrer.

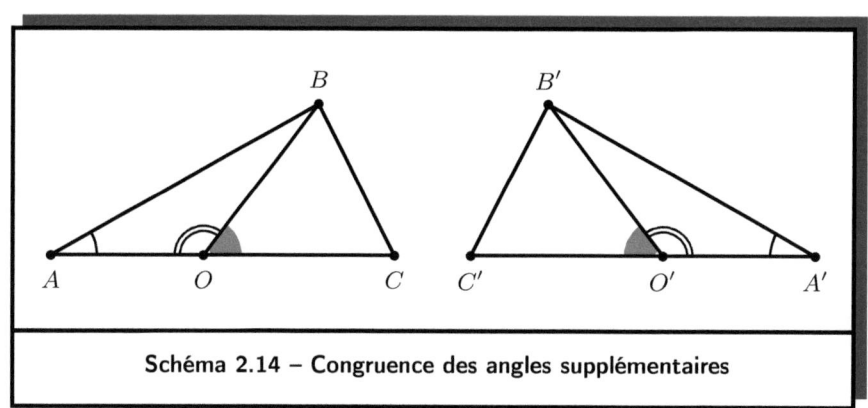

Schéma 2.14 – Congruence des angles supplémentaires

Des angles $\widehat{(\mathcal{G}, \mathcal{H})}$ et $\widehat{(\mathcal{G}', \mathcal{H}')}$ sont dits ***opposés*** s'ils ont le même sommet et si les réunions $\mathcal{G} \cup \mathcal{G}'$ et $\mathcal{H} \cup \mathcal{H}'$, ou $\mathcal{G} \cup \mathcal{H}'$ et $\mathcal{H} \cup \mathcal{G}'$, sont des droites. Ainsi, des angles $\widehat{AOB}$ et $\widehat{A'OB'}$ sont ***opposés*** si

$$[OA) \cup [OA') = (AA') \qquad \text{et} \qquad [OB) \cup [OB') = (BB'),$$

ou si

$$[OA) \cup [OB') = (AB') \qquad \text{et} \qquad [OB) \cup [OA') = (BA').$$

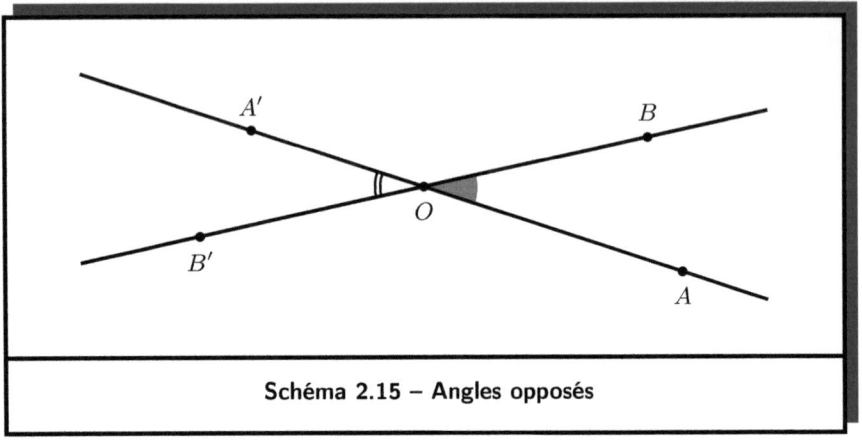

Schéma 2.15 – Angles opposés

Chaque angle possède un unique angle opposé et exactement deux angles supplémentaires, eux-mêmes opposés. Ces faits, qui coulent de source, permettent d'établir le résultat suivant.

Proposition 2.9.   Chaque angle est congruent à son opposé.

Preuve.   Un angle $\widehat{AOB}$ étant donné, il existe des points A' et B' tels que $O \in]AA'[$ et $O \in]BB'[$. Alors, les angles $\widehat{AOB}$ et $\widehat{A'OB'}$ sont opposés. Au demeurant, chacun de ces angles est supplémentaire à $\widehat{AOB'}$ (voir le schéma 2.15). Or, ce dernier est congruent à lui-même. D'après la proposition 2.8 à la page 122, il s'ensuit que $\widehat{AOB} \equiv \widehat{A'OB'}$.

Chaque angle a un *intérieur* et un *extérieur* (voir les pages 112 et 113). La proposition 10 ci-dessous propose une caractérisation de la notion d'intérieur, à toutes fins utiles.

Proposition 2.10.   Dans l'espace, un point M appartient à l'intérieur d'un angle $\widehat{AOB}$ si et seulement s'il existe un point C tel que

$$]OM) \cap]AB[= \{C\}.$$

Preuve. Soit Int $\left(\widehat{AOB}\right)$ l'intérieur de l'angle $\widehat{AOB}$. Alors,

$$]AB[\, \subseteq \mathrm{Int}\left(\widehat{AOB}\right) = \,](OA), B) \cap \,](OB), A),$$

par définition. Maintenant, soit un point $M \in \mathrm{Int}\left(\widehat{AOB}\right)$. Alors, l'axiome II.5, formulé à la page 109, permet d'établir l'inclusion

$$]OM) \subseteq \mathrm{Int}\left(\widehat{AOB}\right),$$

puis l'existence d'un point C tel que $]OM) \cap]AB[\, = \{C\}$. À travers l'exercice 2.9 à la page 134, le lecteur est convié à s'en persuader.

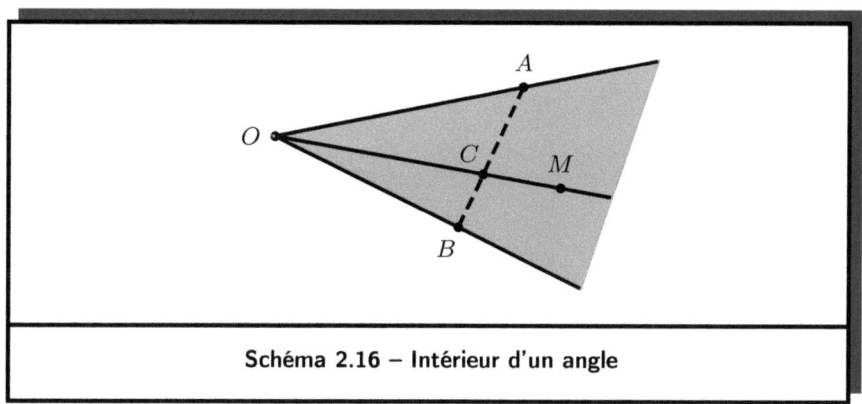

Schéma 2.16 – Intérieur d'un angle

Proposition 2.11. Dans un plan α, soit $\widehat{(\mathcal{G},\mathcal{H})}$ un angle d'origine O. Ensuite, est considérée une demi-droite fermée $\mathcal{K}$, d'origine O, telle que la demi-droite ouverte $\mathcal{K}\setminus\{O\}$ soit contenue dans l'intérieur de $\widehat{(\mathcal{G},\mathcal{H})}$. De plus, dans un plan α', soit $\widehat{(\mathcal{G}',\mathcal{H}')}$ un angle, d'origine O', congruent à $\widehat{(\mathcal{G},\mathcal{H})}$. Alors, il existe une demi-droite fermée $\mathcal{K}'$, d'origine O', telle que la partie $\mathcal{K}' \setminus \{O'\}$ soit contenue dans l'intérieur de $\widehat{(\mathcal{G}',\mathcal{H}')}$, puis

$$\widehat{(\mathcal{G},\mathcal{K})} \equiv \widehat{(\mathcal{G}',\mathcal{K}')} \qquad \text{et} \qquad \widehat{(\mathcal{K},\mathcal{H})} \equiv \widehat{(\mathcal{K}',\mathcal{H}')}.$$

Preuve. D'après l'axiome III.1 à la page 112, il existe des points A, B, A' et B' tels que $\mathcal{G} = [OA)$ et $\mathcal{H} = [OB)$, puis $\mathcal{G}' = [O'A')$ et $\mathcal{H}' = [O'B')$, tandis que $[OA] \equiv [O'A']$ et $[OB] \equiv [O'B']$. Alors, les triangles OAB et $O'A'B'$ sont congruents. De ce fait, $[AB] \equiv [A'B']$. Cependant, eu égard aux propositions 9 et 10 ci-dessus, il existe un point C tel que
$$(\mathcal{K} \setminus \{O\}) \cap]AB[= \{C\}.$$
L'axiome III.1 et la proposition 2.5, à la page 119, garantissent du reste l'existence d'un point $C' \in [A'B']$ tel que $[AC] \equiv [A'C']$. Ainsi, la demi-droite $]O'C')$ est contenue dans l'intérieur de l'angle $\widehat{A'O'B'}$. Par ailleurs, selon l'axiome III.3 à la page 112, ceci induit $[BC] \equiv [B'C']$. Par conséquent, les triangles OAC et $O'A'C'$ d'une part, puis OBC et $O'B'C'$ d'autre part, sont congruents. Il en résulte que $\widehat{AOC} \equiv \widehat{A'O'C'}$ et $\widehat{BOC} \equiv \widehat{B'O'C'}$. Autrement dit, la notation $\mathcal{K}' = [O'C')$ livre

$$\widehat{(\mathcal{G}, \mathcal{K})} \equiv \widehat{(\mathcal{G}', \mathcal{K}')} \qquad \text{et} \qquad \widehat{(\mathcal{K}, \mathcal{H})} \equiv \widehat{(\mathcal{K}', \mathcal{H}')}.$$

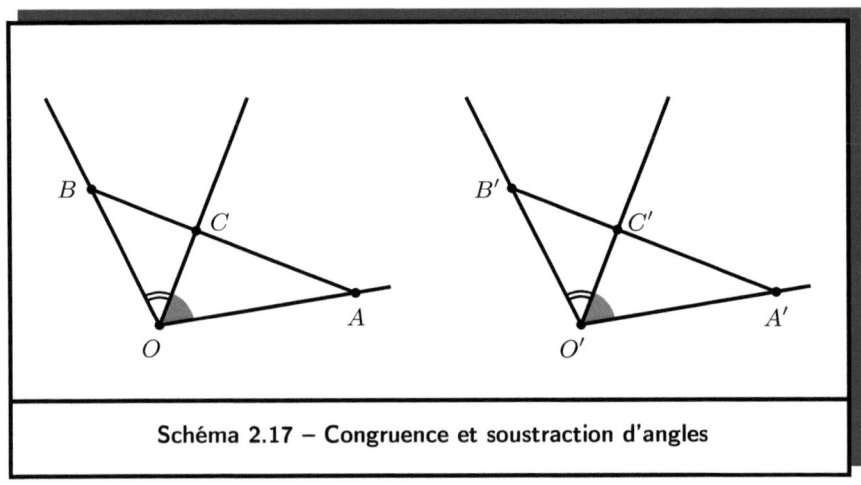

Schéma 2.17 – Congruence et soustraction d'angles

La proposition 2.12 suivante s'inscrit dans le sillage de la précédente, la proposition 2.11.

Proposition 2.12. Dans un plan, soient $\mathcal{G}$, $\mathcal{H}$ et $\mathcal{K}$ des demi-droites d'origine O, formant trois angles. De manière analogue, soient $\mathcal{G}'$, $\mathcal{H}'$ et $\mathcal{K}'$ des demi-droites coplanaires d'origine O', formant trois angles. Si les demi-droites $\mathcal{K} \setminus \{O\}$ et $\mathcal{K}' \setminus \{O'\}$ sont contenues respectivement dans les intérieurs des angles $\widehat{(\mathcal{G}, \mathcal{H})}$ et $\widehat{(\mathcal{G}', \mathcal{H}')}$, tandis que $\widehat{(\mathcal{G}, \mathcal{K})} \equiv \widehat{(\mathcal{G}', \mathcal{K}')}$ et $\widehat{(\mathcal{K}, \mathcal{H})} \equiv \widehat{(\mathcal{K}', \mathcal{H}')}$, alors $\widehat{(\mathcal{G}, \mathcal{H})} \equiv \widehat{(\mathcal{G}', \mathcal{H}')}$.

Preuve. Voir l'exercice 2.10 à la page 135.

Un angle est dit **droit** s'il est congruent à chacun de ses supplémentaires.

Proposition 2.13. Deux angles droits quelconques sont congruents.

Preuve. Soit $\widehat{BAD}$ un angle congruent à son supplémentaire $\widehat{CAD}$. De manière analogue, soit $\widehat{B'A'D'}$ un angle congruent à son supplémentaire $\widehat{C'A'D'}$. L'objectif est d'établir la congruence $\widehat{BAD} \equiv \widehat{B'A'D'}$. À cet effet, le contraire est pris pour hypothèse. Alors, dans le demi-plan ouvert $](BC), D)$, il existe un point E tel que $\widehat{B'A'D'} \equiv \widehat{BAE}$. Par ailleurs,

$$](BC), D) = \operatorname{Int}\left(\widehat{BAD}\right) \cup]AD) \cup \operatorname{Int}\left(\widehat{CAD}\right),$$

où $\operatorname{Int}\left(\widehat{BAD}\right)$ et $\operatorname{Int}\left(\widehat{CAD}\right)$ désignent les intérieurs respectifs des angles $\widehat{BAD}$ et $\widehat{CAD}$. De ce fait, $E \in \operatorname{Int}\left(\widehat{BAD}\right) \cup \operatorname{Int}\left(\widehat{CAD}\right)$, en vertu de l'hypothèse. Sans nuire à la généralité, l'appartenance du point E à l'intérieur de l'angle $\widehat{BAD}$ est supposée. Alors, eu égard à la proposition 2.8 à la page 122, la congruence $\widehat{B'A'D'} \equiv \widehat{BAE}$ entraîne $\widehat{C'A'D'} \equiv \widehat{CAE}$. Cependant, $\widehat{C'A'D'} \equiv \widehat{B'A'D'}$. En vertu de l'axiome III.5 à la page 113, il en résulte que $\widehat{CAE} \equiv \widehat{B'A'D'}$, puis

$$\widehat{CAE} \equiv \widehat{BAE}$$

car $\widehat{B'A'D'} \equiv \widehat{BAE}$. En outre, $\widehat{BAD} \equiv \widehat{CAD}$. Par conséquent, selon la proposition 2.11 à la page 125, dans l'intérieur de l'angle $\widehat{CAD}$, il existe un point F vérifiant

$$\widehat{BAE} \equiv \widehat{CAF} \quad \text{et} \quad \widehat{DAE} \equiv \widehat{DAF}.$$

Au compte de l'axiome III.5, la première de ces deux congruences, conjuguée à $\widehat{BAE} \equiv \widehat{CAE}$, livre $\widehat{CAE} \equiv \widehat{CAF}$. Donc, dans le plan (ABD), du même côté relativement à la droite (AB), il existe deux demi-droites $]AE)$ et $]AF)$ satisfaisant

$$\widehat{CAE} \equiv \widehat{CAE} \quad \text{et} \quad \widehat{CAF} \equiv \widehat{CAE}.$$

Ceci contredit l'axiome III.4 à la page 113. L'hypothèse est de ce fait fausse. En d'autres termes, $\widehat{BAD} \equiv \widehat{B'A'D'}$.

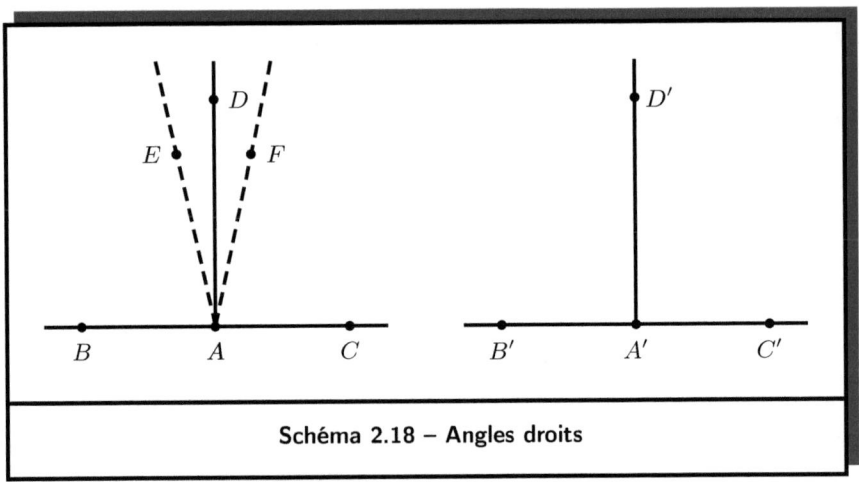

Schéma 2.18 – Angles droits

Un triangle ABC est dit *isocèle* en A lorsque $[AB] \equiv [AC]$.

Proposition 2.14. Si un triangle ABC est isocèle en A, alors

$$\widehat{ABC} \equiv \widehat{ACB}.$$

Preuve. Soit ABC un triangle isocèle en A. Alors, par définition, $[AB] \equiv [AC]$. Au demeurant, $\widehat{BAC} = \widehat{CAB}$. Donc,

$$[AB] \equiv [AC], \qquad [AC] \equiv [AB] \qquad \text{et} \qquad \widehat{BAC} \equiv \widehat{CAB}.$$

En vertu de l'axiome III.6 à la page 113, appliqué aux triangles ABC et ACB, il en résulte que $\widehat{ABC} \equiv \widehat{ACB}$.

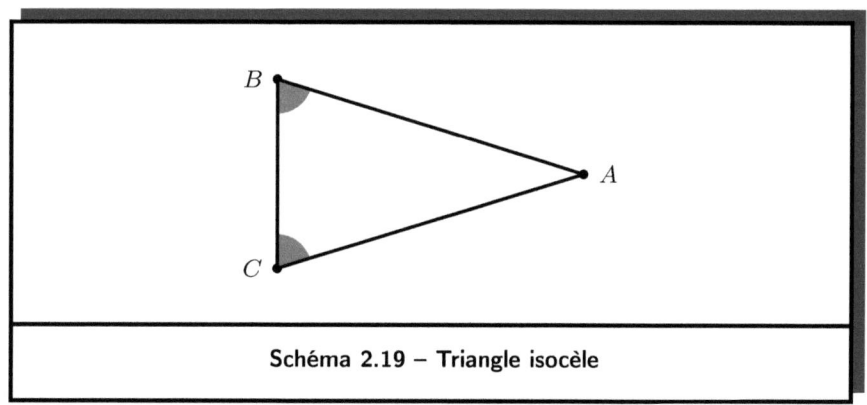

Schéma 2.19 – Triangle isocèle

Proposition 2.15 (Troisième loi de congruence des triangles).
Si les côtés de deux triangles sont respectivement congruents, alors ces triangles sont congruents. En d'autres termes, des triangles ABC et $A'B'C'$, vérifiant $[AB] \equiv [A'B']$, puis $[AC] \equiv [A'C']$ et $[BC] \equiv [B'C']$, sont congruents.

Preuve. Soient ABC et $A'B'C'$ des triangles vérifiant $[AB] \equiv [A'B']$, puis $[AC] \equiv [A'C']$ et $[BC] \equiv [B'C']$. Alors, selon l'axiome III.1 à la page 112 et l'axiome III.4 à la page 113, dans le plan $(A'B'C')$, il existe un point D' tel que

$$\widehat{BAC} \equiv \widehat{B'A'D'} \qquad \text{et} \qquad [AC] \equiv [A'D'].$$

D'après la première loi de congruence (voir la proposition 2.6 à la page 120), il s'ensuit que les triangles ABC et $A'B'D'$ sont congruents ;

en particulier,

$$\widehat{ABC} \equiv \widehat{A'B'D'} \qquad \text{et} \qquad \widehat{ACB} \equiv \widehat{A'D'B'},$$

puis $[BC] \equiv [B'D']$. Ainsi, $[B'C'] \equiv [B'D']$ car $[BC] \equiv [B'C']$. Cependant, $D' = C'$ ou $D' \neq C'$.

L'égalité $D' = C'$ induit de toute évidence la congruence des triangles ABC et $A'B'C'$.

À présent, soit $D' \neq C'$. Alors, $A'C'D'$ et $B'C'D'$ sont des triangles isocèles respectivement en A' et B'. Eu égard à la proposition 14 ci-dessus, ceci induit

$$\widehat{A'C'D'} \equiv \widehat{A'D'C'} \qquad \text{et} \qquad \widehat{B'C'D'} \equiv \widehat{B'D'C'}.$$

D'où $\widehat{A'C'B'} \equiv \widehat{A'D'B'}$, eu égard à la proposition 2.12 à la page 127. Puisque $\widehat{A'D'B'} \equiv \widehat{ACB}$, il s'ensuit que $\widehat{ACB} \equiv \widehat{A'C'B'}$. Selon la première loi de congruence, comme $[AC] \equiv [A'C']$ et $[BC] \equiv [B'C']$, ceci entraîne $ABC \equiv A'B'C'$. La proposition 15 est ainsi démontrée.

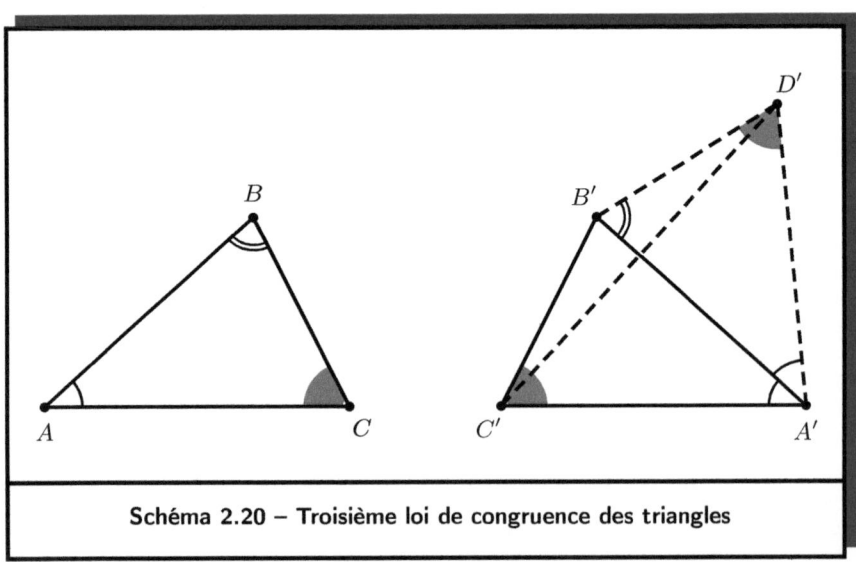

Schéma 2.20 – Troisième loi de congruence des triangles

2.2.3. Consistance des axiomes de Hilbert

Un système d'axiomes est dit ***contradictoire*** lorsqu'il permet de déduire à la fois une proposition et sa négation de cette dernière. Un système *non-contradictoire* est dit ***consistent***. La contradiction et la consistance sont des attributs logiques potentiels des systèmes axiomatiques.

L'étude systématique des systèmes axiomatiques et de leurs attributs est une matière ardue et hautement sophistiquée, qui excède largement le cadre du présent ouvrage. Il convient cependant d'indiquer ici que le sus-décrit système d'axiomes de Hilbert est consistent. Dans le texte [2], comme dans sa traduction [3], Hilbert esquisse une démonstration de ce fait.

2.2.4. Indépendance mutuelle des axiomes de Hilbert

Dans un système, un axiome est dit ***indépendant*** s'il n'est pas une conséquence d'un ou de plusieurs autres axiomes du même système.

En sus de la consistance, un système d'axiomes vertueux doit être libre de toute redondance; c'est-à-dire que les axiomes dudit système doivent être mutuellement indépendants. Le système de Hilbert possède cette vertu.

L'étude de l'indépendance dans un système, au même titre que la consistance, est du ressort de l'axiomatique, et requiert la mise à l'œuvre d'un ensemble de techniques extrêmement raffinées. En l'espèce, pour établir l'indépendance des axiomes de son système fondateur de la géométrie, Hilbert procède en plusieurs étapes :

1. Preuve de l'indépendance mutuelle des axiomes d'association (premier groupe).
2. Démonstration de l'indépendance mutuelle des axiomes de distribution (deuxième groupe).

3. Preuve de l'indépendance mutuelle des axiomes de congruences (troisième groupe).
4. Démonstration de l'indépendance réciproque des groupes I, II et III, fort du constat que la formulation des axiomes du groupe III est adossée sur les axiomes des premier et deuxième groupes.
5. Preuve de l'indépendance de l'axiome des parallèles.
6. Démonstration de l'indépendance de l'axiome de la continuité.

L'axiome des parallèles est le marqueur majeur de la géométrie euclidienne. En le modifiant et en conservant le reste du corpus axiomatique, il est en effet possible de construire d'autres géométries dites *non-euclidiennes*. C'est le cas notamment de la géométrie *hyperbolique* de LOBATCHEVSKI et de la géométrie *elliptique* de RIEMANN.

Précisément, dans la géométrie hyperbolique, par un point quelconque, passe une infinité de parallèles à chaque droite ne contenant pas ledit point.

En revanche, dans la géométrie elliptique, pour chaque droite $\mathcal{D}$ et tout point A n'appartenant pas à $\mathcal{D}$, il n'existe aucune droite passant par A et parallèle à $\mathcal{D}$.

Post-scriptum

Dans un style lapidaire, la *géométrie euclidienne* peut être définie comme étant la description formelle de l'espace physique au moyen des définitions, postulats et principes présentés dans *Les Éléments* d'EUCLIDE ; mieux, comme la modélisation de l'espace par les axiomes de HILBERT décrits ci-dessus.

Le présent chapitre propose un aperçu de deux approches de cette matière : celle séculaire et intuitive d'EUCLIDE, en miroir de celle moderne et rigoureuse de HILBERT. Au demeurant, les défaillances du texte millénaire d'EUCLIDE sont mises en exergue, à l'aune d'instruments contemporains de la logique, évoqués notamment dans le premier chapitre dédié à la démarche mathématique.

Exercices

Exercice 2.1. La sixième proposition du livre premier des *Éléments* d'EUCLIDE peut être reformulée de la manière suivante.

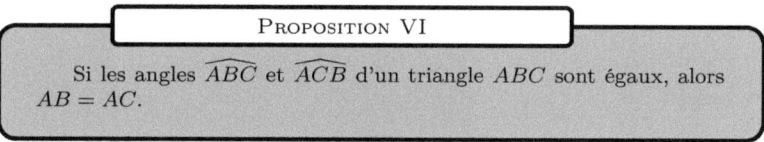

> PROPOSITION VI
>
> Si les angles $\widehat{ABC}$ et $\widehat{ACB}$ d'un triangle ABC sont égaux, alors $AB = AC$.

Sa preuve proposée par EUCLIDE est reprise dans l'encadré ci-dessous.

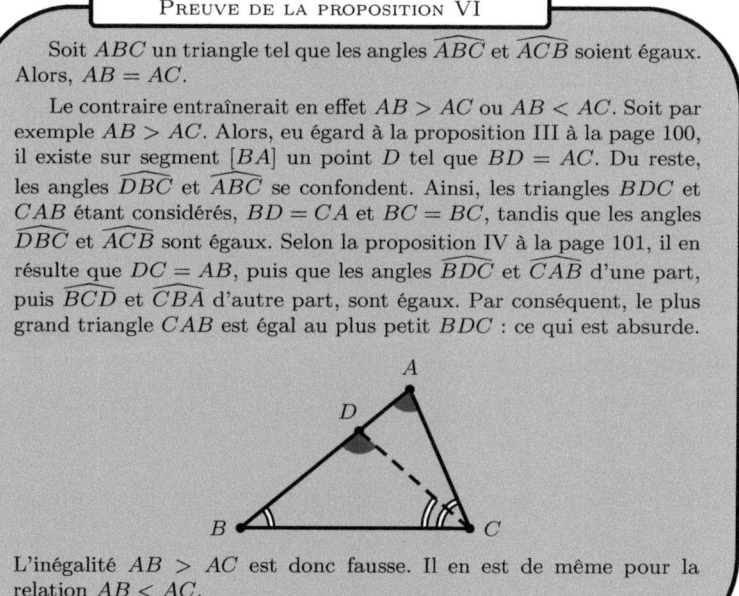

> PREUVE DE LA PROPOSITION VI
>
> Soit ABC un triangle tel que les angles $\widehat{ABC}$ et $\widehat{ACB}$ soient égaux. Alors, $AB = AC$.
>
> Le contraire entraînerait en effet $AB > AC$ ou $AB < AC$. Soit par exemple $AB > AC$. Alors, eu égard à la proposition III à la page 100, il existe sur segment $[BA]$ un point D tel que $BD = AC$. Du reste, les angles $\widehat{DBC}$ et $\widehat{ABC}$ se confondent. Ainsi, les triangles BDC et CAB étant considérés, $BD = CA$ et $BC = BC$, tandis que les angles $\widehat{DBC}$ et $\widehat{ACB}$ sont égaux. Selon la proposition IV à la page 101, il en résulte que $DC = AB$, puis que les angles $\widehat{BDC}$ et $\widehat{CAB}$ d'une part, puis $\widehat{BCD}$ et $\widehat{CBA}$ d'autre part, sont égaux. Par conséquent, le plus grand triangle CAB est égal au plus petit BDC : ce qui est absurde.
>
> L'inégalité $AB > AC$ est donc fausse. Il en est de même pour la relation $AB < AC$.
>
> L'égalité des angles $\widehat{ABC}$ et $\widehat{ACB}$ induit de ce fait $AB = AC$.

(a) Faites une analyse critique de cette preuve, dans l'esprit des commentaires de la section 2.1.2 à partir de la page 96.

(b) Formulez et démontrez cette proposition VI dans le contexte axiomatique de HILBERT. □

Exercice 2.2. Dans l'espace euclidien au sens de HILBERT, soit $\mathcal{D}$ une droite et α un plan contenant $\mathcal{D}$. Démontrez que le plan α contient exactement quatre demi-plans de frontière $\mathcal{D}$ (deux ouverts et deux fermés, notamment). □

Exercice 2.3. Soient $\mathcal{D}_1$ et $\mathcal{D}_2$ deux droites sécantes de l'espace euclidien, au sens de HILBERT. Montrez qu'il existe un unique plan contenant ces deux droites. □

Exercice 2.4. Dans l'espace euclidien au sens de HILBERT, pour des points quelconques A et B, la définition suggère l'égalité des segments $[AB]$ et $[BA]$ (voir la page 108). Cette égalité est triviale si $A = B$. Lorsque $A \neq B$, elle est garantie par un axiome de distribution. De quel axiome s'agit-il ? □

Exercice 2.5. Montrez que la congruence $\equiv$ est une relation d'équivalence sur la collection des segments de l'espace euclidien au sens de HILBERT. □

Exercice 2.6. Dans l'espace euclidien au sens de HILBERT, soient A et B des points quelconques. Montrez que $[AA] \equiv [BB]$. □

Exercice 2.7. Dans l'espace euclidien au sens de HILBERT, soient A, A' et B' des points quelconques. Démontrez que la relation de congruence $[AA] \equiv [A'B']$ entraîne $A' = B'$. □

Exercice 2.8. Montrez que la congruence $\equiv$ est une relation d'équivalence sur la collection des angles de l'espace euclidien au sens de HILBERT. □

Exercice 2.9. Prouvez que, dans un plan de l'espace euclidien selon HILBERT, un point M appartient à l'intérieur d'un angle $\widehat{AOB}$ si et seulement s'il existe un point C satisfaisant

$$]OM) \cap]AB[= \{C\}.$$

□

Exercice 2.10. Dans un plan de l'espace euclidien selon HILBERT, soient $\mathcal{G}$, $\mathcal{H}$ et $\mathcal{K}$ des demi-droites d'origine O, formant trois angles. De même, soient $\mathcal{G}'$, $\mathcal{H}'$ et $\mathcal{K}'$ des demi-droites coplanaires d'origine O', formant trois angles. En outre, soient les demi-droites $\mathcal{K} \setminus \{O\}$ et $\mathcal{K}' \setminus \{O'\}$ contenues respectivement dans les intérieurs des angles $\widehat{(\mathcal{G}, \mathcal{H})}$ et $\widehat{(\mathcal{G}', \mathcal{H}')}$, tandis que $\widehat{(\mathcal{G}, \mathcal{K})} \equiv \widehat{(\mathcal{G}', \mathcal{K}')}$ et $\widehat{(\mathcal{K}, \mathcal{H})} \equiv \widehat{(\mathcal{K}', \mathcal{H}')}$. Prouvez que $\widehat{(\mathcal{G}, \mathcal{H})} \equiv \widehat{(\mathcal{G}', \mathcal{H}')}$. □

Exercice 2.11. Dans l'espace euclidien selon HILBERT, soit $\widehat{AOB}$ un angle et M un point de son intérieur. Du reste, un point N, vérifiant $O \in]MN[$, est considéré. Montrez que la demi-droite $]ON)$ est dans l'intérieur de l'opposé de l'angle $\widehat{AOB}$. □

Au sens de HILBERT, dans l'espace euclidien, un angle $\widehat{AOB}$ est dit **aigu** s'il existe dans son extérieur des points A' et B' tels que les angles $\widehat{AOA'}$ et $\widehat{BOB'}$ soient droits.

Dans le même contexte, un angle $\widehat{AOB}$ est dit **obtus** s'il existe dans son intérieur des points A' et B' tels que les angles $\widehat{AOA'}$ et $\widehat{BOB'}$ soient droits.

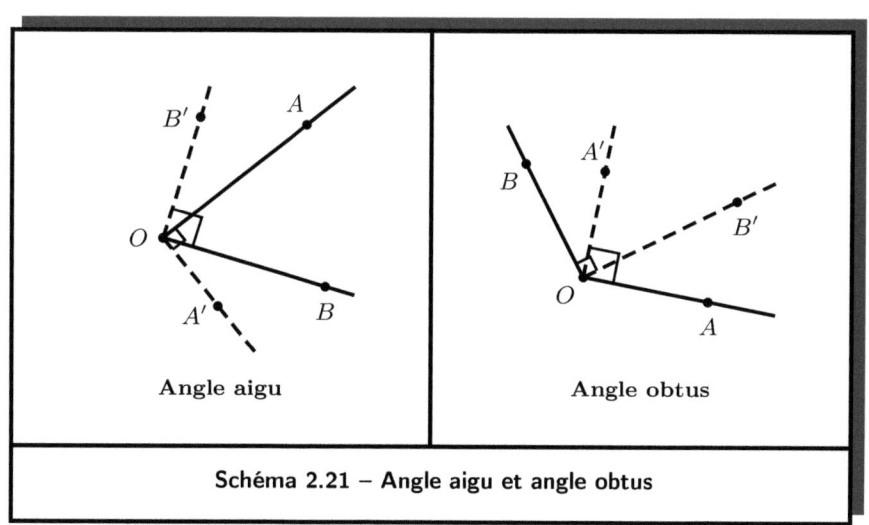

Angle aigu   Angle obtus

Schéma 2.21 – Angle aigu et angle obtus

Exercice 2.12. Démontrez que, dans l'espace euclidien au sens de HILBERT, si un angle est *aigu* (respectivement *obtus*), alors il en est de même pour son opposé. □

Exercice 2.13. Prouvez que, dans l'espace euclidien selon HILBERT, un angle est *aigu* si et seulement si chacun de ses deux supplémentaires est obtus. □

Exercice 2.14. Montrez que, dans l'espace euclidien selon HILBERT, un angle est *obtus* si et seulement si chacun de ses deux supplémentaires est aigu. □

Exercice 2.15. Prouvez que, dans l'espace euclidien selon HILBERT, tout angle congruent à un angle droit est lui-même droit. □

Exercice 2.16. Montrez que, dans l'espace euclidien selon HILBERT, tout angle congruent à un angle obtus est lui-même obtus. □

Exercice 2.17. Prouvez que, dans l'espace euclidien selon HILBERT, tout angle congruent à un angle aigu est lui-même aigu. □

Dans un plan quelconque de l'espace euclidien selon Hilbert, si des droites sont sécantes en un point O, alors les quatre demi-droites d'origine O, portées par ces deux droites, forment quatre angles. L'un de ces angles étant considéré, deux des trois autres sont ses supplémentaires, tandis que le quatrième est son opposé (voir le schéma 2.22 à la page 137). Si l'un de ses quatre angles est droit, alors il en est de même pour les trois autres (voir l'exercice 2.15 ci-dessus).

Deux droites sont dites ***perpendiculaires*** si elles sont sécantes et si les quatre angles, formés autour de leur point de point de rencontre, sont droits.

Cette ***relation de perpendicularité*** sur la collection des droites de l'espace euclidien est symbolisée par $\perp$. Ainsi, pour des droites $\mathcal{D}_1$ et $\mathcal{D}_2$, l'expression $\mathcal{D}_1 \perp \mathcal{D}_2$ signifie que ces droites sont perpendiculaires.

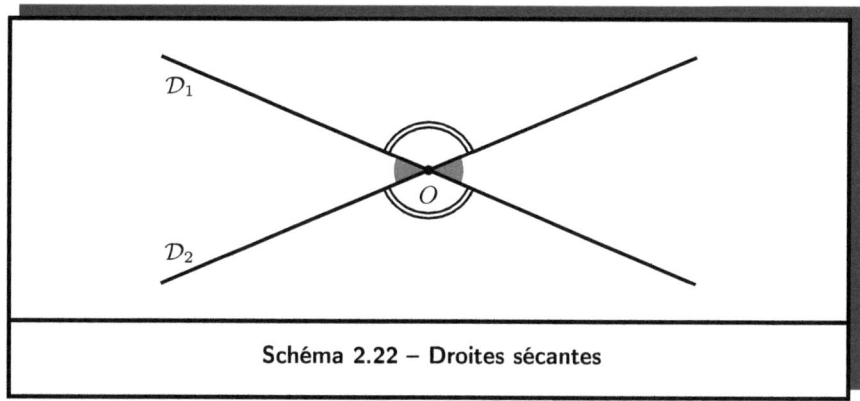

Schéma 2.22 – Droites sécantes

Existe-t-il des droites perpendiculaires dans l'espace euclidien ? À cette question qui, au fond, interroge l'existence d'un angle droit, l'exercice 2.18 suivant répond par l'affirmative. Cet exercice invite précisément à démontrer une proposition analogue à l'axiome des parallèles (voir l'axiome IV à la page 114).

Exercice 2.18. Dans l'espace euclidien au sens de HILBERT, soit $\mathcal{D}$ une droite et A un point n'appartenant pas à cette droite. Prouvez que, dans le plan contenant A et $\mathcal{D}$, il existe une et une seule droite passant par A et perpendiculaire à $\mathcal{D}$. □

Exercice 2.19. Démontrez que, dans l'espace euclidien au sens de HILBERT, tout angle est soit droit, soit aigu ou obtus. □

Chapitre 3.

Distance dans l'espace euclidien

> *Un grand homme d'État a exprimé en deux mots ce que chaque être humain doit savoir le mieux possible : géométrie et latin. Géométrie et poésie ; cela suffit. L'une tempère l'autre. Mais il faut les deux. Homère et Thalès le conduiront par la main.*

ALAIN
Propos sur l'éducation

La notion de longueur, associant à chaque segment un nombre, apparait en filigrane du discours sur la géométrie du plan et de l'espace, dans les *Éléments*. Nonobstant le fait qu'EUCLIDE l'emploie de manière intuitive, en dehors de tout cadre, elle conduit à des vues pénétrantes et facilite certaines argumentations.

En revanche, l'approche formelle de HILBERT est fondamentalement indépendante de la théorie des nombres. Toutefois, pour mettre les structures de l'ensemble des nombres réels au service de la géométrie euclidienne, le présent chapitre, en se basant sur les axiomes de HILBERT, propose une définition rigoureuse de la distance entre deux points quelconques de l'espace. Cette définition permet de déterminer la longueur de chaque segment.

Ce chapitre est constitué de trois sections. La première expose la théorie basique des relations d'équivalence sur les collections. Ensuite, la deuxième se focalise sur la *congruence*, relation d'équivalence, sur la collection des segments de l'espace euclidien. Enfin, la troisième est consacrée à la construction de la distance dans l'espace euclidien.

3.1. Relations d'équivalence sur les collections

La notion de relation d'équivalence, définie pour les ensembles (voir la page 38), s'applique également aux collections, dans des termes repris ci-dessous.

Une relation binaire $\mathcal{R}$ sur une collection $\mathcal{C}$ est dite **réflexive** si $x\mathcal{R}x$ pour chaque objet $x \in \mathcal{C}$. Elle est dite **symétrique** si, pour des objets quelconques x et y de la collection $\mathcal{C}$, l'assertion $x\mathcal{R}y$ induit $y\mathcal{R}x$. La même relation est dite **transitive** lorsque, pour des objets quelconques x, y et y de $\mathcal{C}$, les assertions $x\mathcal{R}y$ et $y\mathcal{R}z$ entraînent $x\mathcal{R}z$.

Une relation binaire sur une collection est dite **d'équivalence** si elle est simultanément réflexive, symétrique et transitive.

Soit $\mathcal{R}$ une relation d'équivalence sur une collection $\mathcal{C}$. Alors, pour chaque objet $x \in \mathcal{C}$, la collection de tous les objets $y \in \mathcal{C}$ satisfaisant $x\mathcal{R}y$ est symbolisée par

$$\mathcal{R}(x) \quad \text{ou} \quad [x]_\mathcal{R} \quad \text{ou encore} \quad (x)_\mathcal{R},$$

et appelée *classe d'équivalence* de x relativement $\mathcal{R}$. Ainsi, dans la symbolique formelle de la théorie des ensembles,

$$\mathcal{R}(x) = [x]_\mathcal{R} = (x)_\mathcal{R} = \{y \in \mathcal{C} \mid x\mathcal{R}y\}.$$

Proposition 3.1. Soit $\mathcal{R}$ une relation d'équivalence sur une collection $\mathcal{C}$. De plus, soient x et y des objets de $\mathcal{C}$. Alors, $(x)_\mathcal{R} = (y)_\mathcal{R}$ si et seulement si $x\mathcal{R}y$.

Preuve. Dans un premier temps, soit $(x)_\mathcal{R} = (y)_\mathcal{R}$. Alors, $y \in (x)_\mathcal{R}$; en effet, $y \in (y)_\mathcal{R}$ puisque $y\mathcal{R}y$. De ce fait, $x\mathcal{R}y$, selon la définition de la classe $(x)_\mathcal{R}$. L'égalité $(x)_\mathcal{R} = (y)_\mathcal{R}$ induit donc $x\mathcal{R}y$.

Dans un second temps, soit $x\mathcal{R}y$. Alors, $y\mathcal{R}x$, eu égard à la symétrie de la relation binaire $\mathcal{R}$. Un objet $z \in (x)_\mathcal{R}$ est maintenant considéré. Alors, $x\mathcal{R}z$. Puisque la relation $\mathcal{R}$ est transitive, il en résulte que $y\mathcal{R}z$, c'est-à-dire $z \in (y)_\mathcal{R}$. Ainsi, la relation $x\mathcal{R}y$ implique l'inclusion $(x)_\mathcal{R} \subseteq (y)_\mathcal{R}$. De manière analogue, $y\mathcal{R}x$ livre $(y)_\mathcal{R} \subseteq (x)_\mathcal{R}$. À ce compte-là, étant donné que la relation binaire $\mathcal{R}$ est symétrique, l'assertion $x\mathcal{R}y$ entraîne $(x)_\mathcal{R} \subseteq (y)_\mathcal{R}$ et $(y)_\mathcal{R} \subseteq (x)_\mathcal{R}$, c'est-à-dire $(x)_\mathcal{R} = (y)_\mathcal{R}$. La proposition 3.1 est ainsi démontrée.

Proposition 3.2. Soit $\mathcal{R}$ une relation d'équivalence sur une collection $\mathcal{C}$. En outre, soient x et y des objets de $\mathcal{C}$ satisfaisant $(x)_\mathcal{R} \neq (y)_\mathcal{R}$, c'est-à-dire $\neg(x\mathcal{R}y)$. Alors, $(x)_\mathcal{R} \cap (y)_\mathcal{R} = \emptyset$.

Preuve. Soit $(x)_\mathcal{R} \cap (y)_\mathcal{R} \neq \emptyset$. Alors, il existe un $z \in (x)_\mathcal{R} \cap (y)_\mathcal{R}$, c'est-à-dire $x\mathcal{R}z$ et $y\mathcal{R}z$. Ceci induit $x\mathcal{R}y$: une contradiction de l'hypothèse $\neg(x\mathcal{R}y)$. La supposition $(x)_\mathcal{R} \cap (y)_\mathcal{R} \neq \emptyset$ est donc fausse. Par conséquent, $(x)_\mathcal{R} \cap (y)_\mathcal{R} = \emptyset$.

Proposition 3.3. Soit $\mathcal{R}$ une relation d'équivalence sur une collection $\mathcal{C}$. Alors, $\mathcal{C}$ est la réunion de toutes les classes d'équivalence relativement à $\mathcal{R}$. Autrement dit,

$$\mathcal{C} = \bigcup_{x \in \mathcal{C}} (x)_\mathcal{R} = \bigcup \big\{ (x)_\mathcal{R} \mid x \in \mathcal{C} \big\}.$$

Preuve. Par définition, chacune des classes d'équivalence de $\mathcal{R}$ est une sous-collection de $\mathcal{C}$. De ce fait, leur réunion,

$$\bigcup \big\{ (x)_\mathcal{R} \mid x \in \mathcal{C} \big\},$$

est contenue dans $\mathcal{C}$. Du reste, chaque objet x de $\mathcal{C}$ appartient à la classe $(x)_\mathcal{R}$. Par conséquent, la collection $\mathcal{C}$ est elle-même une sous-collection de cette réunion. Donc, tout compte fait,

$$\mathcal{C} = \bigcup \Big\{ (x)_\mathcal{R} \mid x \in \mathcal{C} \Big\}.$$

Ces trois premières propositions montrent que chaque classe d'équivalence permet de réaliser une ***partition*** de la collection sous-jacente. Ceci signifie qu'elle permet de mettre sur pied une classification élaborée et nette des objets de cette collection.

Toutes les classes d'une relation d'équivalence forment une collection appelée quotient. Précisément, étant donné une relation d'équivalence $\mathcal{R}$ sur une collection $\mathcal{C}$, la collection de toutes les classes d'équivalence de $\mathcal{R}$ est symbolisée par $\mathcal{C}/\mathcal{R}$ ou $\dfrac{\mathcal{C}}{\mathcal{R}}$, et appelée ***quotient*** de $\mathcal{R}$. Donc,

$$\mathcal{C}/\mathcal{R} = \Big\{ (x)_\mathcal{R} \mid x \in \mathcal{C} \Big\}.$$

3.2. Classes de congruences de segments

La congruence $\equiv$ est une relation d'équivalence sur la collection $\mathbb{S}$ des segments de l'espace euclidien au sens de HILBERT (voir l'exercice 2.5 à la page 134). Par définition, son quotient est

$$\frac{\mathbb{S}}{\equiv} = \Big\{ ([PQ])_\equiv \mid P \in \mathbb{E} \wedge Q \in \mathbb{E} \Big\},$$

où $\mathbb{E}$ désigne la collection des points de l'espace euclidien. Dans un souci de simplification, ce quotient est symbolisé par $\widehat{\mathbb{S}}$. Dans le même esprit, les classes d'équivalence $([PQ])_\equiv$ sont notées $\widehat{[PQ]}$.

Dans la suite de cette section, sont définies une opération, puis une relation binaire de comparaison sur ce quotient.

Soient $[AB]$ et $[CD]$ des segments de l'espace euclidien. En vertu de l'axiome III.1 à la page 112, il existe des points alignés X, Y et Z

vérifiant $Y \in [XZ]$, puis $[AB] \equiv [XY]$ et $[CD] \equiv [YZ]$. L'*addition* des classes $\widehat{[AB]}$ et $\widehat{[CD]}$ est alors définie comme suit :

$$\widehat{[AB]} \oplus \widehat{[CD]} = \widehat{[XZ]}.$$

Cette définition est consistante, dans la mesure où elle ne dépend pas du choix des points X, Y et Z.

En effet, si X', Y' et Z' sont d'autres points alignés de l'espace tels que $Y' \in [X'Z']$, puis $[AB] \equiv [X'Y']$ et $[CD] \equiv [Y'Z']$, alors $[XY] \equiv [X'Y']$ et $[YZ] \equiv [Y'Z']$. Selon l'axiome III.3 à la page 112, il en résulte que $[XZ] \equiv [X'Z']$, c'est-à-dire $\widehat{[XZ]} = \widehat{[X'Z']}$.

L'addition ainsi définie est une correspondance de la collection des couples de $\widehat{\mathbb{S}}$ vers $\widehat{\mathbb{S}}$; c'est-à-dire une *opération* sur le quotient $\widehat{\mathbb{S}}$. Elle compte la *commutativité* au nombre de ses attributs. La proposition 3.4 ci-dessous en atteste.

Proposition 3.4. Soient $[AB]$ et $[CD]$ des segments de l'espace euclidien. Alors,

$$\widehat{[AB]} \oplus \widehat{[CD]} = \widehat{[CD]} \oplus \widehat{[AB]}.$$

Preuve. Il existe des points alignés X, Y et Z satisfaisant $Y \in [XZ]$, puis $[AB] \equiv [XY]$ et $[CD] \equiv [YZ]$. Par conséquent,

$$\widehat{[AB]} \oplus \widehat{[CD]} = \widehat{[XZ]}.$$

Du reste, $[CD] \equiv [ZY]$ et $[AB] \equiv [YX]$, puisque $[YZ] = [ZY]$ et $[XY] = [YX]$. En raison de $Y \in [ZX] = [XZ]$, il s'ensuit que

$$\widehat{[CD]} \oplus \widehat{[AB]} = \widehat{[ZX]} = \widehat{[XZ]} = \widehat{[AB]} \oplus \widehat{[CD]}.$$

L'addition des classes de segments congruents est donc une relation binaire *commutative*. La proposition 3.5 ci-dessous témoigne qu'elle est également *associative*.

Proposition 3.5. Soient $[AB]$, $[CD]$ et $[EF]$ des segments de l'espace euclidien. Alors,

$$\left(\widehat{[AB]} \oplus \widehat{[CD]}\right) \oplus \widehat{[EF]} = \widehat{[AB]} \oplus \left(\widehat{[CD]} \oplus \widehat{[EF]}\right).$$

Preuve. Il existe des points alignés P, Q, R et S tels que $Q \in [PR]$ et $R \in [QS]$, puis $[AB] \equiv [PQ]$ et $[CD] \equiv [QR]$, ainsi que $[EF] \equiv [RS]$. Alors,

$$\left(\widehat{[AB]} \oplus \widehat{[CD]}\right) \oplus \widehat{[EF]} = \widehat{[PR]} + \widehat{[RS]} = \widehat{[PS]}$$

et

$$\widehat{[AB]} \oplus \left(\widehat{[CD]} \oplus \widehat{[EF]}\right) = \widehat{[PQ]} + \widehat{[QS]} = \widehat{[PS]}.$$

Par conséquent,

$$\left(\widehat{[AB]} \oplus \widehat{[CD]}\right) \oplus \widehat{[EF]} = \widehat{[AB]} \oplus \left(\widehat{[CD]} \oplus \widehat{[EF]}\right).$$

L'*associativité* de l'addition $\oplus$ est ainsi démontrée.

Proposition 3.6. Dans l'espace euclidien, soit P un point et $[AB]$ un segment. Alors,

$$\widehat{[AB]} \oplus \widehat{[PP]} = \widehat{[PP]} \oplus \widehat{[AB]} = \widehat{[AB]}.$$

Preuve. L'exercice 2.6 à la page 134 livre $[PP] \equiv [BB]$. Donc,

$$\widehat{[AB]} \oplus \widehat{[PP]} = \widehat{[AB]} \oplus \widehat{[BB]} = \widehat{[AB]}.$$

Ceci permet de conclure la preuve, eu égard à la commutativité de l'opération $\oplus$.

La classe $\widehat{[PP]}$, contenant tous les singletons de l'espace euclidien, est par conséquent *neutre* pour l'addition $\oplus$.

Pour chaque entier naturel n et tout segment $[AB]$ de l'espace euclidien, le ***multiple*** $n \cdot \widehat{[AB]}$ est défini par induction comme suit :

$$0 \cdot \widehat{[AB]} = \widehat{[AA]},$$
$$1 \cdot \widehat{[AB]} = \widehat{[AB]},$$
$$2 \cdot \widehat{[AB]} = \widehat{[AB]} \oplus \widehat{[AB]},$$
$$\vdots$$
$$n \cdot \widehat{[AB]} = \left((n-1) \cdot \widehat{[AB]}\right) \oplus \widehat{[AB]} = \underbrace{\widehat{[AB]} \oplus \cdots \oplus \widehat{[AB]}}_{n \text{ termes}}$$

pour tout nombre entier $n \geq 2$.

Proposition 3.7. Soit n un entier naturel. De plus, soient $[AB]$ et $[CD]$ des segments de l'espace euclidien. Alors,

$$n \cdot \left(\widehat{[AB]} \oplus \widehat{[CD]}\right) = \left(n \cdot \widehat{[AB]}\right) \oplus \left(n \cdot \widehat{[CD]}\right).$$

Preuve. Par définition,

$$0 \cdot \left(\widehat{[AB]} \oplus \widehat{[CD]}\right) = \widehat{[AA]} = \widehat{[AA]} + \widehat{[AA]} = \left(0 \cdot \widehat{[AB]}\right) \oplus \left(0 \cdot \widehat{[CD]}\right).$$

Maintenant, pour un nombre entier naturel n, la véracité de l'égalité suivante est supposée :

$$n \cdot \left(\widehat{[AB]} \oplus \widehat{[CD]}\right) = \left(n \cdot \widehat{[AB]}\right) \oplus \left(n \cdot \widehat{[CD]}\right).$$

Alors, l'associativité et de la commutativité de l'opération $\oplus$ livrent

$$(n+1) \cdot \left(\widehat{[AB]} \oplus \widehat{[CD]}\right) = n \cdot \left(\widehat{[AB]} \oplus \widehat{[CD]}\right) \oplus \left(\widehat{[AB]} \oplus \widehat{[CD]}\right)$$
$$= \left(n \cdot \widehat{[AB]} \oplus n \cdot \widehat{[CD]}\right) \oplus \left(\widehat{[AB]} \oplus \widehat{[CD]}\right)$$
$$= \left(n \cdot \widehat{[CD]} \oplus n \cdot \widehat{[AB]}\right) \oplus \left(\widehat{[AB]} \oplus \widehat{[CD]}\right)$$
$$= \left[\left(n \cdot \widehat{[CD]} \oplus n \cdot \widehat{[AB]}\right) \oplus \widehat{[AB]}\right] \oplus \widehat{[CD]},$$

puis

$$(n+1)\cdot\left(\widehat{[AB]} \oplus \widehat{[CD]}\right) = \left[n\cdot\widehat{[CD]} \oplus \left(n\cdot\widehat{[AB]} \oplus \widehat{[AB]}\right)\right] \oplus \widehat{[CD]}$$
$$= \left(n\cdot\widehat{[CD]} \oplus (n+1)\cdot\widehat{[AB]}\right) \oplus \widehat{[CD]}$$
$$= \left((n+1)\cdot\widehat{[AB]} \oplus n\cdot\widehat{[CD]}\right) \oplus \widehat{[CD]}$$
$$= (n+1)\cdot\widehat{[AB]} \oplus \left(n\cdot\widehat{[CD]} \oplus \widehat{[CD]}\right)$$
$$= \left((n+1)\cdot\widehat{[AB]}\right) \oplus \left((n+1)\cdot\widehat{[CD]}\right).$$

Ceci permet de conclure la preuve de la proposition 3.7, eu égard à la règle du raisonnement par induction (voir l'exercice 1.6 à la page 90).

Maintenant, soient $[AB]$ et $[CD]$ des segments de l'espace euclidien, tels qu'il existe un point $P \in [CD]$ vérifiant $[CP] \neq [CD]$ et $[AB] \equiv [CP]$. Alors, pour des segments quelconques $[A'B']$ et $[C'D']$ satisfaisant $[AB] \equiv [A'B']$ et $[CD] \equiv [C'D']$, en vertu des axiomes III.1 et III.3 à la page 112, il existe un point $P' \in [C'D']$ tel que $[C'P'] \neq [C'D']$ et $[A'B'] \equiv [C'P']$. Le cas échéant, la notation suivante est adoptée :

$$\widehat{[AB]} < \widehat{[CD]}.$$

Une relation binaire $<$ est ainsi définie sur $\widehat{\mathbb{S}}$. Elle ordonne de manière stricte les classes de segments congruents. En effet, de toute évidence, pour tout segment $[AB]$, l'assertion

$$\widehat{[AB]} < \widehat{[AB]}$$

est fausse. Du reste, cette relation binaire est ***transitive***. Autrement dit, pour des segments quelconques $[AB]$, $[CD]$ et $[EF]$, si

$$\widehat{[AB]} < \widehat{[CD]} \qquad \text{et} \qquad \widehat{[CD]} < \widehat{[EF]},$$

alors $\widehat{[AB]} < \widehat{[EF]}$ (voir l'exercice 3.2 à la page 173). Par ailleurs, cette relation d'ordre est totale, dans la mesure où deux classes distinctes de segments sont comparables. La proposition 3.8 ci-dessous exprime avec précision ce principe.

Proposition 3.8. Soient $[AB]$ et $[CD]$ des segments de l'espace euclidien tels que $\widehat{[AB]} \neq \widehat{[CD]}$. Alors, $\widehat{[AB]} < \widehat{[CD]}$ ou $\widehat{[CD]} < \widehat{[AB]}$.

Preuve. De toute évidence, $A \neq B$ ou $C \neq D$; le contraire entraînerait en effet $\widehat{[AB]} = \widehat{[CD]}$. Soit $C \neq D$ (ce choix ne contrarie pas la généralité). Alors, il existe un unique point $P \in [CD)$, distinct de D, tel que $[AB] \equiv [CP]$. Donc, $P \in [CD]$ ou $D \in [CP]$. Si $P \in [CD]$, alors $\widehat{[AB]} < \widehat{[CD]}$. Si en revanche $D \in [CP]$, alors il existe un point $Q \in [AB]$, distinct de B et vérifiant $[CD] \equiv [AQ]$; par conséquent, $\widehat{[CD]} < \widehat{[AB]}$.

La relation d'ordre strict $<$ est compatible avec l'addition $\oplus$. Les propositions 3.9 et 3.10 ci-dessous en témoignent.

Proposition 3.9. Soit n un entier naturel non nul. De plus, soient $[AB]$ et $[CD]$ des segments de l'espace euclidien. Alors, $\widehat{[AB]} < \widehat{[CD]}$ si et seulement si $n \cdot \widehat{[AB]} < n \cdot \widehat{[CD]}$.

Preuve. Dans un premier temps, soit $\widehat{[AB]} < \widehat{[CD]}$. Alors, il existe un point $P \in [CD]$ tel que $[CP] \neq [CD]$ et $[AB] \equiv [CP]$. Par conséquent, $\widehat{[CD]} = \widehat{[AB]} \oplus \widehat{[PD]}$. D'où

$$n \cdot \widehat{[CD]} = n \cdot \widehat{[AB]} \oplus n \cdot \widehat{[PD]}.$$

Donc, il existe des points alignés X, Y et Z satisfaisant

$$Y \in [XZ] \quad \text{et} \quad n \cdot \widehat{[CD]} \equiv \widehat{[XZ]},$$

puis

$$n \cdot \widehat{[AB]} \equiv \widehat{[XY]} \quad \text{et} \quad n \cdot \widehat{[PD]} \equiv \widehat{[YZ]}.$$

Alors, $[XY] \neq [XZ]$; car le contraire induirait $Y = Z$, puis $P = D$ et $[CP] = [CD]$: une négation de l'hypothèse. De ce fait, $\widehat{[XY]} < \widehat{[XZ]}$, c'est-à-dire $n \cdot \widehat{[AB]} < n \cdot \widehat{[CD]}$.

Dans un second temps, soit $n \cdot \widehat{[AB]} < n \cdot \widehat{[CD]}$. Alors, $\widehat{[AB]} < \widehat{[CD]}$. Le contraire dédirait en effet la première partie de cette preuve.

Proposition 3.10. Soient $[AB]$, $[CD]$ et $[EF]$ des segments de l'espace euclidien. Si $\widehat{[AB]} < \widehat{[CD]}$, alors

$$\widehat{[AB]} \oplus \widehat{[EF]} < \widehat{[CD]} \oplus \widehat{[EF]}.$$

Preuve. Il existe des points alignés W, X et Z tels que $X \in [WZ]$, puis $[EF] \equiv [WX]$ et $[CD] \equiv [XZ]$. Alors,

$$\widehat{[CD]} \oplus \widehat{[EF]} = \widehat{[WZ]}.$$

Maintenant, soit $\widehat{[AB]} < \widehat{[CD]}$. Alors, il existe un point $Y \in [XZ]$ vérifiant $[XY] \neq [XZ]$ et $[AB] \equiv [XY]$. De ce fait,

$$\widehat{[AB]} \oplus \widehat{[EF]} = \widehat{[WY]}.$$

Du reste, $Y \in [WZ]$ et $[WY] \neq [WZ]$, car $[XZ] \subseteq [WZ]$ et $Y \neq Z$. Par conséquent,

$$\widehat{[AB]} \oplus \widehat{[EF]} < \widehat{[CD]} \oplus \widehat{[EF]}.$$

3.3. Construction de la distance dans l'espace euclidien

En principe, pour déterminer la distance entre des couples de points de l'espace euclidien, c'est-à-dire chiffrer la longueur des segments délimités par ces points, il convient de se doter d'une unité de mesure. En particulier, dans la méthode déployée ici, l'unité de mesure choisie est un segment d'extrémités distinctes. Une règle d'évaluation du rapport entre chaque segment et cette unité est ensuite mise sur pied. Cette règle est le fondement d'une métrique dans l'espace euclidien.

Soient A et B des points distincts de l'espace euclidien. Alors, pour des points quelconques P et Q, selon l'axiome de compréhension (voir ZF 7 à la page 28), un ensemble est défini par

$$\Gamma(P,Q) = \left\{ \frac{m}{n} \;\middle|\; (m,n) \in \mathbb{N} \times \mathbb{N}^* \;\wedge\; m \cdot \widehat{[AB]} < n \cdot \widehat{[PQ]} \right\}. \quad (3.1)$$

De toute évidence, cet ensemble est une partie de

$$\mathbb{Q}_0^+ = \{ x \in \mathbb{Q} \mid x \geq 0 \}.$$

Il a en outre d'autres caractéristiques, révélées par les propositions 3.11 et 3.12 ci-dessous.

Proposition 3.11. Soient P et Q des points de l'espace euclidien. Alors, $P = Q$ si et seulement si $\Gamma(P,Q) = \emptyset$. Autrement dit, l'équivalence

$$P \neq Q \Leftrightarrow \Gamma(P,Q) \neq \emptyset \quad (3.2)$$

est valide.

Preuve. Soit $P = Q$. Alors, $n \cdot \widehat{[PQ]} = [PP]$ pour tout $n \in \mathbb{N}$. L'assertion $\widehat{[MN]} < n \cdot \widehat{[PQ]}$ est de ce fait fausse, pour tous les points M et N de l'espace euclidien (voir l'exercice 3.1 à la page 173). Par conséquent, il n'existe pas de couple $(m,n) \in \mathbb{N} \times \mathbb{N}^*$ satisfaisant la relation

$$m \cdot \widehat{[AB]} < n \cdot \widehat{[PQ]}.$$

Donc, $\Gamma(P,Q) = \emptyset$. L'implication suivante est ainsi prouvée :

$$P = Q \Rightarrow \Gamma(P,Q) = \emptyset.$$

À présent, soit $P \neq Q$. Alors, il existe un point $X \in]PQ)$ tel que $[AB] \equiv [PX]$. L'appartenance du point X à la demi-droite ouverte

$]PQ)$ signifie que $X \in]PQ[$ ou $Q \in]PX]$. Dans un premier temps, soit $X \in]PQ[$. Alors,
$$\widehat{[AB]} = \widehat{[PX]} < \widehat{[PQ]}.$$
Ceci entraîne
$$1 = \frac{1}{1} \in \Gamma(P, Q).$$

Dans un second temps, soit $Q \in]PX]$. L'axiome III.1 à la page 112 garantit alors l'existence d'une suite infinie de points Q_1, Q_2, Q_3, Q_4, Q_5, ..., sur la demi-droite $[PQ)$, telle que $Q_1 = Q$ et Q_1 soit situé entre P et Q_2, puis Q_j entre Q_{j-1} et Q_{j+1} pour chaque $j \geq 2$, et telle que chacun des segments

$$[Q_1 Q_2], \quad [Q_2 Q_3], \quad [Q_3 Q_4], \quad [Q_4 Q_5], \quad \ldots$$

soit congruent à $[PQ]$. Eu égard à l'axiome V d'ARCHIMÈDE (voir la page 115), il existe donc dans cette suite un point Q_n tel que X soit situé entre P et Q_n. Par conséquent,

$$\widehat{[AB]} = \widehat{[PX]} < \widehat{[PQ]} \oplus \widehat{[Q_1 Q_2]} \oplus \cdots \oplus \widehat{[Q_{n-1} Q_n]}$$
$$= \underbrace{\widehat{[PQ]} \oplus \widehat{[PQ]} \oplus \cdots \oplus \widehat{[PQ]}}_{n \text{ termes}}$$
$$= n \cdot \widehat{[PQ]}.$$

De ce fait,
$$\frac{1}{n} \in \Gamma(P, Q).$$

En tout état de cause, $P \neq Q$ implique $\Gamma(P, Q) \neq \emptyset$. Par conséquent, d'après la *règle de contraposition* (voir la page 23), l'assertion $\Gamma(P, Q) = \emptyset$ entraîne $P = Q$. La véracité de l'équivalence suivante est ainsi démontrée :
$$P = Q \Leftrightarrow \Gamma(P, Q) = \emptyset.$$

Cette dernière et l'équivalence (3.2) ont à l'évidence la même valeur de vérité.

Proposition 3.12. Soient P et Q des points distincts de l'espace euclidien, puis (m_1, n_1) et (m_2, n_2) des couples de $\mathbb{N} \times \mathbb{N}^*$ tels que
$$\frac{m_1}{n_1} < \frac{m_2}{n_2} \qquad \text{et} \qquad \frac{m_2}{n_2} \in \Gamma(P,Q).$$
Alors, $\dfrac{m_1}{n_1} \in \Gamma(P,Q)$.

Preuve. Par hypothèse, $m_2 \cdot \widehat{[AB]} < n_2 \cdot \widehat{[PQ]}$. En vertu de la proposition 3.9 à la page 147, il en résulte que
$$m_1 m_2 \cdot \widehat{[AB]} < m_1 n_2 \cdot \widehat{[PQ]}$$
Du reste,
$$m_1 n_2 \cdot \widehat{[PQ]} < n_1 m_2 \cdot \widehat{[PQ]},$$
car $m_1 n_2 < n_1 m_2$. Au compte de la transitivité de la relation $<$ sur $\widehat{\mathbb{S}}$ (voir l'exercice 3.2 à la page 173), ceci induit
$$m_1 m_2 \cdot \widehat{[AB]} < n_1 m_2 \cdot \widehat{[PQ]}.$$
Cependant, $m_2 \in \mathbb{N}^*$; le contraire dédirait en effet l'inégalité $\frac{m_1}{n_1} < \frac{m_2}{n_2}$. Donc,
$$m_1 m_2 \cdot \widehat{[AB]} = m_2 \cdot \left(m_1 \cdot \widehat{[AB]}\right)$$
et
$$n_1 m_2 \cdot \widehat{[PQ]} = m_2 \cdot \left(n_1 \cdot \widehat{[PQ]}\right),$$
selon l'exercice 3.3 à la page 173. Ainsi,
$$m_2 \cdot \left(m_1 \cdot \widehat{[AB]}\right) < m_2 \cdot \left(n_1 \cdot \widehat{[PQ]}\right).$$
En raison de la proposition 3.9, il en découle que
$$m_1 \cdot \widehat{[AB]} < n_1 \cdot \widehat{[PQ]}$$
c'est-à-dire $\frac{m_1}{n_1} \in \Gamma(P,Q)$: *quod erat demonstrandum.*

Dans la section 1.3.7 à la page 71, une relation d'ordre *totale* et *complète* est définie sur l'ensemble $\mathbb{R}$ des nombres réels, en prolongement de la relation d'ordre $\leq$ sur l'ensemble $\mathbb{Q}$ des rationnels. Elle permet de construire des ensembles du type

$$\mathbb{Q}_0^- = \{x \in \mathbb{Q} \mid x < 0\}.$$

Proposition 3.13. Soient P et Q des points de l'espace euclidien. L'ensemble $\mathbb{Q}_0^- \cup \Gamma(P,Q)$ est une partie majorée de $\mathbb{Q}$, n'admetant pas de maximum.

Preuve. Si $P = Q$, alors $\Gamma(P,Q) = \emptyset$ et, à l'évidence, la réunion

$$\mathbb{Q}_0^- \cup \Gamma(P,Q) = \mathbb{Q}_0^-$$

est majorée, notamment par 0, et n'admet pas de maximum. Maintenant, soit $P \neq Q$. Alors, une argumentation analogue à celle de la preuve de la proposition 3.11 à la page 149, basée sur l'axiome V d'ARCHIMÈDE (voir la page 115), assure l'existence d'un nombre entier $k \in \mathbb{N}^*$ vérifiant $\widehat{[PQ]} < k \cdot \widehat{[AB]}$. Par conséquent,

$$n \cdot \widehat{[PQ]} < kn \cdot \widehat{[AB]}$$

pour chaque $n \in \mathbb{N}^*$. À présent, soit $(m,n) \in \mathbb{N}^* \times \mathbb{N}^*$ satisfaisant $k < \frac{m}{n}$. Alors, $kn < m$. Donc,

$$kn \cdot \widehat{[AB]} < m \cdot \widehat{[AB]}.$$

En raison de la transitivité de la relation $<$ sur $\widehat{\mathbb{S}}$ (voir l'exercice 3.2 à la page 173), il s'ensuit

$$n \cdot \widehat{[PQ]} < m \cdot \widehat{[AB]}.$$

De ce fait, $\frac{m}{n} \notin \Gamma(P,Q)$. Ceci entraîne que k est un majorant de l'ensemble

$$\mathbb{Q}_0^- \cup \Gamma(P,Q).$$

Maintenant, soit $(m', n') \in \mathbb{N}^* \times \mathbb{N}^*$ tel que $\frac{m'}{n'} \in \Gamma(P, Q)$. Alors, $m' \cdot \widehat{[AB]} < n' \cdot \widehat{[PQ]}$. Il existe donc dans l'espace euclidien des points distincts C et D tels que

$$m' \cdot \widehat{[AB]} \oplus \widehat{[CD]} = n' \cdot \widehat{[PQ]}.$$

Or, d'après l'axiome d'ARCHIMÈDE, il existe un nombre $k' \in \mathbb{N}^*$ satisfaisant

$$\widehat{[AB]} < k' \cdot \widehat{[CD]}.$$

Du reste,
$$k'm' \cdot \widehat{[AB]} \oplus k' \cdot \widehat{[CD]} = k'n' \cdot \widehat{[PQ]},$$

eu égard à la proposition 3.7 à la page 145. La proposition 3.10 à la page 148 induit alors

$$(k'm' + 1) \cdot \widehat{[AB]} = k'm' \cdot \widehat{[AB]} \oplus \widehat{[AB]} < k'm' \cdot \widehat{[AB]} \oplus k' \cdot \widehat{[CD]}.$$

D'où
$$(k'm' + 1) \cdot \widehat{[AB]} < k'n' \cdot \widehat{[PQ]}.$$

Par conséquent,
$$\frac{m'}{n'} + \frac{1}{k'n'} = \frac{k'm' + 1}{k'n'} \in \Gamma(P, Q).$$

Le rationnel $\frac{m'}{n'}$ ne peut donc être plus grand élément de $\mathbb{Q}_0^- \cup \Gamma(P, Q)$.

La proposition 3.13 est ainsi prouvée. Elle permet de définir la notion de distance dans l'espace euclidien, dans la mesure où l'ensemble $\mathbb{R}$ muni de $\leq$ est un ordre *total* et *complet* (c'est-à-dire que toute partie majorée de $\mathbb{R}$ possède un *supremum*).

Dans l'espace euclidien, un segment $[AB]$, d'extrémités distinctes, étant pris pour unité, la **distance** entre des points P et Q quelconques est un nombre réel symbolisé par $d(P, Q)$ ou PQ, et donné par

$$d(P, Q) = PQ = \sup\left(\mathbb{Q}_0^- \cup \Gamma(P, Q)\right), \tag{3.3}$$

où $\Gamma(P,Q)$ est une partie de $\mathbb{Q}_0^+$, définie conformément à l'égalité (3.1) à la page 149. Cette distance est une correspondance s'exprimant formellement par

$$d : \mathbb{E} \times \mathbb{E} \to \mathbb{R}, \quad (P,Q) \mapsto d(P,Q) = PQ,$$

où $\mathbb{E}\times\mathbb{E}$ désigne la collection des couples de points de l'espace euclidien. La proposition 3.14 ci-dessous en livre une caractérisation, en amont de propriétés plus explicites.

Proposition 3.14. Soient P et Q des points de l'espace euclidien. Alors,
$$\Gamma(P,Q) = \{x \in \mathbb{Q} \mid 0 \leq x < PQ\}.$$

Preuve. Tout d'abord, soit $P = Q$. Alors, $\Gamma(P,Q) = \emptyset$ (voir la proposition 3.11 à la page 149). En raison de (1.29) à la page 72, ceci induit
$$PQ = \sup\left(\mathbb{Q}_0^- \cup \Gamma(P,Q)\right) = \sup \mathbb{Q}_0^- = 0.$$

Du reste, il n'existe pas de nombre rationnel x vérifiant $0 \leq x < 0$. Par conséquent,
$$\{x \in \mathbb{Q} \mid 0 \leq x < PQ\} = \emptyset = \Gamma(P,Q).$$

À présent, soit $P \neq Q$. Alors,
$$\Gamma(P,Q) \neq \emptyset \qquad \text{et} \qquad PQ = \sup \Gamma(P,Q).$$

Cependant, selon la proposition 3.13 à la page 152, l'ensemble $\Gamma(P,Q)$ n'admet pas de maximum. De ce fait,
$$\Gamma(P,Q) \subseteq \{x \in \mathbb{Q} \mid 0 \leq x < PQ\}.$$

Maintenant, soit $x \in \mathbb{Q}$ tel que $0 \leq x < PQ$. Alors, il existe un couple $(m,n) \in \mathbb{N} \times \mathbb{N}^*$ vérifiant
$$0 \leq x < \frac{m}{n} < PQ \qquad \text{et} \qquad \frac{m}{n} \in \Gamma(P,Q) :$$

le contraire dédirait la minimalité de PQ dans l'ensemble des majorants de $\Gamma(P,Q)$. Il en résulte que $x \in \Gamma(P,Q)$, eu égard à la proposition 3.12 à la page 151. Donc,

$$\{x \in \mathbb{Q} \mid 0 \leq x < PQ\} \subseteq \Gamma(P,Q).$$

La proposition 3.14 est ainsi démontrée.

Proposition 3.15. Soient P, Q et R des points de l'espace euclidien vérifiant $Q \in [PR]$, puis (m_1, n_1) et (m_2, n_2) des couples de $\mathbb{N} \times \mathbb{N}^*$. Alors, les assertions suivantes sont vraies :
 (a) Si $\frac{m_1}{n_1} \in \Gamma(P,Q)$ et $\frac{m_2}{n_2} \in \Gamma(Q,R)$, alors $\frac{m_1}{n_1} + \frac{m_2}{n_2} \in \Gamma(P,R)$.
 (b) Si $\frac{m_1}{n_1} \notin \Gamma(P,Q)$ et $\frac{m_2}{n_2} \notin \Gamma(Q,R)$, alors $\frac{m_1}{n_1} + \frac{m_2}{n_2} \notin \Gamma(P,R)$.

Preuve. (a) Soit $\frac{m_1}{n_1} \in \Gamma(P,Q)$ et $\frac{m_2}{n_2} \in \Gamma(Q,R)$. Alors,

$$m_1 \cdot \widehat{[AB]} < n_1 \cdot \widehat{[PQ]}$$

et

$$m_2 \cdot \widehat{[AB]} < n_2 \cdot \widehat{[QR]}.$$

Par conséquent,

$$m_1 n_2 \cdot \widehat{[AB]} < n_1 n_2 \cdot \widehat{[PQ]}$$

et

$$n_1 m_2 \cdot \widehat{[AB]} < n_1 n_2 \cdot \widehat{[QR]},$$

selon de la proposition 3.9 à la page 147. En vertu des propositions 3.7 à la page 145 et 3.10 à la page 148, puis de la transitivité de la relation $<$ sur $\widehat{\mathbb{S}}$, il en résulte que

$$(m_1 n_2 + n_1 m_2) \cdot \widehat{[AB]} = m_1 n_2 \cdot \widehat{[AB]} \oplus n_1 m_2 \cdot \widehat{[AB]}$$
$$< n_1 n_2 \cdot \widehat{[PQ]} \oplus n_1 n_2 \cdot \widehat{[QR]}$$
$$= n_1 n_2 \cdot \left(\widehat{[PQ]} \oplus \widehat{[QR]}\right).$$

Cependant,
$$\widehat{[PQ]} \oplus \widehat{[QR]} = \widehat{[PR]},$$
car $Q \in [PR]$. Donc,
$$(m_1 n_2 + n_1 m_2) \cdot \widehat{[AB]} < n_1 n_2 \cdot \widehat{[PR]}.$$

De ce fait,
$$\frac{m_1}{n_1} + \frac{m_2}{n_2} = \frac{m_1 n_2 + n_1 m_2}{n_1 n_2} \in \Gamma(P, R).$$

(b) Soit $\frac{m_1}{n_1} \notin \Gamma(P, Q)$ et $\frac{m_2}{n_2} \notin \Gamma(Q, R)$. Alors,
$$n_1 \cdot \widehat{[PQ]} \leq m_1 \cdot \widehat{[AB]}$$
et
$$n_2 \cdot \widehat{[QR]} \leq m_2 \cdot \widehat{[AB]},$$
en vertu de l'exercice 3.4 à la page 173. De ce fait,
$$n_1 n_2 \cdot \widehat{[PQ]} \leq m_1 n_2 \cdot \widehat{[AB]}$$
et
$$n_1 n_2 \cdot \widehat{[QR]} \leq n_1 m_2 \cdot \widehat{[AB]}.$$

Ceci entraîne
$$n_1 n_2 \cdot \widehat{[PR]} = n_1 n_2 \cdot \left(\widehat{[PQ]} \oplus \widehat{[QR]} \right)$$
$$= n_1 n_2 \cdot \widehat{[PQ]} \oplus n_1 n_2 \cdot \widehat{[QR]}$$
$$\leq m_1 n_2 \cdot \widehat{[AB]} \oplus n_1 m_2 \cdot \widehat{[AB]}$$
$$= (m_1 n_2 + n_1 m_2) \cdot \widehat{[AB]}.$$

Par conséquent,
$$\frac{m_1}{n_1} + \frac{m_2}{n_2} = \frac{m_1 n_2 + n_1 m_2}{n_1 n_2} \notin \Gamma(P, R).$$

La proposition 3.15 ainsi prouvée permet de formuler, au moyen de la distance, une caractérisation algébrique de l'appartenance aux segments de l'espace euclidien.

Proposition 3.16. Soient P, Q et R des points de l'espace euclidien équipé d'une distance. Si $Q \in [PR]$, alors $PR = PQ + QR$.

Preuve. Si $Q = P$ ou $Q = R$, alors l'égalité $PR = PQ + QR$ coule de source.

Maintenant, soit $P \neq R$ et $Q \in\,]PR[$. Établir l'égalité

$$PR = PQ + QR$$

est alors l'objectif ici. À cet effet, la règle du raisonnement par l'absurde est employée. Soit donc $PR \neq PQ + QR$. Alors,

$$PR < PQ + QR \qquad \text{ou} \qquad PR > PQ + QR.$$

Dans un premier temps, soit $PR < PQ + QR$. Alors,

$$\varepsilon = PQ + QR - PR$$

est un nombre réel strictement positif. Il existe de ce fait un couple $(m_1, n_1) \in \mathbb{N} \times \mathbb{N}^*$ vérifiant

$$\frac{m_1}{n_1} \in \Gamma(P, Q) = \{x \in \mathbb{Q} \mid 0 \leq x < PQ\}$$

et

$$PQ - \frac{\varepsilon}{2} < \frac{m_1}{n_1};$$

le contraire dédirait en effet le fait que PQ est le plus petit majorant de $\Gamma(P, Q)$. De même, il existe un couple $(m_2, n_2) \in \mathbb{N} \times \mathbb{N}^*$ tel que

$$\frac{m_2}{n_2} \in \Gamma(P, Q) = \{x \in \mathbb{Q} \mid 0 \leq x < QR\}$$

et
$$QR - \frac{\varepsilon}{2} < \frac{m_2}{n_2}.$$
Par conséquent,
$$PR = PQ + QR - \varepsilon = \left(PQ - \frac{\varepsilon}{2}\right) + \left(QR - \frac{\varepsilon}{2}\right) < \frac{m_1}{n_1} + \frac{m_2}{n_2}.$$
De ce fait,
$$\frac{m_1}{n_1} + \frac{m_2}{n_2} \notin \Gamma(P, R) = \{x \in \mathbb{Q} \mid 0 \leq x < PR\}.$$
Ceci contredit la proposition 3.15(a) à la page 155.

Dans un second temps, soit $PR > PQ + QR$. Alors, le réel
$$\varepsilon = PR - PQ - QR$$
est strictement positif. L'ensemble $\mathbb{Q}$ étant dense dans $\mathbb{R}$ (voir la page 78), il existe donc des couples (m_1, n_1) et (m_2, n_2) de $\mathbb{N}^* \times \mathbb{N}^*$ tels que
$$PQ < \frac{m_1}{n_1} < PQ + \frac{\varepsilon}{2} \qquad \text{et} \qquad QR < \frac{m_2}{n_2} < QR + \frac{\varepsilon}{2}.$$
Par conséquent,
$$\frac{m_1}{n_1} \notin \Gamma(P, Q) \qquad \text{et} \qquad \frac{m_2}{n_2} \notin \Gamma(Q, R).$$
En outre,
$$\frac{m_1}{n_1} + \frac{m_2}{n_2} < \left(PQ + \frac{\varepsilon}{2}\right) + \left(QR + \frac{\varepsilon}{2}\right) = PQ + QR + \varepsilon = PR.$$
Donc,
$$\frac{m_1}{n_1} + \frac{m_2}{n_2} \in \Gamma(P, R) = \{x \in \mathbb{Q} \mid 0 \leq x < PR\}.$$
Ceci contrarie la proposition 3.15(b) à la page 155.

Ainsi, en tout état de cause, si $P \neq R$ et $Q \in \,]PR[$, alors l'assertion $PR \neq PQ + QR$ est fausse, c'est-à-dire $PR = PQ + QR$. Cette observation conclut la preuve de la proposition 3.16.

Dans le même sillage, la proposition 3.17 suivante donne une traduction algébrique de la congruence des segments. Précisément, elle révèle que deux segments sont congruents si et seulement s'ils ont la même longueur.

Proposition 3.17. L'espace euclidien étant équipé d'une distance, soient $[PQ]$ et $[RS]$ des segments. Alors, $[PQ] \equiv [RS]$ si et seulement si $PQ = RS$.

Preuve. Tout d'abord, soit $[PQ] \equiv [RS]$. Alors, $\widehat{[PQ]} = \widehat{[RS]}$. Par conséquent, $\Gamma(P, Q) = \Gamma(R, S)$. Donc,

$$PQ = \sup\Big(\mathbb{Q}_0^- \cup \Gamma(P, Q)\Big) = \sup\Big(\mathbb{Q}_0^- \cup \Gamma(R, S)\Big) = RS.$$

À présent, soit $PQ = RS$. Pour établir l'égalité $\widehat{[PQ]} = \widehat{[RS]}$, le contraire $\widehat{[PQ]} \neq \widehat{[RS]}$ est supposé. Alors,

$$\widehat{[PQ]} < \widehat{[RS]} \qquad \text{ou} \qquad \widehat{[RS]} < \widehat{[PQ]}.$$

Dans un premier temps, soit $\widehat{[PQ]} < \widehat{[RS]}$. Alors, il existe un point $X \in [RS]$, distinct de S, satisfaisant $[PQ] \equiv [RX]$. Par conséquent, $\widehat{[PQ]} = \widehat{[RX]}$ et $PQ = RX$. Du reste, $0 < XS$. En vertu de la proposition 3.16, il en résulte que

$$PQ < PQ + XS = RX + XS = RS :$$

une contradiction de l'hypothèse $PQ = RS$.

Dans un second temps, soit $\widehat{[RS]} < \widehat{[PQ]}$. Alors, une argumentation analogue à celle du paragraphe précédent débouche également sur une contradiction.

Donc, en tout état de cause, sous l'hypothèse $PQ = RS$, la supposition $\widehat{[PQ]} \neq \widehat{[RS]}$ est fausse. Ceci signifie que l'égalité $PQ = RS$ induit $\widehat{[PQ]} = \widehat{[RS]}$, c'est-à-dire $[PQ] \equiv [RS]$. La proposition 3.17 est ainsi prouvée. Les suivantes 3.18 et 3.19 en sont des corollaires.

Proposition 3.18. L'espace euclidien étant équipé d'une distance, soient $[PQ]$ et $[RS]$ des segments. Si $\widehat{[PQ]} < \widehat{[RS]}$, alors $PQ < RS$.

Preuve. Soit $\widehat{[PQ]} < \widehat{[RS]}$, puis $(m,n) \in \mathbb{N}\times\mathbb{N}^*$ tel que $\frac{m}{n} \in \Gamma(P,Q)$. Alors, $m \cdot \widehat{[AB]} < n \cdot \widehat{[PQ]} < n \cdot \widehat{[RS]}$. Donc,

$$\frac{m}{n} \in \Gamma(R,S) \qquad \text{et} \qquad \frac{m}{n} \leq RS.$$

De ce fait, RS est un majorant de $\Gamma(P,Q)$. Par conséquent, $PQ \leq RS$. Cependant, $PQ \neq RS$, car le contraire induirait $\widehat{[PQ]} = \widehat{[RS]}$ (voir la proposition 3.17). En conclusion, $\widehat{[PQ]} < \widehat{[RS]}$ entraîne $PQ < RS$.

Proposition 3.19. L'espace euclidien étant équipé d'une distance, soient M, N, P et Q des points. Du reste, soit k un entier naturel non nul. Alors, $\widehat{[PQ]} = k \cdot \widehat{[RS]}$ si et seulement si $PQ = k \cdot RS$.

Preuve. Tout d'abord, soit $\widehat{[PQ]} = k \cdot \widehat{[RS]}$ et $(m,n) \in \mathbb{N} \times \mathbb{N}^*$.

En outre, soit $\frac{m}{n} \in \Gamma(R,S)$. Alors, $m \cdot \widehat{[AB]} < n \cdot \widehat{[RS]}$. De ce fait,

$$km \cdot \widehat{[AB]} < n \cdot \left(k \cdot \widehat{[RS]}\right) = n \cdot \widehat{[PQ]}.$$

D'où $\frac{km}{n} \in \Gamma(P,Q)$. Par conséquent,

$$\frac{km}{n} \leq PQ \qquad \text{et} \qquad \frac{m}{n} \leq \frac{PQ}{k}.$$

Ainsi, $\frac{PQ}{k}$ est un majorant de $\Gamma(R,S)$. Il en résulte que $RS \leq \frac{PQ}{k}$, c'est-à-dire $k \cdot RS \leq PQ$.

Maintenant, soit $\frac{m}{n} \in \Gamma(P,Q)$. Alors, $m \cdot \widehat{[AB]} < n \cdot \widehat{[PQ]}$. Donc,

$$m \cdot \widehat{[AB]} < n \cdot \left(k \cdot \widehat{[RS]}\right) = kn \cdot \widehat{[RS]}.$$

Par conséquent, $\frac{m}{kn} \in \Gamma(R,S)$. Ceci induit $\frac{m}{kn} \leq RS$ et $\frac{m}{n} \leq k \cdot RS$ pour chaque $\frac{m}{n} \in \Gamma(P,Q)$. Il en découle que $PQ \leq k \cdot RS$. Tout compte fait, l'égalité $\widehat{[PQ]} = k \cdot \widehat{[RS]}$ entraîne $PQ = k \cdot RS$.

À présent, soit $PQ = k \cdot RS$. Alors, $\widehat{[PQ]} = k \cdot \widehat{[RS]}$. En effet, eu égard aux propositions 3.17 et 3.18, le contraire induirait

$$\widehat{[PQ]} < k \cdot \widehat{[RS]} \qquad \text{ou} \qquad k \cdot \widehat{[RS]} < \widehat{[PQ]},$$

puis $PQ < k \cdot RS$ ou $k \cdot RS < PQ$.

Dans l'espace euclidien, un point M est appelé **milieu** d'un segment $[AB]$ si $[AM] \equiv [BM]$.

Proposition 3.20. Chaque segment de l'espace euclidien possède un et un seul milieu.

Preuve. Soient A et B des points de l'espace euclidien. Alors, $A = B$ ou $A \neq B$.

Dans un premier temps, soit $A = B$. Alors, $[AB] = \{A\} = \{B\}$, et le point $M = A = B$ est l'unique milieu du segment $[AB]$ (voir les exercices 2.6 et 2.7 à la page 134).

Dans un second temps, soit $A \neq B$. Alors, eu égard à l'axiome III.4 à la page 113 et l'exercice 2.18 à la page 137, il existe un point $C \notin (AB)$ tel que l'angle $\widehat{ABC}$ soit droit. De même, le demi-plan ouvert opposé à $](AB),C)$ contient un point D tel que l'angle

$$[AD] \equiv [BC] \qquad \text{et} \qquad \widehat{BAD} \equiv \widehat{ABC}.$$

Au demeurant, $[AB] \equiv [BA]$. De ce fait, les triangles ABD et BAC sont congruents, selon la première loi de congruence (voir la proposition 2.6 à la page 120). Par conséquent,

$$[BD] \equiv [AC] \qquad \text{et} \qquad \widehat{ABD} \equiv \widehat{BAC}.$$

Du reste, il existe un point M vérifiant $[CD] \cap (AB) = \{M\}$, dans la mesure où les points C et D sont situés de part et d'autre de la droite (AB). Par ailleurs, les demi-droites $[AB)$ et $[BA)$ sont respectivement à l'intérieur des angles $\widehat{CAD}$ et $\widehat{DBC}$. Il en découle que $M \in [AB]$, en vertu de la proposition 2.10 à la page 124. En outre, les congruences $\widehat{ABD} \equiv \widehat{BAC}$ et $\widehat{ABC} \equiv \widehat{BAD}$ entraînent

$$\widehat{DBC} \equiv \widehat{CAD}$$

(voir la proposition 2.12 à la page 127). Puisque $[BC] \equiv [AD]$ et $[BD] \equiv [AC]$, il en résulte la congruence des triangles ACD et BDC. Ainsi, $\widehat{ADC} \equiv \widehat{BCD}$. Toutefois,

$$\widehat{BAD} = \widehat{MAD} \qquad \text{et} \qquad \widehat{ABC} = \widehat{MBC}$$

tandis que

$$\widehat{ADC} = \widehat{ADM} \qquad \text{et} \qquad \widehat{BCD} = \widehat{BCM}.$$

D'où $\widehat{MAD} \equiv \widehat{MBC}$ et $\widehat{ADM} \equiv \widehat{BCM}$, puis $[AD] \equiv [BC]$. Les triangles ADM et BCM sont donc congruents. Ceci induit

$$[AM] \equiv [BM].$$

L'existence d'un milieu M du segment $[AB]$ est ainsi prouvée. Pour établir son unicité, l'espace euclidien est équipé d'une distance. Alors, les relations $M \in [AB]$ et $[AM] \equiv [BM]$ entraînent

$$AB = AM + BM \qquad \text{et} \qquad AM = BM.$$

Ceci induit $AM = \frac{1}{2} \cdot AB$. De manière analogue, si M' est un autre milieu du segment $[AB]$, alors

$$AM' = \frac{1}{2} \cdot AB = AM.$$

Au compte de la proposition 3.17 à la page 159, il en résulte que $[AM'] \equiv [AM]$. Cependant, les points M et M' appartiennent au segment $[AB] \subseteq [AB]$. Par conséquent, $M' = M$ (voir l'axiome III.1 à la page 112). Le point M est donc l'unique milieu du segment $[AB]$.

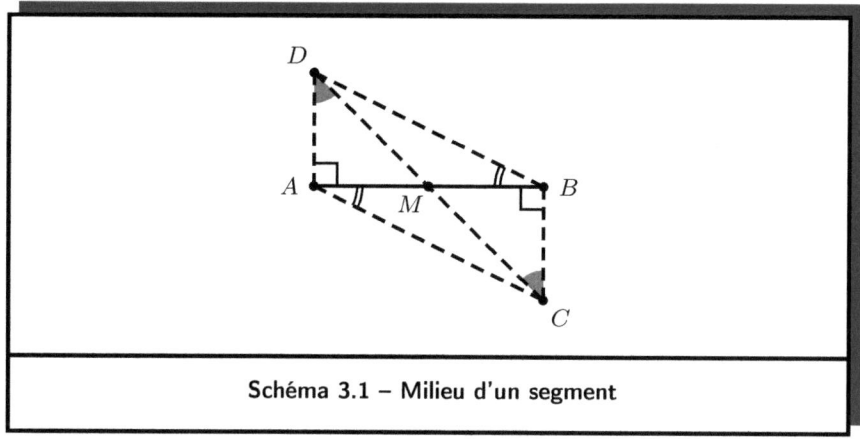

Schéma 3.1 – Milieu d'un segment

Proposition 3.21. Dans l'espace euclidien, soit ABC un triangle et D un point vérifiant $C \in\,]AD[$. Alors, à l'intérieur de l'angle $\widehat{BCD}$, il existe un point M tel que $\widehat{BAC} \equiv \widehat{BCM}$.

Preuve. Soit E le milieu du segment $[AC]$. Alors, $[AE] \equiv [EC]$, par définition. Au demeurant, eu égard à la l'axiome III.1 à la page 112, il existe un point F vérifaint $E \in\,]BF[$ et $[EB] \equiv [EF]$. Du reste, les angles $\widehat{AEB}$ et $\widehat{CEF}$, opposés à l'évidence, sont congruents (voir la proposition 2.9 à la page 124). Eu égard à l'axiome III.6 à la page 113, il en résulte que $\widehat{EAB} \equiv \widehat{ECF}$. En d'autres termes, $\widehat{BAC} \equiv \widehat{ACF}$. Cependant, il existe un point G satisfaisant $C \in\,]FG[$. Alors, les angles $\widehat{DCG}$ et $\widehat{ACF}$ sont opposés. De ce fait,
$$\widehat{BAC} \equiv \widehat{DCG}.$$
Or, le point G est à l'intérieur de l'angle $\widehat{DCB}$. (Le lecteur est invité à s'en convaincre, au regard du schéma 3.3.) Puisque $\widehat{DCB} \equiv \widehat{BCD}$, selon la proposition 2.11 à la page 125, ceci induit l'existence d'un point M à l'intérieur de l'angle $\widehat{BCD}$ tel que $\widehat{DCG} \equiv \widehat{BCM}$. Donc,
$$\widehat{BAC} \equiv \widehat{BCM},$$
car la relation de congruence est transitive.

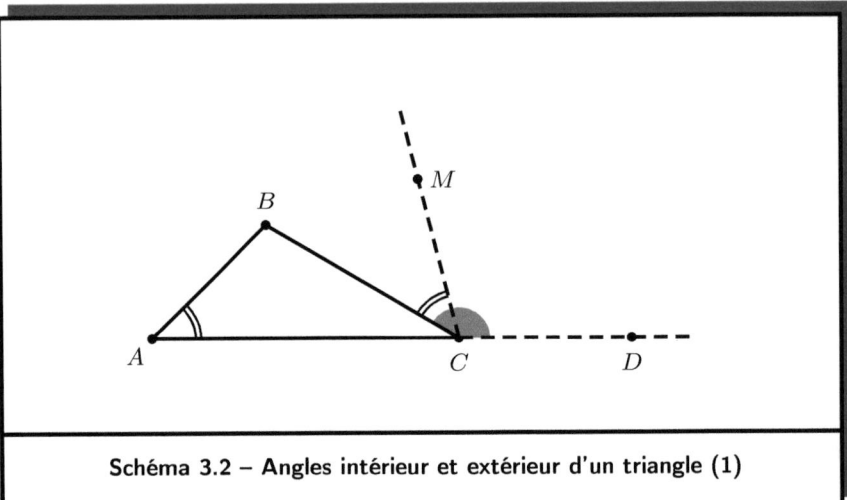

Schéma 3.2 – Angles intérieur et extérieur d'un triangle (1)

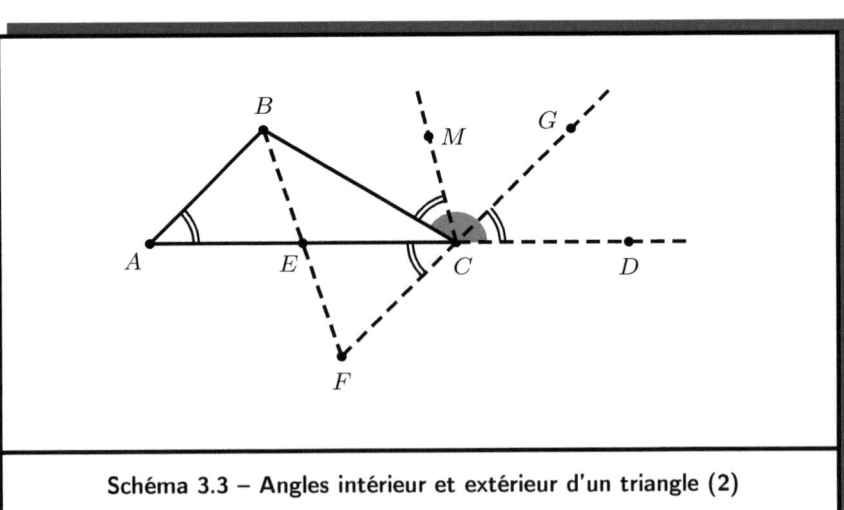

Schéma 3.3 – Angles intérieur et extérieur d'un triangle (2)

Au compte de la proposition 3.17 à la page 159, eu égard à la proposition 2.14 à la page 128 et à l'exercice 2.1 à la page 133, dans un triangle ABC, les angles $\widehat{ABC}$ et $\widehat{ACB}$ sont congruents si et seulement si $AB = AC$.

Qu'en est-il si deux angles d'un triangle ne sont pas congruents ou si deux côtés d'un triangle n'ont pas la même longueur ? La proposition 3.22 répond à cette interrogation.

Proposition 3.22. Dans l'espace euclidien muni d'une distance, soit ABC un triangle. Alors, $AB < AC$ si et seulement s'il existe un point $M \in]AC[$ satisfaisant $\widehat{ACB} \equiv \widehat{MBC}$.

Preuve. Tout d'abord, soit $AB < AC$. Alors, il existe un point D tel que $B \in]AD[$ et $AD = AC$. Ainsi, ACD est un triangle isocèle en A. De ce fait, $\widehat{ADC} \equiv \widehat{ACD}$. Au demeurant, selon la proposition 3.21 à la page 163, il existe un point $P \in]AC[$ tel que $\widehat{PBC} \equiv \widehat{ADC}$. D'où $\widehat{PBC} \equiv \widehat{ACD}$. Du reste, le point B est à l'intérieur de l'angle $\widehat{ACD}$. Par conséquent, eu égard à la proposition 2.11 à la page 125, il existe un point $M \in]PC[\subseteq]AC[$ vérifiant $\widehat{ACB} \equiv \widehat{MBC}$ (voir le schéma 3.4).

À présent, est prise pour hypothèse l'existence d'un point $M \in]AC[$ satisfaisant $\widehat{ACB} \equiv \widehat{MBC}$. Alors, $AB \neq AC$, d'après l'exercice 2.1 à la page 133. La relation d'ordre $\leq$ étant totale sur $\mathbb{R}$, il en découle que $AB < AC$ ou $AB > AC$. Cette dernière inégalité est supposée. Alors, il existe un point $N \in]AB[$ tel que $\widehat{ABC} \equiv \widehat{NCB}$: ceci est une conséquence du paragraphe précédent. Il existe donc un point $P \in]MC[\subseteq]AC[$ tel que $\widehat{NCB} \equiv \widehat{PBC}$ (voir le schéma 3.5). En conséquence, $\widehat{ABC} \equiv \widehat{PBC}$: ceci contredit l'axiome III.4 à la page 113. La supposition $AB > AC$ est donc fausse. De ce fait, $AB < AC$.

À toutes fins utiles, la proposition 3.23 ci-dessous compile d'autres propriétés de la distance dans l'espace euclidien, en complément de celles énoncées plus haut.

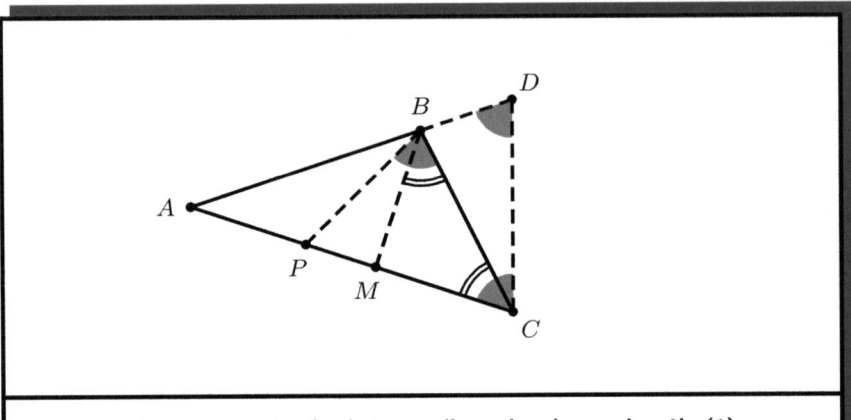

Schéma 3.4 – Angles inégaux d'un triangle non-isocèle (1)

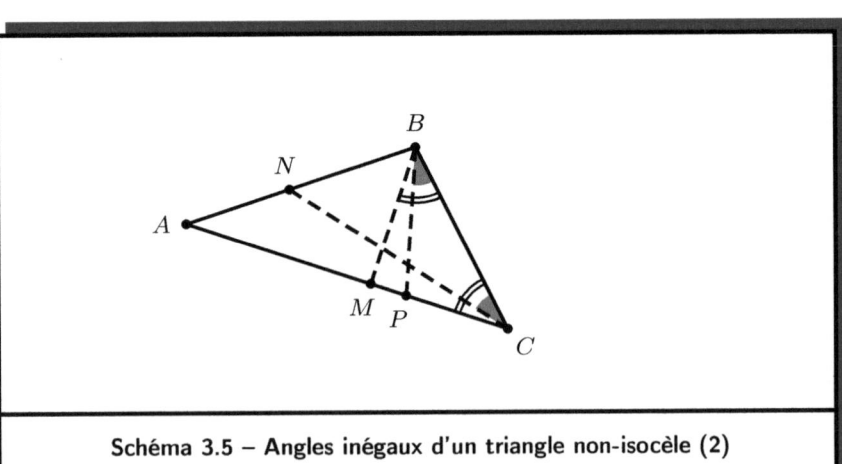

Schéma 3.5 – Angles inégaux d'un triangle non-isocèle (2)

Proposition 3.23. Pour des points distincts A et B de l'espace, soit

$$d : \mathbb{E} \times \mathbb{E} \to \mathbb{R}, \quad (P, Q) \mapsto d(P, Q) = PQ,$$

la distance avec le segment $[AB]$ pour unité. Alors, les assertions suivantes sont vraies :

(a) $d(P, Q) \geq 0$ pour chaque couple $(P, Q) \in \mathbb{E} \times \mathbb{E}$.

(b) $d(P, Q) = d(Q, P)$ pour tout couple $(P, Q) \in \mathbb{E} \times \mathbb{E}$.

(c) $d(P, Q) = 0$ si et seulement si $P = Q$.

(d) $d(A, B) = 1$.

(e) **Inégalité triangulaire.** $d(P, R) \leq d(P, Q) + d(Q, R)$ pour tous points P, Q et R.

(f) Des points P, Q et R vérifient l'égalité $PR = PQ + QR$ si et seulement si $Q \in [PR]$.

Preuve. Soient P et Q des points quelconques de l'espace euclidien.

(a) Alors, $\mathbb{Q}_0^- \subseteq \mathbb{Q}_0^- \cup \Gamma(P, Q)$. Cependant, $\sup \mathbb{Q}_0^- = 0$. De ce fait,

$$0 \leq \sup\left(\mathbb{Q}_0^- \cup \Gamma(P, Q)\right) = d(P, Q).$$

(b) Par définition, $[PQ] = [QP]$ et $\widehat{[PQ]} = \widehat{[QP]}$. Par conséquent, $\Gamma(P, Q) = \Gamma(Q, P)$. Donc,

$$d(P, Q) = \sup\left(\mathbb{Q}_0^- \cup \Gamma(P, Q)\right) = \sup\left(\mathbb{Q}_0^- \cup \Gamma(Q, P)\right) = d(Q, P).$$

(c) Soit $d(P, Q) = 0$. Alors, $\sup\left(\mathbb{Q}_0^- \cup \Gamma(P, Q)\right) = 0$. D'où

$$\mathbb{Q}_0^- \cup \Gamma(P, Q) = \{x \in \mathbb{Q} \mid x < 0\} = \mathbb{Q}_0^-.$$

Ceci induit $\Gamma(P, Q) = \emptyset$ et, par suite, $P = Q$, d'après la proposition 3.11 à la page 149. Donc, l'égalité $d(P, Q) = 0$ implique $P = Q$.

Maintenant, soit $P = Q$. Alors, $\Gamma(P,Q) = \emptyset$. Par conséquent,
$$d(P,Q) = \sup\left(\mathbb{Q}_0^- \cup \Gamma(P,Q)\right) = \sup \mathbb{Q}_0^- = 0.$$
Ainsi, l'égalité $P = Q$ entraîne $d(P,Q) = 0$.

(d) Soit un couple $(m,n) \in \mathbb{N} \times \mathbb{N}^*$ tel que $\frac{m}{n} \in \Gamma(A,B)$. Alors, $m \cdot \widehat{[AB]} < n \cdot \widehat{[AB]}$. D'où $0 \leq m < n$, c'est-à-dire $0 \leq \frac{m}{n} < 1$. Donc,
$$\Gamma(A,B) = \{x \in \mathbb{Q} \mid 0 \leq x < 1\},$$
Par conséquent,
$$\mathbb{Q}_0^- \cup \Gamma(A,B) = \{x \in \mathbb{Q} \mid x < 0\} \cup \{x \in \mathbb{Q} \mid 0 \leq x < 1\}$$
$$= \{x \in \mathbb{Q} \mid x < 1\} = \mathbb{Q}_1^-.$$
Il en résulte que
$$d(A,B) = \sup\left(\mathbb{Q}_0^- \cup \Gamma(A,B)\right) = \sup \mathbb{Q}_1^- = 1.$$

(e) Soient P, Q et R des points alignés. Alors,
$$Q \in [PR] \quad \text{ou} \quad P \in]QR[\quad \text{ou encore} \quad R \in]PQ[.$$

Premier cas : Soit $Q \in [PR]$. Alors, $PR = PQ + QR$, d'après la proposition 3.16 à la page 157.

Deuxième cas : Soit $P \in]QR[$. Alors, $QR = PQ + PR$. Donc, $PR = QR - PQ < QR < PQ + QR$.

Troisième cas : Soit $R \in]PQ[$. Alors, $PQ = PR + QR$. D'où $PR = PQ - QR < PQ < PQ + QR$.

Maintenant, soient P, Q et R des points non alignés. Alors, il existe un point X tel que $Q \in]PX[$ et $[QX] \equiv [QR]$ (voir le schéma 3.6 ci-dessous). Par conséquent,
$$QX = QR \quad \text{et} \quad PX = PQ + QX = PQ + QR.$$

En outre, QRX est un triangle isocèle en Q. De ce fait,
$$\widehat{QXR} \equiv \widehat{XRQ},$$
selon la proposition 2.14 à la page 128. Or, $\widehat{QXR} = \widehat{PXR}$. Le triangle PRX admet donc un point $Q \in]PX[$ tel que $\widehat{PXR} \equiv \widehat{XRQ}$. Eu égard à la proposition 3.22 à la page 165, il en résulte que
$$PR < PX = PQ + QR.$$
Ceci conclut la preuve de la proposition (e).

La proposition (f) apparait clairement en filigrane de cette preuve.

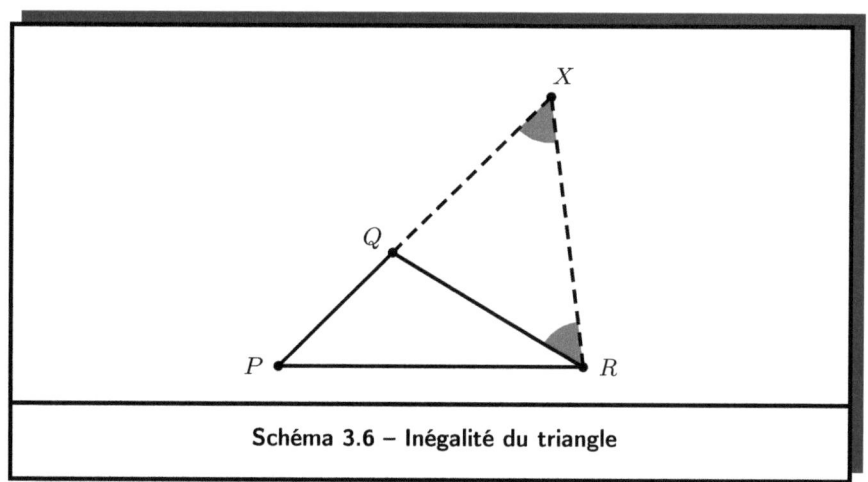

Schéma 3.6 – Inégalité du triangle

Dans le sillage de la proposition 3.23, d'autres attributs de la distance sont révélés ci-dessous.

Proposition 3.24. L'espace euclidien étant équipé d'une distance, soit $\mathcal{G}$ une demi-droite d'origine O. Alors, pour tout couple (A, B) de points de l'espace et chaque nombre entier naturel k, il existe un unique point $P_k \in \mathcal{G}$ vérifiant $OP_k = k \cdot AB$.

Preuve. Soit $A = B$. Alors, $k \cdot AB = 0$ et, pour chaque $k \in \mathbb{N}$, le point $P_k = O$ est l'unique de $\mathcal{G}$ vérifiant $OP_k = k \cdot AB$, au regard de la proposition 3.23(c) à la page 167.

À présent, soit $A \neq B$. Alors, $P_0 = O$ est le seul de $\mathcal{G}$ tel que $OP_0 = 0 \cdot AB$. Maintenant, pour un nombre entier naturel k, l'existence d'un point $P_k \in \mathcal{G}$ satisfaisant $OP_k = k \cdot AB$ est supposée. Alors, d'après l'axiome III.1 à la page 112, il existe un unique point

$$P_{k+1} \in \mathcal{G} \setminus [OP_k]$$

satisfaisant $[P_k P_{k+1}] \equiv [AB]$. De ce fait, $P_k P_{k+1} = AB$. Du reste, $P_k \in [OP_{k+1}]$. Par conséquent,

$$OP_{k+1} = OP_k + P_k P_{k+1} = n \cdot AB + AB = (k+1) \cdot AB,$$

en vertu de la proposition 3.16 à la page 157 ou de la proposition 3.23(f) à la page 167. Au compte de la règle du raisonnement par induction, il en résulte que, pour chaque $k \in \mathbb{N}$, il existe un point $P_k \in \mathcal{G}$ vérifiant $OP_k = k \cdot AB$. L'unicité de ce point est en outre assurée par l'axiome III.1.

Proposition 3.25. L'espace euclidien étant équipé d'une distance, soit $\mathcal{G}$ une demi-droite d'origine O. Alors, pour tout couple (A, B) de points de l'espace et chaque nombre entier naturel ℓ, il existe un unique point $Q_\ell \in \mathcal{G}$ vérifiant $OQ_\ell = \frac{1}{2^\ell} \cdot AB$.

Preuve. Le point $Q_0 = P_1$, dont l'existence et l'unicité sont garanties par la proposition 3.23(c), est le seul de $\mathcal{G}$ satisfaisant

$$OQ_0 = OP_1 = 1 \cdot AB = \frac{1}{1} \cdot AB = \frac{1}{2^0} \cdot AB.$$

Maintenant, soit $\ell \in \mathbb{N}$ et un point $Q_\ell \in \mathcal{G}$ vérifiant $OQ_\ell = \frac{1}{2^\ell} \cdot AB$. Le milieu $Q_{\ell+1}$ du segment $[OQ_\ell]$ est alors considéré. D'après la proposition 3.20 à la page 161, il vérifie

$$OQ_{\ell+1} = \frac{1}{2} \cdot OQ_\ell.$$

Donc,
$$OQ_{\ell+1} = \frac{1}{2} \cdot \frac{1}{2^\ell} \cdot AB = \frac{1}{2 \cdot 2^\ell} \cdot AB.$$
Ainsi, $Q_{\ell+1}$, point de la demi-droite $\mathcal{G}$ par définition, satisfait bien
$$OQ_{\ell+1} = \frac{1}{2^{\ell+1}} \cdot AB.$$
Cette observation permet de conclure la preuve, eu égard à la règle du raisonnement par induction et à l'axiome III.1.

Le résultat suivant est un corollaire des propositions 3.24 et 3.25 ci-dessus.

Proposition 3.26. L'espace euclidien étant équipé d'une distance, soit $\mathcal{G}$ une demi-droite d'origine O. Alors, pour tout couple (k, ℓ) de nombres entiers naturels, il existe un unique point $M \in \mathcal{G}$ vérifiant
$$OM = \frac{k}{2^\ell}.$$

Preuve. Soient k et ℓ des entiers naturels. Alors, la proposition 3.24 assure l'existence d'un point $P \in \mathcal{G}$ tel que $OP = k$. Du reste, il existe un point $M \in \mathcal{G}$ vérifiant
$$OM = \frac{1}{2^\ell} \cdot OP = \frac{k}{2^\ell}$$
(voir la proposition 3.25). L'unicité de ce point M est par ailleurs garantie par l'axiome III.1 à la page 112.

Le théorème 3.27 ci-dessous, généralisation de la proposition 3.26, révèle un trait crucial de la distance dans l'espace. Il est une manifestation algébrique de l'axiome de la continuité (voir l'axiome V à la page 115).

Théorème 3.27. L'espace euclidien étant équipé d'une distance, soit $\mathcal{G}$ une demi-droite d'origine O. Alors, pour tout nombre réel $r \geq 0$, il existe un unique point $M \in \mathcal{G}$ vérifiant $OM = r$.

Dans le présent texte, une impasse est volontairement faite sur la preuve du théorème 3.27. Car la formulation d'une telle preuve exige des informations et techniques, excédant le cadre de ce livre, relatives à la topologie du corps ordonné des nombres réels. Il s'agirait notamment de mettre à contribution le fait que l'ensemble

$$\mathbb{D} = \left\{ \frac{k}{2^\ell} \ \middle| \ (k, \ell) \in \mathbb{Z} \times \mathbb{N} \right\},$$

comme $\mathbb{Q}$, est dense dans $\mathbb{R}$. À ce titre, pour chaque réel positif r, il est possible de construire une suite croissante

$$u_0, \ u_1, \ u_2, \ u_3, \ \ldots$$

de réels positifs, appartenant à $\mathbb{D}$, convergente vers r. De cette manière, en vertu de la proposition 3.26, il existe une suite

$$A_0, \ A_1, \ A_2, \ A_3, \ \ldots$$

de points de la demi-droite $\mathcal{G}$, telle que $OA_n = u_n$ pour chaque n. Ces considérations permettent alors de déduire l'existence d'un point $M \in \mathcal{G}$ tel que $OM = r$.

Post-scriptum

La technologie contemporaine et les sciences appliquées tirent de nombreux bénéfices des principes de la géométrie euclidienne, grâce notamment aux approches vectorielles, initiées au 17$^\text{e}$ siècle par RENÉ DESCARTES (voir l'annexe A à la page 177). En revanche, l'approche hilbertienne de l'espace euclidien, quoique rigoureuse, s'accommode mal de certains usages pratiques, en raison de son caractère artificiel. La *métrisation*, c'est-à-dire l'association d'une *distance* (encore appelée *métrique*) à l'espace euclidien permet de réconcilier le formalisme de HILBERT et le réalisme de DESCARTES.

Exercices

Exercice 3.1. Dans l'espace euclidien, soit P un point et $[AB]$ un segment. Prouvez que l'assertion $\widehat{[AB]} < \widehat{[PP]}$ est fausse ; mais qu'en revanche, lorsque $A \neq B$, l'assertion $\widehat{[PP]} < \widehat{[AB]}$ est vraie. □

Exercice 3.2. Dans l'espace euclidien, soient $[AB]$, $[CD]$ et $[EF]$ des segments tels que $\widehat{[AB]} < \widehat{[CD]}$ et $\widehat{[CD]} < \widehat{[EF]}$. Démontrez que $\widehat{[AB]} < \widehat{[EF]}$. □

Exercice 3.3. Soient A et B des points distincts de l'espace euclidien, puis m et n des nombres entiers naturels. Prouvez que

$$m \cdot \left(n \cdot \widehat{[AB]}\right) = mn \cdot \widehat{[AB]}.$$

□

Exercice 3.4. Dans l'espace euclidien, soient $[AB]$ et $[CD]$ des segments. L'expression $\widehat{[AB]} \leq \widehat{[CD]}$ est employée lorsque $\widehat{[AB]} = \widehat{[CD]}$ ou $\widehat{[AB]} < \widehat{[CD]}$. Démontrez les propositions suivantes :

(a) $\widehat{[AB]} \leq \widehat{[AB]}$ pour tout segment $[AB]$.
(b) Si $\widehat{[AB]} \leq \widehat{[CD]}$ et $\widehat{[CD]} \leq \widehat{[AB]}$, alors $\widehat{[AB]} = \widehat{[CD]}$.
(c) Si $\widehat{[AB]} \leq \widehat{[CD]}$ et $\widehat{[CD]} \leq \widehat{[EF]}$, alors $\widehat{[AB]} \leq \widehat{[EF]}$.
(d) Les équivalences

$$\neg\left(\widehat{[AB]} < \widehat{[CD]}\right) \Leftrightarrow \widehat{[CD]} \leq \widehat{[AB]}$$

et

$$\neg\left(\widehat{[AB]} \leq \widehat{[CD]}\right) \Leftrightarrow \widehat{[CD]} < \widehat{[AB]}$$

sont valides. □

Annexes

Annexe A.

Approche vectorielle de l'espace euclidien

> *Les interrelations entre l'algèbre et la géométrie deviennent plus intelligibles par l'usage des coordonnées.*
>
> René Descartes

L'espace euclidien, constitué fondamentalement de points, peut être associé à un espace de *vecteurs*, appelé *espace vectoriel*. Cette association se réalise en trois étapes :

1. L'espace euclidien est équipé d'une *métrique* (ou *distance*) et d'un repère cartésien.
2. Ce dernier, via la métrique et des projections sur ses axes, permet d'assigner des *coordonnées* à chaque point de l'espace euclidien.
3. Ces coordonnées déterminent les *vecteurs* de l'espace euclidien, formant ainsi un *espace vectoriel*.

Cet espace vectoriel, équipé de structures algébriques raffinées et commodes, permet une interprétation algébrique des concepts géométriques tels que l'alignement, le parallélisme, la perpendicularité, etc.

La présente annexe est une fenêtre sur l'approche vectorielle de l'espace euclidien. Elle se décline en quatre sections. La première section présente divers champs d'application de la relation de parallélisme dans l'espace euclidien. La deuxième est un discours initiatique et basique sur les projections dans cet espace. La troisième introduit le concept de repère cartésien, puis définit les coordonnées des points de l'espace et les vecteurs. La quatrième section évoque sommairement la notion de dimension.

A.1. Parallélisme

Le *parallélisme* est une relation binaire, symbolisée par $\|$, définie sur la collection $\mathbb{D}$ des droites, puis sur la collection $\mathbb{P}$ des plans, ainsi qu'entre les collections $\mathbb{D}$ et $\mathbb{P}$.

Deux droites coplanaires sont dites **parallèles** si elles sont égales ou si elles n'ont aucun point en commun.

Proposition A.1. Dans l'espace euclidien, deux droites quelconques sont soit non-coplanaires, soit coplanaires (parallèles ou sécantes).

Preuve. Ce résultat est une conséquence immédiate de la proposition 2.1 à la page 116.

Dans le même sillage, la proposition A.2 suivante complète l'axiome des parallèles.

Proposition A.2. Dans un plan quelconque de l'espace euclidien, soit $\mathcal{D}$ une droite et A un point. Alors, il existe une unique droite $\mathcal{G}$ passant par A et parallèle à $\mathcal{D}$.

Preuve. De toute évidence, si $A \in \mathcal{D}$, alors $\mathcal{G} = \mathcal{D}$ est l'unique droite passant par A et parallèle à $\mathcal{D}$. Si en revanche $A \notin \mathcal{D}$, alors l'existence et l'unicité d'une droite $\mathcal{G}$, passant par A et parallèle à $\mathcal{D}$, est garantie par l'axiome V à la page 114.

En préambule d'une autre importante propriété des droites parallèles, il sied de rappeler que deux droites $\mathcal{D}_1$ et $\mathcal{D}_2$ sont dites ***sécantes*** en un point A si $\mathcal{D}_1 \cap \mathcal{D}_2 = \{A\}$.

Proposition A.3. Dans l'espace euclidien, soient $\mathcal{D}$ et $\mathcal{G}$ des droites coplanaires et sécantes. Alors, pour chaque point A du plan contenant ces deux droites, l'unique droite passant par A et parallèle à $\mathcal{G}$ est sécante à $\mathcal{D}$.

Preuve. Soient $\mathcal{D}$ et $\mathcal{G}$ des droites coplanaires et sécantes en un point P. De plus, soit A un point du plan α contenant ces deux droites. Alors, selon la proposition A.2, dans le plan α, il existe une unique droite $\mathcal{G}'$, passant par A et parallèle à $\mathcal{G}$. Si $\mathcal{G}' = \mathcal{G}$, alors les droites $\mathcal{G}'$ et $\mathcal{D}$ sont sécantes en P. Si en revanche $\mathcal{G}' \neq \mathcal{G}$, alors les droites $\mathcal{G}'$ et $\mathcal{D}$ sont sécantes ; autrement, $\mathcal{D}$ et $\mathcal{G}$ seraient des droites distinctes, passant par P, chacune parallèle à $\mathcal{G}'$: une contradiction de l'axiome des parallèles. Cette observation conclut la preuve de la proposition A.3.

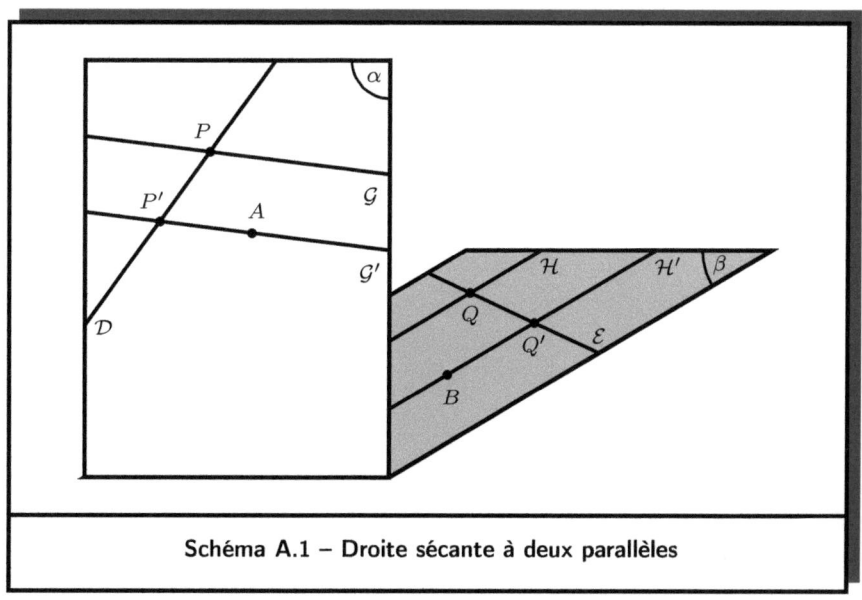

Schéma A.1 – Droite sécante à deux parallèles

Une *droite* et un *plan* sont dits **parallèles** si la première est contenue dans le second ou si les deux n'ont aucun point en commun. Ils sont dits **sécants** en un point A si $\alpha \cap \mathcal{D} = \{A\}$.

Proposition A.4. Un plan et une droite quelconques de l'espace euclidien sont parallèles ou sécants. Précisément, dans l'espace euclidien, si α est un plan et $\mathcal{D}$ une droite, alors $\alpha \parallel \mathcal{D}$ ou il existe un point A satisfaisant $\alpha \cap \mathcal{D} = \{A\}$.

Preuve. En vertu du principe du tiers exclus,

$$\alpha \cap \mathcal{D} = \emptyset \quad \text{ou} \quad \alpha \cap \mathcal{D} \neq \emptyset.$$

Tout d'abord, soit $\alpha \cap \mathcal{D} = \emptyset$. Alors, le plan α et la droite $\mathcal{D}$ sont parallèles, sans point commun.

À présent, soit $\alpha \cap \mathcal{D} \neq \emptyset$. Alors, $\alpha \cap \mathcal{D} = \{A\}$ pour un point A, ou il existe deux points distincts A et B tels que $\{A, B\} \subseteq \alpha \cap \mathcal{D}$. Dans ce second cas, $\mathcal{D} = (AB) \subseteq \alpha$, eu égard aux axiomes I.2 et I.5 à la page 107.

Tout compte fait, soit le plan α et la droite $\mathcal{D}$ sont parallèles (avec $\alpha \cap \mathcal{D} = \emptyset$ ou $\mathcal{D} \subseteq \alpha$), soit leur intersection $\alpha \cap \mathcal{D}$ est un singleton $\{A\}$, où A est un point de l'espace euclidien. Ceci conclut la preuve de la proposition A.4.

Deux plans sont dits **parallèles** s'ils sont égaux ou s'ils n'ont aucun point en commun. Ils sont dits **sécants** lorsque leur intersection est une droite.

Proposition A.5. Deux plans quelconques de l'espace euclidien sont parallèles ou sécants. Précisément, si α_1 et α_2 sont des plans quelconques de l'espace euclidien, alors $\alpha_1 \parallel \alpha_2$ ou il existe une droite $\mathcal{D}$ tel que $\alpha_1 \cap \alpha_2 = \mathcal{D}$.

Preuve. Selon le principe du tiers exclus,

$$\alpha_1 \cap \alpha_2 = \emptyset \quad \text{ou} \quad \alpha_1 \cap \alpha_2 \neq \emptyset.$$

Tout d'abord, soit $\alpha_1 \cap \alpha_2 = \emptyset$. Alors, les plans α_1 et α_2 sont parallèles et distincts.

Maintenant, soit $\alpha_1 \cap \alpha_2 \neq \emptyset$. Alors, selon l'axiome I.6 à la page 107, il existe deux points distincts A et B tels que $\{A, B\} \subseteq \alpha_1 \cap \alpha_2$. Il en résulte que $(AB) \subseteq \alpha_1 \cap \alpha_2$ (voir l'axiome I.5 à la page 107). Au demeurant, les points de l'intersection $\alpha_1 \cap \alpha_2$ sont tous alignés ou non. S'il existe un point $C \in \alpha_1 \cap \alpha_2$ tels que A, B et C soient non alignés, alors $\alpha_1 = (ABC) = \alpha_2$. Si en revanche tous les points de l'intersection $\alpha_1 \cap \alpha_2$ sont alignés, alors $\alpha_1 \cap \alpha_2 = (AB)$.

En tout état de cause, soit les plans α_1 et α_2 sont parallèles (distincts ou égaux), soit leur intersection $\alpha_1 \cap \alpha_2$ est une droite. La proposition A.5 est ainsi prouvée.

Proposition A.6. Dans l'espace euclidien, si un plan α et une droite $\mathcal{D}$ sont sécants, alors toute droite parallèle à $\mathcal{D}$ est sécante à α.

Preuve. Soient un plan α et une droite $\mathcal{D}$ sécants en un point A. Par ailleurs, une droite $\mathcal{D}'$, parallèle à $\mathcal{D}$, est considérée. Alors, $\mathcal{D} = \mathcal{D}'$ ou $\mathcal{D} \cap \mathcal{D}' = \emptyset$. Dans un premier temps, soit $\mathcal{D} = \mathcal{D}'$. Alors, $\alpha \cap \mathcal{D}' = \{A\}$. Dans un second temps, soit $\mathcal{D} \cap \mathcal{D}' = \emptyset$ et soit β le plan contenant les droites $\mathcal{D}$ et $\mathcal{D}'$. Alors, les plans α et β sont sécants. En effet, eu égard à la proposition A.5, le contraire induirait $\alpha \parallel \beta$ et $\mathcal{D} \subseteq \beta = \alpha$: une contradiction. Donc, il existe une droite $\mathcal{G}$ telle que $\alpha \cap \beta = \mathcal{G}$. Par conséquent, dans le plan β, les droites $\mathcal{D}$ et $\mathcal{G}$ sont sécantes en A. Puisque $\mathcal{D} \parallel \mathcal{D}'$, il en résulte l'existence d'un point B vérifiant $\mathcal{G} \cap \mathcal{D}' = \{B\}$ (voir la proposition A.3 à la page 179). Il en résulte que $\alpha \cap \mathcal{D}' = \{B\}$ (voir le schéma A.2 à la page 182). En tout état de cause, le plan α et la droite $\mathcal{D}'$ sont sécants. Ceci conclut la démonstration de la proposition A.6.

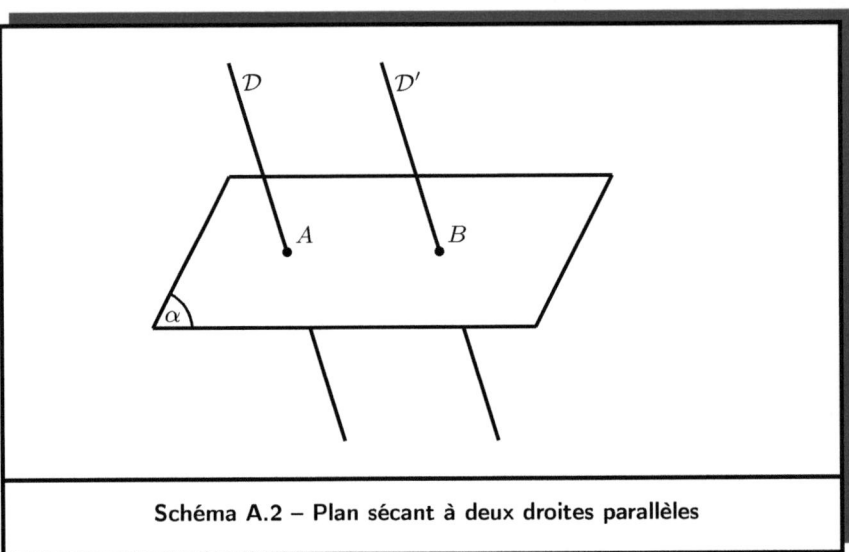

Schéma A.2 – Plan sécant à deux droites parallèles

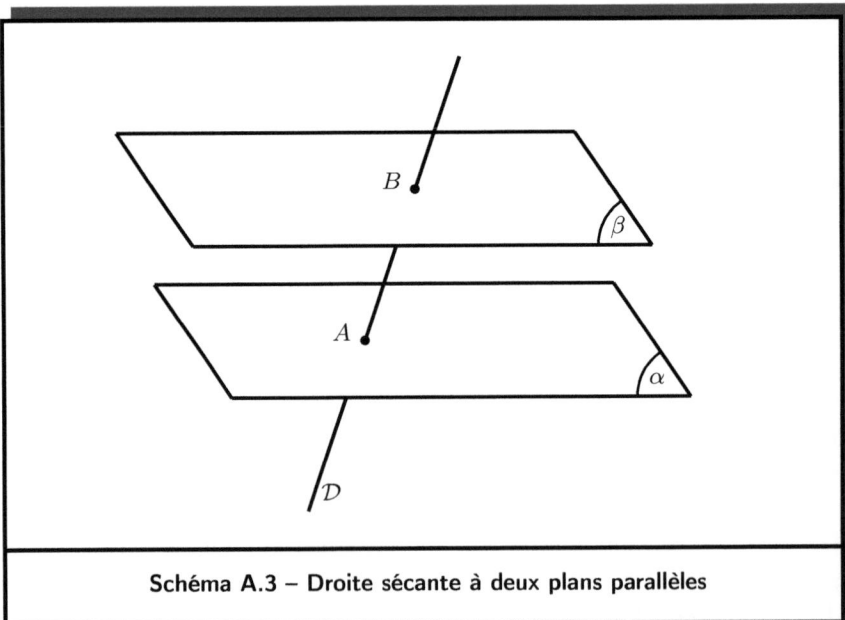

Schéma A.3 – Droite sécante à deux plans parallèles

Proposition A.7. Dans l'espace euclidien, si un plan α et une droite $\mathcal{D}$ sont sécants, alors tout plan parallèle à α est sécant à $\mathcal{D}$.

Preuve. Soient un plan α et une droite $\mathcal{D}$ sécants en un point A. Au demeurant, soit β un plan parallèle à α. Alors, $\alpha = \beta$ ou $\alpha \cap \beta = \emptyset$. Si $\alpha = \beta$, alors $\beta \cap \mathcal{D} = \alpha \cap \mathcal{D} = \{A\}$. Si en revanche $\alpha \cap \beta = \emptyset$, alors $\beta \cap \mathcal{D} = \emptyset$ ou $\beta \cap \mathcal{D} = \{B\}$ pour un point B (voir la proposition A.4 à la page 180). Toutefois, $\beta \cap \mathcal{D} = \emptyset$ entraînerait l'existence d'un plan contenant la droite $\mathcal{D}$, d'une autre droite passant par A et une troisième droite parallèle aux deux premières : une contradiction de l'axiome des parallèles. Par conséquent, il existe un point B tel que $\beta \cap \mathcal{D} = \{B\}$ (voir le schéma A.3). La proposition A.7 est ainsi prouvée.

Proposition A.8. Dans l'espace euclidien, soit α un plan et A un point n'appartenant pas à α. Alors, il existe plusieurs droites passant par A et parallèles à α.

Preuve. Soit $\mathcal{G}$ une droite contenue dans le plan α. Alors, il existe un unique plan β contenant cette droite $\mathcal{G}$ et le point A (voir la proposition 2.2 à la page 116). Du reste, $\alpha \cap \beta = \mathcal{G}$ et $A \notin \mathcal{G}$. Dans le plan β, en vertu de l'axiome des parallèles, il existe donc une droite $\mathcal{D}$ passant A et satisfaisant $\mathcal{G} \cap \mathcal{D} = \emptyset$. Par conséquent, $\alpha \cap \mathcal{D} = \emptyset$, car le contraire induirait $\alpha = \beta$ (une négation de l'égalité $\alpha \cap \beta = \mathcal{G}$). Ainsi, la droite $\mathcal{D}$ passe par A et est parallèle au plan α. Elle n'est pas l'unique dans ce cas. Pour en exhiber d'autres, il suffit de considérer une droite, contenue dans le plan α, distincte de $\mathcal{G}$; puis de raisonner comme précédemment. Cette observation permet de conclure la preuve de la proposition A.8.

La proposition A.3 révèle que, si une droite est sécante à une autre, alors toute droite parallèle à cette dernière est également sécante à la première. La proposition A.9 ci-dessous en est le pendant pour les plans de l'espace euclidien.

Proposition A.9. Dans l'espace euclidien, soient α et β des plans sécants. Alors, chaque plan parallèle à α est sécant à β.

Preuve. Soient α et β des plans sécants en une droite $\mathcal{D}$. Alors, $\alpha \cap \beta = \mathcal{D}$ et il existe une droite $\mathcal{D}'$, contenue dans le plan β et sécante à $\mathcal{D}$ en un point symbolisé ici par A. La droite $\mathcal{D}'$ et le plan α sont donc sécants en A. Maintenant, soit γ un plan parallèle à α. Alors, $\alpha = \gamma$ ou $\alpha \cap \gamma = \emptyset$. Tout d'abord, soit $\alpha = \gamma$. Alors, $\gamma \cap \beta = \mathcal{D}$. Maintenant, soit $\alpha \cap \gamma = \emptyset$. Alors, eu égard à la proposition A.7 à la page 183, la droite $\mathcal{D}'$ est sécante au plan γ. D'où $\beta \cap \gamma \neq \emptyset$. Par conséquent, il existe une droite $\mathcal{G}$ vérifiant $\beta \cap \gamma = \mathcal{G}$ (voir le schéma A.4) ; le contraire induirait en effet $\gamma = \beta$ et dédirait l'hypothèse $\alpha \cap \gamma = \emptyset$.

La proposition A.10 suivante est la réplique de l'axiome des parallèles pour les plans.

Proposition A.10. Dans l'espace euclidien, soit α un plan et $\mathcal{D}$ une droite vérifiant $\alpha \cap \mathcal{D} = \emptyset$. Alors, il existe un unique plan contenant $\mathcal{D}$ et parallèle à α.

Preuve. Soit A un point de la droite $\mathcal{D}$. Alors, selon la proposition A.8, il existe une droite $\mathcal{G}$ parallèle à α, et sécante à $\mathcal{D}$ en A. Soit β le plan contenant les droites $\mathcal{D}$ et $\mathcal{G}$ (voir la proposition 2.3 à la page 117). Maintenant, l'assertion $\alpha \parallel \beta$ est supposée fausse. Alors, il existe une droite $\mathcal{H}$ telle que $\alpha \cap \beta = \mathcal{H}$. Puisque par ailleurs $\alpha \cap \mathcal{D} = \emptyset$ et $\alpha \cap \mathcal{G} = \emptyset$, ceci induit $\mathcal{H} \cap \mathcal{D} = \emptyset$ et $\mathcal{H} \cap \mathcal{G} = \emptyset$. Donc, les droites $\mathcal{D}$ et $\mathcal{G}$, distinctes par définition, passent par A et sont parallèles à $\mathcal{H}$. Ceci contredit l'axiome de parallèles. La supposition est par conséquent fausse. En d'autres termes, $\alpha \parallel \beta$.

À présent, soit β' un plan contenant $\mathcal{D}$ et parallèle à α. Alors, $\beta' = \beta$. En effet, le contraire entraînerait l'existence de deux plans distincts β et β', contenant $\mathcal{D}$ et parallèles à α : une contradiction de la proposition A.9. L'existence et l'unicité d'un plan, contenant $\mathcal{D}$ et parallèle à α, sont ainsi établies.

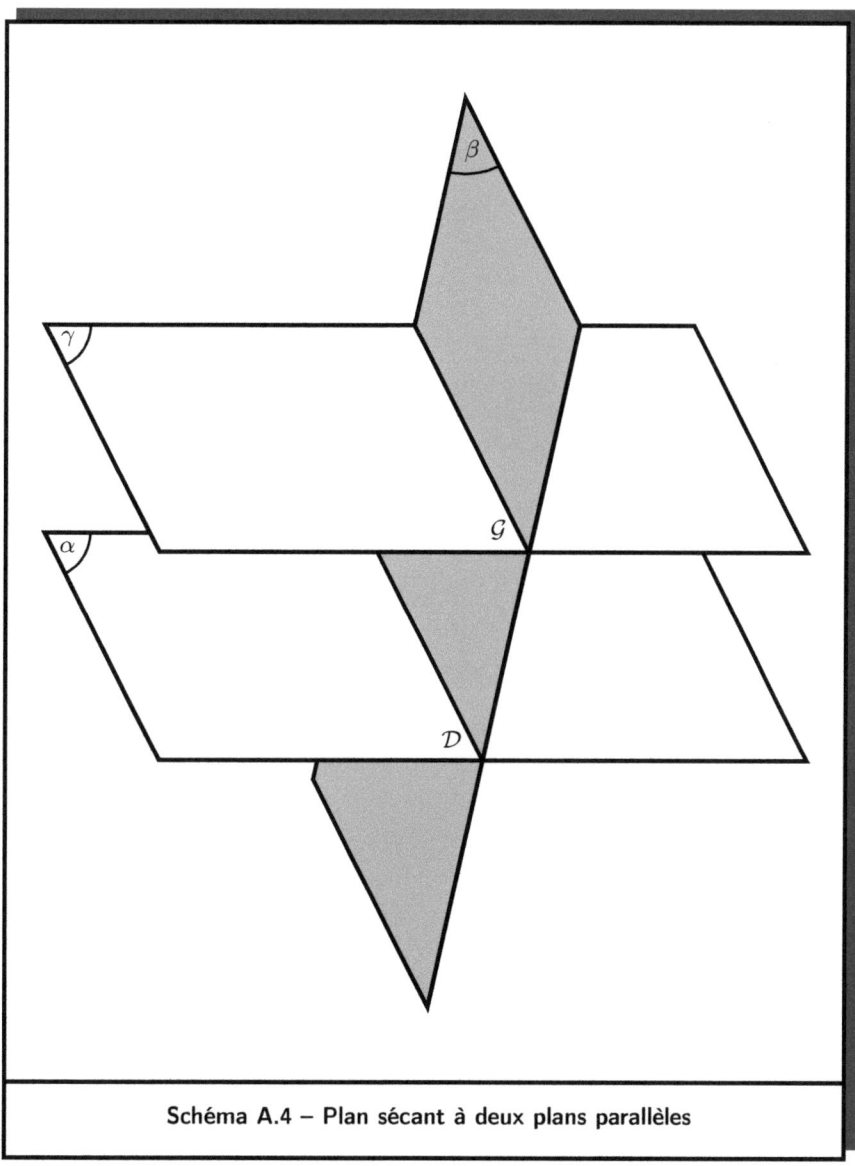

Schéma A.4 – Plan sécant à deux plans parallèles

A.2. Projections

Les *projections* sont des correspondances d'un plan de l'espace euclidien vers lui-même, ou de l'espace euclidien entier vers lui-même, définies au moyen de la relation de *parallélisme*.

Dans un plan α, soient $\mathcal{D}$ et $\mathcal{G}$ des droites sécantes. Alors, pour chaque point $M \in \alpha$, la droite, passant par M et parallèle à $\mathcal{G}$, coupe $\mathcal{D}$ en un point symbolisé par $\mathfrak{P}_{\mathcal{D},\mathcal{G}}(M)$, et appelé ***projeté*** de M sur $\mathcal{D}$, ***parallèlement*** à $\mathcal{G}$. La correspondance

$$\mathfrak{P}_{\mathcal{D},\mathcal{G}} : \alpha \to \alpha, \quad M \mapsto \mathfrak{P}_{\mathcal{D},\mathcal{G}}(M),$$

est appelée ***projection*** sur $\mathcal{D}$, ***parallèlement*** à $\mathcal{G}$. Pareilles projections sont dites planes. La proposition A.11 suivante en donne des traits marquants.

Proposition A.11. Dans l'espace euclidien, soient $\mathcal{D}$ et $\mathcal{G}$ des droites sécantes, contenues dans un plan α. Alors,

$$\mathfrak{P}_{\mathcal{D},\mathcal{G}} \circ \mathfrak{P}_{\mathcal{D},\mathcal{G}} = \mathfrak{P}_{\mathcal{D},\mathcal{G}}.$$

Du reste, soit $\mathcal{G}'$ une droite contenue dans α et parallèle à $\mathcal{G}$. Alors,

$$\mathfrak{P}_{\mathcal{D},\mathcal{G}} = \mathfrak{P}_{\mathcal{D},\mathcal{G}'}.$$

Preuve. En vertu de l'exercice 2.3 à la page 134, le plan α est l'unique contenant $\mathcal{D}$ et $\mathcal{G}$. Alors, la projection $\mathfrak{P}_{\mathcal{D},\mathcal{G}}$ est une correspondance du plan α vers lui-même. Au demeurant, par définition, $\mathfrak{P}_{\mathcal{D},\mathcal{G}}(M) \in \mathcal{D}$ pour tout $M \in \alpha$. De plus, chaque point de la droite $\mathcal{D}$ est invariant par $\mathfrak{P}_{\mathcal{D},\mathcal{G}}$. En d'autres termes, $\mathfrak{P}_{\mathcal{D},\mathcal{G}}(N) = N$ si $N \in \mathcal{D}$, car la parallèle à $\mathcal{G}$ en N coupe $\mathcal{D}$ en N. En particulier,

$$\mathfrak{P}_{\mathcal{D},\mathcal{G}}(\mathfrak{P}_{\mathcal{D},\mathcal{G}}(M)) = \mathfrak{P}_{\mathcal{D},\mathcal{G}}(M)$$

pour tout point $M \in \alpha$. Ceci signifie que $\mathfrak{P}_{\mathcal{D},\mathcal{G}} \circ \mathfrak{P}_{\mathcal{D},\mathcal{G}} = \mathfrak{P}_{\mathcal{D},\mathcal{G}}$.

Par ailleurs, si $\mathcal{G}'$ est une droite du plan α parallèle à $\mathcal{G}$, alors, pour chaque point $M \in \alpha$, la droite passant par M et parallèle à $\mathcal{G}'$ est également parallèle à $\mathcal{G}$ (voir l'exercice A.1 à la page 204). De ce fait, $\mathfrak{P}_{\mathcal{D},\mathcal{G}'}(M) = \mathfrak{P}_{\mathcal{D},\mathcal{G}}(M)$. Donc, $\mathfrak{P}_{\mathcal{D},\mathcal{G}} = \mathfrak{P}_{\mathcal{D},\mathcal{G}'}$. Ceci conclut la preuve de la proposition A.11.

Le schéma A.5 ci-dessous illustre, dans un plan α, les images respectives M' et P' des points M et P par une projection plane $\mathfrak{P}_{\mathcal{D},\mathcal{G}}$. Il met du reste en exergue l'invariance des points de la droite $\mathcal{D}$ (notamment le point N) par ladite projection.

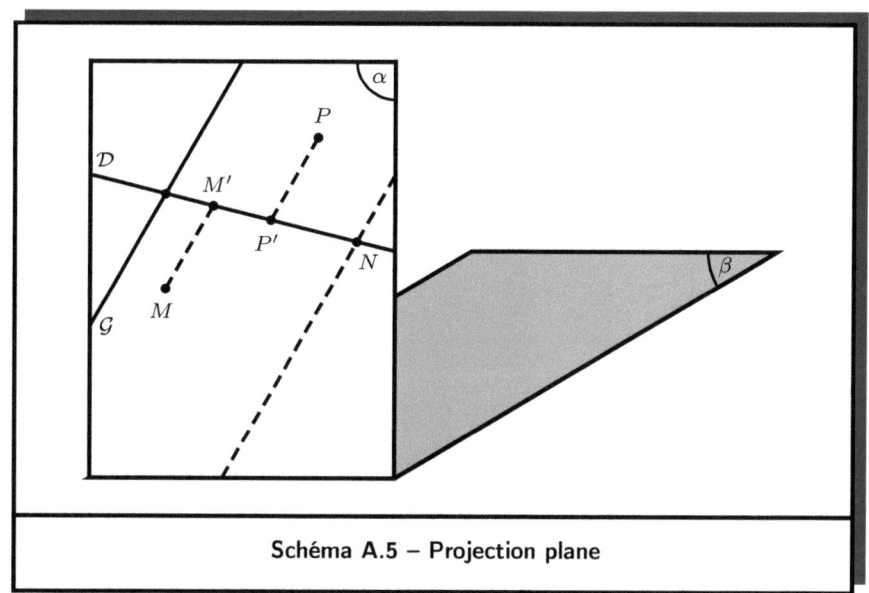

Schéma A.5 – Projection plane

Dans l'espace euclidien, soit α un plan et $\mathcal{D}$ une droite sécante à α. Alors, pour tout point M de l'espace, la droite, passant par M et parallèle $\mathcal{D}$, rencontre le plan α en un point désigné par $\mathfrak{P}_{\alpha,\mathcal{D}}(M)$, et appelé ***projeté*** de M sur α, ***parallèlement*** à $\mathcal{D}$. La correspondance

$$\mathfrak{P}_{\alpha,\mathcal{D}} : \alpha \to \alpha, \quad M \mapsto \mathfrak{P}_{\alpha,\mathcal{D}}(M),$$

est appelée ***projection*** sur α, ***parallèlement*** à $\mathcal{D}$.

Le schéma A.6 ci-dessous illustre les projetés sur un plan α de points M et P de l'espace euclidien.

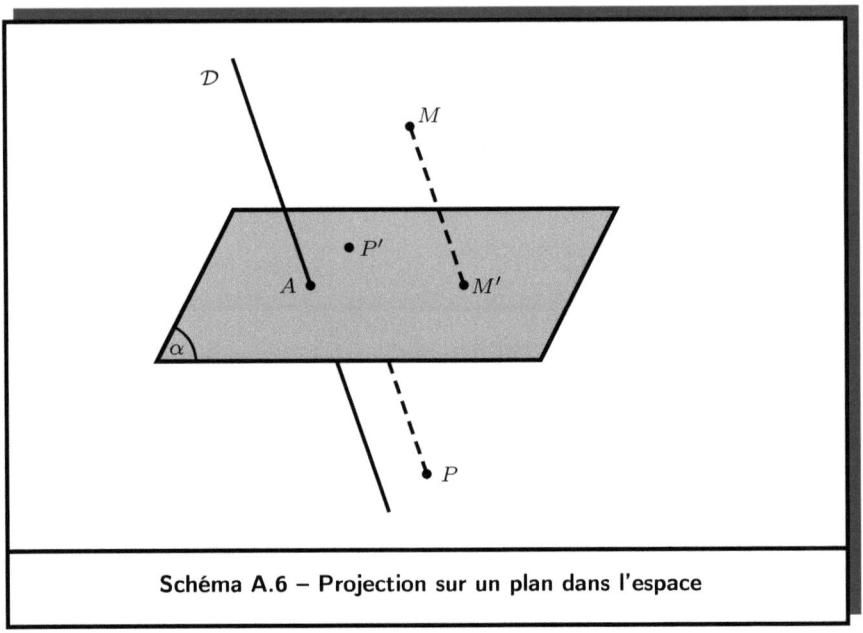

Schéma A.6 – Projection sur un plan dans l'espace

Le résultat suivant, dans l'esprit de la proposition A.11, révèle des caractéristiques des projections de l'espace.

Proposition A.12. Dans l'espace euclidien, soit α un plan et $\mathcal{D}$ une droite sécante à α. Alors,
$$\mathfrak{P}_{\alpha,\mathcal{D}} \circ \mathfrak{P}_{\alpha,\mathcal{D}} = \mathfrak{P}_{\alpha,\mathcal{D}}.$$
Du reste, soit $\mathcal{D}'$ une droite parallèle à $\mathcal{D}$. Alors, $\mathfrak{P}_{\alpha,\mathcal{D}} = \mathfrak{P}_{\alpha,\mathcal{D}'}$.

Preuve. Soit N un point du plan α. Alors, la droite parallèle à $\mathcal{D}$, passant par N, est sécante à α en N. Ainsi,
$$\mathfrak{P}_{\alpha,\mathcal{D}}(N) = N$$

pour chaque $N \in \alpha$. Cependant, par définition, $\mathfrak{P}_{\alpha,\mathcal{D}}(M) \in \alpha$ pour tout point M. Par conséquent,

$$\left(\mathfrak{P}_{\alpha,\mathcal{D}} \circ \mathfrak{P}_{\alpha,\mathcal{D}}\right)(M) = \mathfrak{P}_{\alpha,\mathcal{D}}\Big(\mathfrak{P}_{\alpha,\mathcal{D}}(M)\Big) = \mathfrak{P}_{\alpha,\mathcal{D}}(M)$$

pour tout point $M \in \mathbb{E}$. À présent, soit $\mathcal{D}'$ une droite parallèle à $\mathcal{D}$, et M un point quelconque de l'espace. Alors, la parallèle à $\mathcal{D}'$, passant par M, est également parallèle à $\mathcal{D}$ (voir l'exercice A.1 à la page 204). Il en résulte que $\mathfrak{P}_{\alpha,\mathcal{D}'}(M) = \mathfrak{P}_{\alpha,\mathcal{D}}(M)$ pour chaque point M de l'espace euclidien. La proposition A.12 est ainsi démontrée.

A.3. Repères cartésiens, coordonnées et vecteurs

Le repérage dans l'espace se réalise à trois niveaux : sur chaque droite ; dans chaque plan ; dans l'espace entier.

Dans l'espace euclidien, soit $\mathcal{D}$ une droite. Alors, chaque couple $\mathfrak{R} = (O, I)$, où O et I sont des points distincts de $\mathcal{D}$, est appelé **repère cartésien** de la droite $\mathcal{D}$; le point O étant l'*origine* dudit repère. La **coordonnée** (encore appelée **abscisse**) d'un point M de $\mathcal{D}$, relativement à ce repère, est définie par

$$x_M = \begin{cases} \frac{OM}{OI} & \text{si } M \in [OI), \\ -\frac{OM}{OI} & \text{si } M \in \mathcal{D} \setminus [OI). \end{cases}$$

En particulier, $x_O = 0$ et $x_I = 1$. Du reste, si A désigne le milieu du segment $[OI]$, alors

$$OA = \frac{1}{2} \cdot OI \qquad \text{et} \qquad x_A = \frac{OA}{OI} = \frac{1}{2}.$$

Par ailleurs, il existe un unique point $B \in \mathcal{D} \setminus [IO)$ tel que $[IB] \equiv [OI]$ (voir l'axiome III.1 à la page 112). Ce dernier satisfait $I \in [OB]$, puis

$$OB = OI + IB = OI + OI = 2 \cdot OI.$$

Par conséquent,
$$x_B = \frac{OB}{OI} = 2.$$

Dans le même esprit, il existe un unique point $C \in \mathcal{D} \setminus [OI)$ vérifiant $OC = OB$ (voir le schéma A.7). Donc,
$$x_C = -\frac{OC}{OI} = -\frac{2 \cdot OI}{OI} = -2.$$

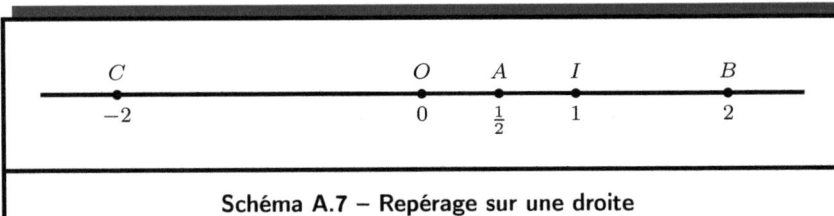

Schéma A.7 – Repérage sur une droite

Proposition A.13. Soit (O, I) un repère d'une droite $\mathcal{D}$ de l'espace euclidien. Alors, chaque nombre réel est la coordonné d'un unique point de $\mathcal{D}$. Autrement dit, la correspondance

$$\Phi : \mathcal{D} \to \mathbb{R}, \ M \mapsto x_M = \begin{cases} \frac{OM}{OI} & \text{si } M \in [OI), \\ -\frac{OM}{OI} & \text{si } M \in \mathcal{D} \setminus [OI), \end{cases}$$

associant, relativement au repère (O, I), une coordonnée à chaque point de la droite $\mathcal{D}$, est une application bijective.

Preuve. Selon le théorème 3.27 à la page 172, une correspondance

$$\Gamma : \mathbb{R} \to \mathbb{D}, \ r \mapsto M_r,$$

est bien définie par

$$\begin{cases} M_r \in [OI) \text{ et } OM_r = r \cdot OI & \text{si } r \geq 0, \\ M_r \in \mathcal{D} \setminus [OI) \text{ et } OM_r = -r \cdot OI & \text{si } r < 0. \end{cases}$$

Alors, $\Gamma(x_M) = M$ pour chaque point M de $\mathcal{D}$. Par ailleurs, pour chaque réel r, la coordonné du point M_r est

$$x_{M_r} = \left\{ \begin{array}{ll} \frac{OM_r}{OI} = \frac{r \cdot OI}{OI} & \text{si } M \in [OI), \\ -\frac{OM_r}{OI} = -\frac{-r \cdot OI}{OI} & \text{si } M \in \mathcal{D} \setminus [OI), \end{array} \right\} = r.$$

De ce fait,
$$\Gamma(\mathbb{R}) = \mathcal{D}.$$

Eu égard à l'axiome de remplacement (voir ZF 8 la page 29), il en résulte que la droite $\mathcal{D}$ est un ensemble au sens de ZERMELO et FRÄNKEL. Les correspondances Φ et Γ sont donc des applications. Au demeurant,
$$(\Gamma \circ \Phi)(M) = \Gamma(x_M) = M$$
pour chaque $M \in \mathcal{D}$; tandis que
$$(\Phi \circ \Gamma)(r) = \Phi(M_r) = x_{M_r} = r$$
pour tout $r \in \mathbb{R}$. En d'autres termes,
$$\Gamma \circ \Phi = \text{id}_{\mathcal{D}} \quad \text{et} \quad \Phi \circ \Gamma = \text{id}_{\mathbb{R}}.$$

D'après l'exercice 1.7 à la page 90, il en résulte que l'application Φ est bijective et que Γ est son inverse.

Le repérage permet donc de démontrer que chaque droite de l'espace euclidien est un ensemble identifiable à l'ensemble $\mathbb{R}$ des nombres réels.

Ce principe de repérage des droites se transpose aux plans, puis à l'espace tout entier, par des processus décrits ci-dessous.

Soit α un plan quelconque de l'espace euclidien. Alors, chaque triplet $\mathfrak{R} = (O, I, J)$ de points non alignés de α est appelé ***repère cartésien*** de α. En l'espèce, le point O est l'***origine*** du repère $\mathfrak{R}$, tandis que les droites (OI) et (AC) sont ses premier et second ***axes***, respectivement. Dans ce cadre, soit p_1 la projection sur le premier axe (OI), parallèlement à (OJ), puis p_2 la projection sur le second axe (OJ), parallèlement à (OI). De plus, les images de tout point M par les projections p_1 et p_2 sont symbolisées respectivement par M_1 et M_2. Les **coordonnées** de M sont alors les composantes du couple (x_1, x_2), où x_1 est la coordonnée de M_1 sur la droite (OI), relativement au repère (O, I) ; et x_2 la coordonnée de M_2 sur la droite (OJ), relativement au repère (O, J). Autrement dit,

$$x_1 = \begin{cases} \frac{OM_1}{OI} & \text{si } M_1 \in [OI), \\ -\frac{OM_1}{OI} & \text{si } M_1 \in (OI) \setminus [OI), \end{cases}$$

puis

$$x_2 = \begin{cases} \frac{OM_2}{OJ} & \text{si } M_2 \in [OJ), \\ -\frac{OM_2}{OJ} & \text{si } M_2 \in (OJ) \setminus [OJ). \end{cases}$$

Proposition A.14. Soit (O, I, J) un repère cartésien d'un plan α de l'espace euclidien. Alors, les composantes de chaque couple de réels sont les coordonnées d'un unique point de α. Autrement dit, la correspondance

$$\Phi : \alpha \to \mathbb{R} \times \mathbb{R}, \ M \mapsto (x_1, x_2),$$

associant, relativement au repère (O, I, J), des coordonnées à chaque point de α, est une application bijective.

Preuve. Soit (r, s) un couple de réels. Alors, la proposition A.13 à la page 190 garantit l'existence d'un unique point $M_1 \in (OI)$ ayant r pour coordonnée, relativement au repère (O, I). De manière analogue, il existe un unique point $M_2 \in (OJ)$ ayant s pour coordonnée, relativement au repère (O, J). Soit $\mathcal{D}_1$ la droite parallèle à (OJ) et passant par M_1, puis $\mathcal{D}_2$ la droite parallèle à (OI) et passant par M_2. Alors, $\mathcal{D}_1$ et $\mathcal{D}_2$ sont sécantes en un point symbolisé ici par $M_{(r,s)}$ (voir la proposition A.6 à la page 181). Une correspondance

$$\Gamma : \mathbb{R} \times \mathbb{R} \to \alpha, \ (r, s) \mapsto M_{(r,s)},$$

est ainsi définie. À l'évidence, les composantes du couple (r, s) sont les coordonnées du point $M_{(r,s)}$. À l'inverse, si un point M a pour coordonnées les composantes d'un couple (x_1, x_2), alors

$$M_{(x_1,x_2)} = M.$$

Par conséquent,
$$\Gamma(\mathbb{R} \times \mathbb{R}) = \alpha.$$

Le plan α est donc un ensemble du système de ZERMELO et FRÄNKEL (voir l'axiome ZF 8 à la page 29). Ainsi, les correspondances Φ et Γ sont des applications. Elles vérifient de plus les égalités

$$\Gamma \circ \Phi = \mathrm{id}_\alpha \qquad \text{et} \qquad \Phi \circ \Gamma = \mathrm{id}_{\mathbb{R} \times \mathbb{R}}.$$

D'où Φ est une bijection et $\Gamma = \Phi^{-1}$ (voir l'exercice 1.7 à la page 90).

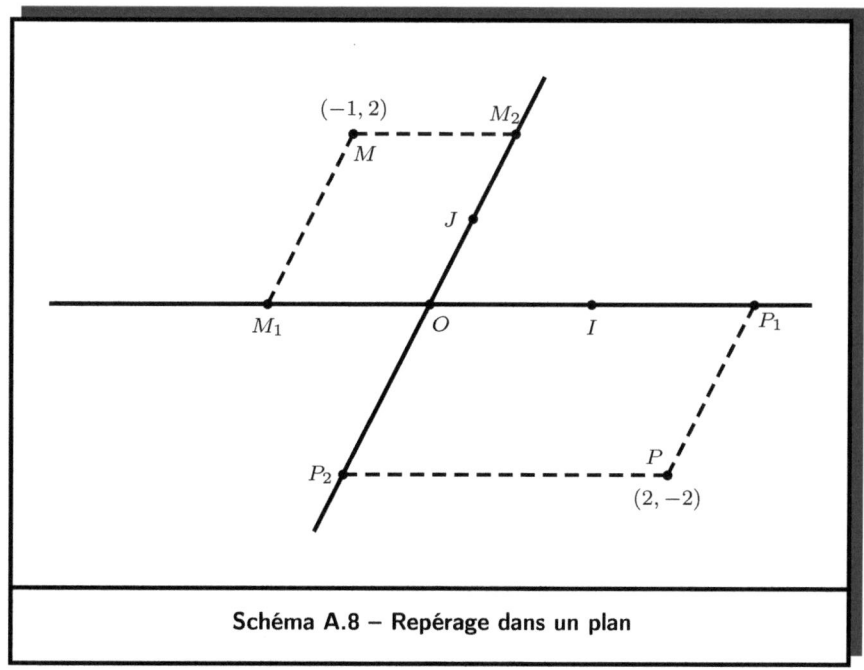

Schéma A.8 – Repérage dans un plan

Chaque plan de l'espace euclidien est donc un ensemble du système de ZERMELO et FRÄNKEL. Qu'en est-il de l'espace tout entier ? Une fois de plus, le repérage permet de répondre à cette interrogation.

Un quadruplet (O, I, J, K) des points de l'espace euclidien est appelé **repère cartésien**, si les trois premiers, O, I et J, sont coplanaires et non-alignés, et si le quatrième K n'appartient pas au plan (OIJ). Le point O est alors l'**origine** dudit repère ; les droites (OI), (OJ) et (OK) sont ses **axes** ; tandis que les plans (OIJ), (OIK) et (OJK) sont ses première, deuxième et troisième **planches**.

Le repérage dans l'espace se réalise au moyen de projetés sur ces axes, comme pour les plans. Les projetés pertinents ici s'obtiennent toutefois en deux temps : chaque point à repérer est projeté d'abord sur les planches, et ensuite sur les axes.

Le projeté d'un point M, sur la première planche (OIJ), parallèlement à l'axe (OK), est noté M'. Le projeté de M, sur la deuxième planche (OIK) parallèlement à (OJ), est désigné par M''. En outre, M''' symbolise l'image de M par la projection sur la troisième planche (OJK), parallèlement à (OI).

Proposition A.15. Soit (O, I, J, K) un repère cartésien de l'espace euclidien. De plus, soient M', M'', M''' les projetés respectifs d'un point M sur les planches du repère conformément à aux définitions précédentes. Alors,

$$\mathfrak{P}_{(OI),(OJ)}(M') = \mathfrak{P}_{(OI),(OK)}(M'')$$

et

$$\mathfrak{P}_{(OJ),(OI)}(M') = \mathfrak{P}_{(OJ),(OK)}(M'''),$$

puis

$$\mathfrak{P}_{(OK),(OI)}(M'') = \mathfrak{P}_{(OK),(OJ)}(M''').$$

Preuve. Pour le confort de l'argumentation, les notations suivantes sont adoptées :
$$M'_1 = \mathfrak{P}_{(OI),(OJ)}(M') \qquad \text{et} \qquad M'_2 = \mathfrak{P}_{(OJ),(OI)}(M'),$$
puis
$$M''_1 = \mathfrak{P}_{(OI),(OK)}(M'') \qquad \text{et} \qquad M''_3 = \mathfrak{P}_{(OK),(OI)}(M''),$$
ainsi que
$$M'''_2 = \mathfrak{P}_{(OJ),(OK)}(M''') \qquad \text{et} \qquad M'''_3 = \mathfrak{P}_{(OK),(OJ)}(M''').$$
Il s'agit donc de prouver les égalités
$$M'_1 = M''_1 \qquad \text{et} \qquad M'_2 = M'''_2 \qquad \text{et} \qquad M''_3 = M'''_3. \qquad (*)$$

Soit $\mathcal{D}'$ la droite passant par M et parallèle à (OK), puis $\mathcal{D}''$ la droite passant par M et parallèle (OJ). Alors, par définition,
$$\{M'\} = \mathcal{D}' \cap (OIJ) \qquad \text{et} \qquad \{M''\} = \mathcal{D}'' \cap (OIK).$$
Par ailleurs, soit $\mathcal{G}'_1$ la droite passant par M' et parallèle à (OJ), puis $\mathcal{G}''_1$ la droite passant par M'' et parallèle à (OK). Alors,
$$\{M'_1\} = \mathcal{G}'_1 \cap (OI) \qquad \text{et} \qquad \{M''_1\} = \mathcal{G}''_1 \cap (OI). \qquad (**)$$
Du reste, selon l'exercice A.1 à la page 204, les relations $\mathcal{D}' \parallel (OK)$ et $(OK) \parallel \mathcal{G}''_1$ d'une part, puis $\mathcal{D}'' \parallel (OJ)$ et $(OJ) \parallel \mathcal{G}'_1$ d'autre part, entraînent respectivement $\mathcal{D}' \parallel \mathcal{G}''_1$ et $\mathcal{D}'' \parallel \mathcal{G}'_1$. Cependant, les droites $\mathcal{D}'$ et $\mathcal{D}''$ sont sécantes en M. Eu égard à la proposition A.3 à la page 179, il en résulte que l'intersection $\mathcal{G}'_1 \cap \mathcal{G}''_1$ est un singleton. Au demeurant,
$$\mathcal{G}'_1 \cap \mathcal{G}''_1 \subseteq (OIJ) \cap (OIK) = (OI).$$
En vertu des égalités $(**)$ ci-dessus, il en découle que $M'_1 = M''_1$. La première des égalités $(*)$ est ainsi prouvée. Les deux autres se démontrent par une argumentation similaire. Cette tâche est confiée au lecteur.

Les planches d'un repère cartésien (O, I, J, K) de l'espace euclidien étant symbolisées par

$$\alpha' = (OIJ), \qquad \alpha'' = (OIK) \qquad \text{et} \qquad \alpha''' = (OJK),$$

pour tout point M, soit

$$M' = \mathfrak{P}_{\alpha',(OK)}(M) \qquad \text{et} \qquad M'' = \mathfrak{P}_{\alpha'',(OJ)}(M),$$

puis

$$M''' = \mathfrak{P}_{\alpha''',(OI)}(M),$$

ainsi que
$$M_1 = \mathfrak{P}_{(OI),(OJ)}(M') = \mathfrak{P}_{(OI),(OK)}(M'')$$

et
$$M_2 = \mathfrak{P}_{(OJ),(OI)}(M') = \mathfrak{P}_{(OJ),(OK)}(M'''),$$

puis
$$M_3 = \mathfrak{P}_{(OK),(OI)}(M'') = \mathfrak{P}_{(OK),(OJ)}(M''').$$

Alors, les **coordonnées** du point M, relativement au repère

$$\mathfrak{R} = (O, I, J, K),$$

sont les composantes du triplet (x_1, x_2, x_3), définis respectivement par : x_1 est la coordonné du point M_1 sur l'axe (OI), relativement au repère (O, I) ; x_2 est la coordonnée du point M_2 sur la droite (OJ), relativement au repère (O, J) ; x_3 est la coordonnée du point M_3 sur la droite (OK), relativement au repère (O, K). Autrement dit,

$$x_1 = \begin{cases} \frac{OM_1}{OI} & \text{si } M_1 \in [OI), \\ -\frac{OM_1}{OI} & \text{si } M_1 \in (OI) \setminus [OI), \end{cases}$$

et

$$x_2 = \begin{cases} \frac{OM_2}{OJ} & \text{si } M_2 \in [OJ), \\ -\frac{OM_2}{OJ} & \text{si } M_2 \in (OJ) \setminus [OJ), \end{cases}$$

puis
$$x_3 = \begin{cases} \frac{OM_3}{OK} & \text{si } M_3 \in [OK), \\ -\frac{OM_3}{OK} & \text{si } M_3 \in (OK) \setminus [OK). \end{cases}$$

Dans le langage formel, l'expression courte

$$M(x_1, x_2, y_3)$$

signifie que les composantes du triplet (x_1, x_2, y_3) sont les coordonnées du point M. Notamment,

$$O(0,0,0); \quad I(1,0,0); \quad J(0,1,0) \quad \text{et} \quad K(0,0,1).$$

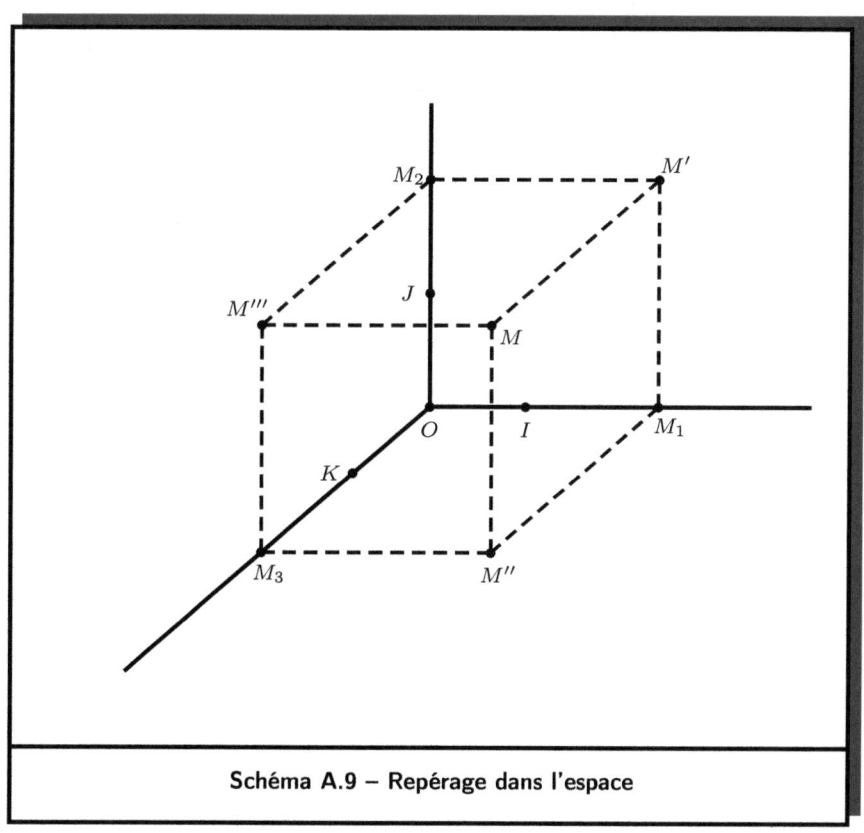

Schéma A.9 – Repérage dans l'espace

Le choix d'un repère $\mathfrak{R}$ permet donc d'associer à chaque point de l'espace un unique triplet de coordonnées réelles. De cette manière, est définie une correspondance $\Phi_{\mathfrak{R}}$, de la collection $\mathbb{E}$ des points de l'espace, vers l'ensemble $\mathbb{R}^3$ des triplets de réels. De manière formelle,

$$\Phi_{\mathfrak{R}} : \mathbb{E} \to \mathbb{R}^3, \quad M \mapsto (x_1, x_2, x_3).$$

Proposition A.16. Soit $\mathfrak{R} = (O, I, J, K)$ un repère cartésien de l'espace euclidien. Alors, les composantes de chaque triplet de réels sont les coordonnées d'un unique point de la collection $\mathbb{E}$ des points de l'espace euclidien. Autrement dit, la correspondance $\Phi_{\mathfrak{R}}$, définie ci-dessus, est une application bijective.

Preuve. Soit (r, s, t) un triplet de réels. Alors, la proposition A.13 à la page 190 assure l'existence d'un unique point $M_1 \in (OI)$, de coordonnée r relativement au repère (O, I). De même, il existe un seul point $M_2 \in (OJ)$, ayant s pour coordonnée dans le repère (O, J). Il y a également un unique point $M_3 \in (OK)$, de coordonnée t dans le repère (O, K). Par ailleurs, dans le plan (OIJ), la parallèle à (OJ), passant par M_1, et la parallèle à (OI), passant par M_2, sont sécantes en un point désigné ici par M' (voir la proposition A.3 à la page 179). De manière analogue, dans le plan (OIK), la parallèle à (OK), passant par M_1, et la parallèle à (OI), passant par M_3, sont sécantes en un point symbolisé ici par M''. Dans le même sillage, la parallèle à (OK), passant par M', et la parallèle à (OJ), rencontrant M'', se coupent en un point noté ici $M_{(r,s,t)}$. Une correspondance

$$\Gamma_{\mathfrak{R}} : \mathbb{R} \times \mathbb{R} \times \mathbb{R} \to \mathbb{E}, \quad (r, s, t) \mapsto M_{(r,s,t)},$$

est ainsi définie. Incontestablement, les composantes du triplet (r, s, t) sont les coordonnées du point $M_{(r,s,t)}$. Inversement, si un point M a pour coordonnées les composantes d'un triplet (x_1, x_2, x_3), alors

$$M_{(x_1, x_2, x_3)} = M.$$

Il en découle que
$$\Gamma_{\mathfrak{R}}(\mathbb{R} \times \mathbb{R} \times \mathbb{R}) = \mathbb{E}.$$

La collection $\mathbb{E}$ des points de l'espace euclidien est par conséquent un ensemble du système de ZERMELO et FRÄNKEL (voir l'axiome ZF 8 à la page 29). Les correspondances $\Phi_{\mathfrak{R}}$ et $\Gamma_{\mathfrak{R}}$ sont donc des applications. Du reste,

$$\Gamma_{\mathfrak{R}} \circ \Phi_{\mathfrak{R}} = \mathrm{id}_{\mathbb{E}} \qquad \text{et} \qquad \Phi_{\mathfrak{R}} \circ \Gamma_{\mathfrak{R}} = \mathrm{id}_{\mathbb{R} \times \mathbb{R} \times \mathbb{R}}.$$

En vertu de l'exercice 1.7 à la page 90, ceci signifie que $\Phi_{\mathfrak{R}}$ est une bijection et $\Gamma_{\mathfrak{R}} = \Phi_{\mathfrak{R}}^{-1}$.

Tout compte fait, l'espace euclidien est constitué d'un ensemble $\mathbb{E}$ de points, chacun identifiable à un élément de l'ensemble $\mathbb{R}^3$. Ce dernier peut être équipé d'une addition et d'une multiplication externe par des réels. Précisément, l'application

$$\mathbb{R}^3 \times \mathbb{R}^3 \to \mathbb{R}^3, \quad \Big((x_1, x_2, x_3); (y_1, y_2, y_3)\Big) \mapsto (x_1, x_2, x_3) + (y_1, y_2, y_3),$$

où

$$(x_1, x_2, x_3) + (y_1, y_2, y_3) = (x_1 + y_1, x_2 + y_2, x_3 + y_3),$$

loi de composition interne, est appelée ***addition*** sur $\mathbb{R}^3$; tandis que

$$\mathbb{R} \times \mathbb{R}^3 \to \mathbb{R}^3, \quad \Big(\lambda, (x_1, x_2, x_3)\Big) \mapsto \lambda \cdot (x_1, x_2, x_3),$$

où

$$\lambda \cdot (x_1, x_2, x_3) = (\lambda \cdot x_1, \lambda \cdot x_2, \lambda \cdot x_3),$$

opération externe de $\mathbb{R}$ sur $\mathbb{R}^3$, est nommée ***multiplication par un scalaire***.

L'ensemble $\mathbb{R}^3$, muni de ces deux opérations, est appelé ***espace vectoriel***. Ses éléments, les triplets de réels, sont appelés ***vecteurs***.

L'espace euclidien étant rapporté à un repère cartésien (O, I, J, K), soient des points $A(a_1, a_2, a_3)$ et $B(b_1, b_2, b_3)$. Le vecteur de A vers B est symbolisé et défini par

$$\overrightarrow{AB} = (b_1 - a_1, b_2 - a_2, b_3 - a_3).$$

Ainsi,
$$\overrightarrow{OA} = a_1 \cdot \overrightarrow{OI} + a_2 \cdot \overrightarrow{OJ} + a_3 \cdot \overrightarrow{OK}$$

et
$$\overrightarrow{AB} = (b_1 - a_1) \cdot \overrightarrow{OI} + (b_2 - a_2) \cdot \overrightarrow{OJ} + (b_3 - a_3) \cdot \overrightarrow{OK}.$$

Cette association d'un vecteur à chaque couple de points crée un principe de dualité (ou de miroir) entre l'espace euclidien et l'espace vectoriel $(\mathbb{R}^3, +, \cdot)$. Ce principe permet alors à la géométrie d'Euclide de bénéficier des commodités des structures algébriques du corps des nombres réels.

Par exemple, étant donné des couples (A, B) et (C, D) de points distincts, les droites (AB) et (CD) sont parallèles si et seulement si les vecteurs $\overrightarrow{AB}$ et $\overrightarrow{CD}$ sont colinéaires, c'est-à-dire s'il existe un réel non nul λ vérifiant

$$\overrightarrow{CD} = \lambda \cdot \overrightarrow{AB}.$$

Un point M est le milieu d'un segment $[AB]$ si et seulement si

$$\overrightarrow{AM} = \frac{1}{2} \cdot \overrightarrow{AB}.$$

A.4. Dimension

La notion de dimension se définit de manière rigoureuse dans le cadre de la théorie des espaces vectoriels. Nonobstant l'absence d'informations pertinentes de cette théorie ici, la présente section esquisse une définition de la ***dimension*** des entités et sous-ensembles de l'espace euclidien.

Soit $\mathcal{S}$ un sous-ensemble de $\mathbb{E}$, l'ensemble de tous les points de l'espace euclidien. Si $\mathcal{S}$ est un singleton, une droite, un plan ou l'ensemble $\mathbb{E}$ entier. Alors, la ***dimension*** de $\mathcal{S}$ est notée et définie par

$$\dim(\mathcal{S}) = n - 1,$$

où n est le nombre minimum de points nécessaires pour décrire $\mathcal{S}$.

Pour chaque point P, le singleton $\{P\}$ se décrit formellement par son unique élément. D'où $\dim(\{P\}) = 1 - 1 = 0$.

Selon l'axiome I.1 à la page 107, une droite quelconque $\mathcal{D}$ est donnée par deux points distincts. De ce fait, $\dim(\mathcal{D}) = 2 - 1 = 1$.

En vertu des axiomes I.3 et I.4 à la page 107, la description d'un plan quelconque α nécessite impérativement la donnée de trois points non-alignés. Donc, $\dim(\alpha) = 3 - 1 = 2$.

Chaque repère cartésien de l'espace euclidien, constitué par définition de quatre points distincts, permet de reconstituer l'ensemble $\mathbb{E}$ (voir la proposition A.16 à la page 198). En revanche, trois points distincts quelconques de l'espace définissent un plan s'ils sont non-alignés, ou une droite autrement. Par conséquent,

$$\dim(\mathbb{E}) = 4 - 1 = 3.$$

Chaque singleton étant associé à son unique élément, et l'espace euclidien réduit à l'ensemble $\mathbb{E}$ de ses points, le tableau A.1 à la page 202 propose une vue d'ensemble de la dimension des principales entités de l'espace euclidien.

De manière générale, la dimension d'un ensemble non-vide quelconque $\mathcal{S}$ de points de l'espace euclidien est révélé par le tableau A.2 à la page 202.

Soit $\mathcal{S}$ une partie non-vide de $\mathbb{E}$. Alors, selon les définitions formulées en amont, $\dim(\mathcal{S}) = 0$ si et seulement si $\mathcal{S}$ est un singleton. En d'autres termes, les points sont les seules entités de l'espace euclidien de dimension 0.

Tableau A.1 – Dimension des entités basiques de l'espace euclidien

Entité	Dimension
Point	0
Droite	1
Plan	2
Espace entier	3

Tableau A.2 – Dimension d'ensembles non-vides de points de l'espace

Attributs de $\mathcal{S}$	$\dim(\mathcal{S})$
$\mathcal{S}$ est contenu dans une droite, mais ne contient pas deux points distincts	0
$\mathcal{S}$ est contenu dans une droite et contient au moins deux points distincts	1
$\mathcal{S}$ est contenu dans un plan, mais pas dans une droite	2
$\mathcal{S}$ n'est pas contenu dans un plan	3

Au demeurant, tout segment d'extrémités distinctes est de dimension 1, tandis que chaque triangle est de dimension 2.

Considérant des points non-alignés A, B et C de l'espace euclidien, la zone du plan (ABC), délimitée par les segments $[AB]$, $[BC]$ et $[CA]$, est appelée **région triangulaire** ABC. Elle correspond à une intersection de demi-plans. Notamment,

$$[(AB), C) \cap [(AC), B) \cap [(BC), A).$$

Soient A, B, C des points non-alignés et soit D un point n'appartenant pas au plan (ABC). Alors, la réunion des régions triangulaires ABC, ABD, ACD et BCD, est appelée **tétraèdre** et symbolisée par $ABCD$ (voir le schéma A.10 à la page 203). À l'évidence, chaque tétraèdre est de dimension 3.

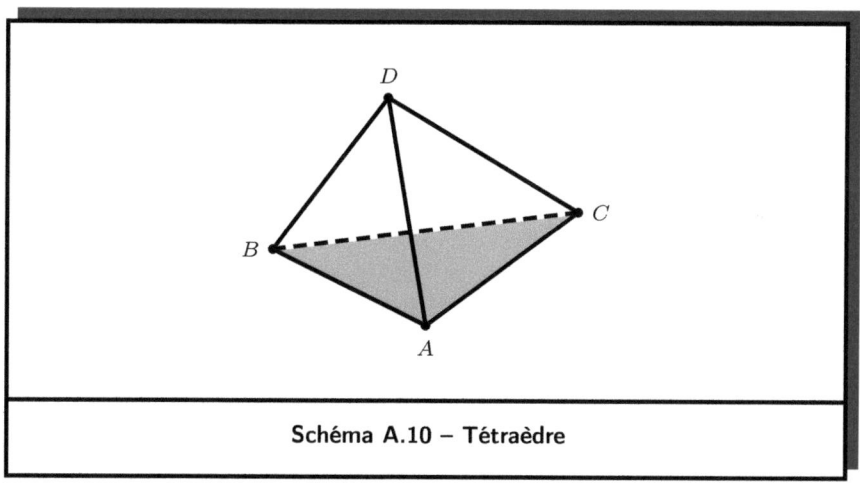

Schéma A.10 – Tétraèdre

La *dimension* d'un ensemble non-vide $\mathcal{S}$, de points de l'espace euclidien, est donc le nombre minimum de coordonnées nécessaires à l'expression formelle de $\mathcal{S}$, eu égard au principe de repérage décrit dans la section A.3 précédente.

Post-scriptum

La théorie des espaces vectoriels, due au mathématicien allemand HERMANN GRASSMANN (1809 – 1877), possède de nombreuses vertus. Elle constitue notamment un pont entre la géométrie et l'algèbre. En effet, elle permet non seulement une traduction algébrique de notions et principes géométriques, mais aussi l'interprétation géométrique de formules algébriques fondamentales. Ce dialogue est un champ fertile pour la culture d'outils commodes et efficaces de mise en pratique de la géométrie.

L'approche par les vecteurs, ébauchée dans la présente annexe, permet du reste une meilleure compréhension des problèmes les plus complexes de la géométrie.

Exercices

Exercice A.1. Dans l'espace euclidien selon HILBERT, soient $\mathcal{D}_1$, $\mathcal{D}_2$ et $\mathcal{D}_3$ des droites telles que $\mathcal{D}_1 \parallel \mathcal{D}_2$ et $\mathcal{D}_2 \parallel \mathcal{D}_3$. Montrez que les droites $\mathcal{D}_1$ et $\mathcal{D}_3$ sont parallèles. □

Soient O et A des points distincts de l'espace euclidien selon HILBERT. Alors, pour chaque plan α contenant O et A, l'ensemble des points $M \in \alpha$, vérifiant $[OA] \equiv [OM]$, est appelé **cercle** de **centre** O et de **rayon** $[OA]$.

Exercice A.2. Prouvez que tout cercle de l'espace euclidien selon HILBERT est de dimension 2. □

Dans l'espace euclidien selon HILBERT, soient O et A des points distincts. La **sphère**, de **centre** O et de **rayon** $[OA]$, est l'ensemble des points M satisfaisant $[OA] \equiv [OM]$.

Exercice A.3. Démontrez que chaque sphère de l'espace euclidien selon HILBERT est de dimension 3. □

Annexe B.

Solutions d'exercices

> *Le feu du bois que l'on a soi-même abattu et débité semble plus chaud qu'aucun autre feu ...*
>
> Birago Diop
> **Les contes d'Amadou Koumba**

B.1. Solutions d'exercices du chapitre 1

Solution de l'exercice 1.1.

En général, les équivalences logiques se démontrent sans difficultés par des tables de vérité. Les tableaux B.1 et B.2 à la page 208 établissent notamment les deux lois de distributivité.

Solution de l'exercice 1.2.

Les tableaux B.3 à la page 208 et B.4 à la page 209 établissent formellement les deux lois de De Morgan.

Tableau B.1 – Preuve de la première loi de distributivité

p	q	r	$q \wedge r$	$p \vee q$	$p \vee r$	$p \vee (q \wedge r)$	$(p \vee q) \wedge (p \vee r)$
V	V	V	V	V	V	V	V
V	V	F	F	V	V	V	V
V	F	V	F	V	V	V	V
V	F	F	F	V	V	V	V
F	V	V	V	V	V	V	V
F	V	F	F	V	F	F	F
F	F	V	F	F	V	F	F
F	F	F	F	F	F	F	F

Tableau B.2 – Preuve de la seconde loi de distributivité

p	q	r	$q \vee r$	$p \wedge q$	$p \wedge r$	$p \wedge (q \vee r)$	$(p \wedge q) \vee (p \wedge r)$
V	V	V	V	V	V	V	V
V	V	F	V	V	F	V	V
V	F	V	V	F	V	V	V
V	F	F	F	F	F	F	F
F	V	V	V	F	F	F	F
F	V	F	V	F	F	F	F
F	F	V	V	F	F	F	F
F	F	F	F	F	F	F	F

Tableau B.3 – Preuve de la première loi de De Morgan

p	q	$p \vee q$	$\neg p$	$\neg q$	$\neg(p \vee q)$	$\neg p \wedge \neg q$
V	V	V	F	F	F	F
V	F	V	F	V	F	F
F	V	V	V	F	F	F
F	F	F	V	V	V	V

Tableau B.4 – Preuve de la seconde loi de De Morgan

p	q	$p \wedge q$	$\neg p$	$\neg q$	$\neg(p \wedge q)$	$\neg p \vee \neg q$
V	V	V	F	F	F	F
V	F	F	F	V	V	V
F	V	F	V	F	V	V
F	F	F	V	V	V	V

Solution de l'exercice 1.3.

La condition **(a)** signifie littéralement que la relation binaire $\mathcal{R}$ est réflexive.

À présent, soient x et y des objets de la collection $\mathcal{C}$ vérifiant $x\mathcal{R}y$. Alors, $x\mathcal{R}x$, car la relation binaire $\mathcal{R}$ est réflexive. En vertu de la condition **(b)**, il en résulte $y\mathcal{R}x$. Donc, l'assertion $x\mathcal{R}y$ induit $y\mathcal{R}x$. La relation $\mathcal{R}$ est de ce fait symétrique.

Maintenant, soit (x, y, z) un triplet d'objets de $\mathcal{C}$ tel que $x\mathcal{R}y$ et $y\mathcal{R}z$. Alors, la symétrie de $\mathcal{R}$ entraîne $y\mathcal{R}x$ et $y\mathcal{R}z$. Au compte de la condition **(b)**, il s'ensuit que $x\mathcal{R}z$. Ainsi, les assertions $x\mathcal{R}y$ et $y\mathcal{R}z$ impliquent $x\mathcal{R}z$. La relation $\mathcal{R}$ est donc transitive.

En conclusion, la relation $\mathcal{R}$ est réflexive, symétrique et transitive ; c'est-à-dire une relation d'équivalence.

Solution de l'exercice 1.4.

Soient A, B et X des ensembles.

(a)

D'après l'axiome d'extentionalité (voir l'axiome ZF 1 à la page 27), pour démontrer l'egalité
$$X \setminus (A \cup B) = (X \setminus A) \cap (X \setminus B),$$
il suffit d'établir la véracité de l'équivalence suivante :
$$x \in X \setminus (A \cup B) \Leftrightarrow x \in (X \setminus A) \cap (X \setminus B). \tag{†}$$

À cet effet, les lois « *logiques* » de DE MORGAN seront mises à contribution.

Précisément, par définition, l'assertion $x \in X \setminus (A \cup B)$ signifie que $x \in X$ et $\neg(x \in A \vee x \in B)$. Or, selon la première loi logique de DE MORGAN (voir l'exercice 1.2 à la page 89),

$$\neg(x \in A \vee x \in B) \Leftrightarrow \neg(x \in A) \wedge \neg(x \in B).$$

De ce fait, l'équivalence suivante est vraie :

$$x \in X \setminus (A \cup B) \Leftrightarrow x \in X \wedge \big[\neg(x \in A) \wedge \neg(x \in B)\big].$$

Cependant, la seconde composante de la dernière équivalence a la même valeur de vérité que la conjonction

$$\big[x \in X \wedge \neg(x \in A)\big] \wedge \big[x \in X \wedge \neg(x \in B)\big].$$

Cette dernière signifie que

$$x \in (X \setminus A) \cap (X \setminus B).$$

L'équivalence (†) est ainsi démontrée.

(b)

Par définition, l'assertion $x \in X \setminus (A \cap B)$ signifie que $x \in X$ et $\neg(x \in A \wedge x \in B)$. Par ailleurs, d'après la seconde loi logique de DE MORGAN,

$$\neg(x \in A \wedge x \in B) \Leftrightarrow \neg(x \in A) \vee \neg(x \in B).$$

De ce fait, l'équivalence suivante est vraie :

$$x \in X \setminus (A \cup B) \Leftrightarrow x \in X \wedge \big[\neg(x \in A) \vee \neg(x \in B)\big].$$

Au demeurant, eu égard à la seconde loi de distributivité (voir l'exercice 1.1 à la page 89), la seconde composante de la dernière équivalence a la même valeur de vérité que la disjonction

$$\big[x \in X \wedge \neg(x \in A)\big] \vee \big[x \in X \wedge \neg(x \in B)\big].$$

Cette dernière équivaut à $x \in (X \setminus A) \cup (X \setminus B)$. L'équivalence suivante est donc prouvée :
$$x \in X \setminus (A \cap B) \Leftrightarrow x \in (X \setminus A) \cup (X \setminus B).$$
Elle signifie que
$$X \setminus (A \cap B) = (X \setminus A) \cup (X \setminus B).$$

Solution de l'exercice 1.5.

Soit Y un ensemble. Alors, $\emptyset \times Y = \emptyset$, au regard de la définition des couples et du produit cartésien (voir les pages 33 et 35). À ce compte-là, l'ensemble vide peut être regardé comme étant une relation binaire de $\emptyset$ vers Y. Au demeurant, par définition de la valeur de vérité des assertions quantifiées (voir la page 17), les assertions suivantes sont vraies :
$$\Big(\forall x \in \emptyset\Big)\Big(\exists y \in \emptyset\Big) \ (x,y) \in \emptyset$$
et
$$\Big(\forall x \in \emptyset\Big) \Big[(x,y_1) \in \emptyset \wedge (x,y_2) \in \emptyset\Big] \Rightarrow y_1 = y_2.$$
De ce fait, chaque élément de l'ensemble de départ de cette relation binaire possède une et une seule image dans Y. L'ensemble vide est par conséquent une application de $\emptyset$ vers Y.

L'assertion suivante est également vraie :
$$\Big(\forall (x_1, x_2) \in \emptyset \times \emptyset\Big) \Big[(x_1, y) \in \emptyset \wedge (x_2, y) \in \emptyset\Big] \Rightarrow x_1 = x_2.$$
Elle signifie que tout élément de Y a au plus un antécédant dans $\emptyset$. En conséquence, l'ensemble vide est une application injective de $\emptyset$ vers Y.

L'assertion
$$\Big(\forall y \in Y\Big)\Big(\exists x \in \emptyset\Big) \ (x,y) \in \emptyset$$
est fausse si $Y \neq \emptyset$, mais vraie lorsque $Y = \emptyset$. Ceci exprime, selon le cas, respectivement la non-surjectivité ou la surjectivité de l'application étudiée ici.

Tout compte fait, l'ensemble vide est une application injective et non-surjective de $\emptyset$ vers tout ensemble Y non-vide. En revanche, elle est une application bijective de $\emptyset$ vers $\emptyset$.

Solution de l'exercice 1.6.

Soit $n \in \mathbb{N}$ et $p(n)$ une assertion dont la valeur de vérité dépend exclusivement de n. Eu égard à l'axiome de compréhension (voir ZF 7 à la page 28), un sous-ensemble de $\mathbb{N}$ est défini par

$$A = \{n \in \mathbb{N} \mid p(n)\}.$$

Maintenant, soit chacune des assertions suivantes valide :

$$0 \in A \qquad \text{et} \qquad n \in A \Rightarrow n+1 \in A.$$

Alors, A est un ensemble inductif. Cependant, par définition, $\mathbb{N}$ est contenu dans chaque ensemble inductif. En particulier $\mathbb{N} \subseteq A$. Par conséquent, $A = \mathbb{N}$.

Solution de l'exercice 1.7.

Soient $f : X \to Y$ et $g : Y \to X$ des applications telles que

$$g \circ f = \mathrm{id}_X \qquad (*)$$

et

$$f \circ g = \mathrm{id}_Y. \qquad (**)$$

Maintenant, soient x_1 et x_2 des éléments de X vérifiant $f(x_1) = f(x_2)$. Alors, l'égalité $(*)$ induit

$$x_1 = (g \circ f)(x_1) = g(f(x_1)) = g(f(x_2)) = (g \circ f)(x_2) = x_2.$$

Par conséquent, l'application f est injective.

À présent, soit $y \in Y$. Alors, $y = (f \circ g)(y) = f(g(y))$, eu égard à l'égalité $(**)$. Ceci signifie que $g(y)$ est un antécédent de y par f. Tout élément de Y a donc un antécédent par f. Autrement dit, l'application f est surjective.

Tout compte fait, f est une bijection et son inverse est g, car, en vertu des égalités (∗) et (∗∗), l'équivalence suivante est valide :

$$y = f(x) \Leftrightarrow x = g(y).$$

B.2. Solutions d'exercices du chapitre 2

Solution de l'exercice 2.1.

(a)

La sixième proposition du Livre I des *Éléments* d'EUCLIDE est transcrite selon le modèle suivant :

Si p, alors q.

D'un point de vue purement formel, il s'agit là de l'implication

$$p \Rightarrow q.$$

En logique classique, une telle implication est fausse lorsque la *prémisse* p est vraie et la *conclusion* q fausse. Elle est en revanche vraie dans toutes les autres situations. Dans la preuve proposée, EUCLIDE intègre bien ce fait, puis met à contribution la *règle du raisonnement par l'absurde* (voir la page 23). En effet, il suppose la prémisse p vraie et la conclusion q fausse (c'est-à-dire que l'implication $p \Rightarrow q$ est fausse), puis construit une *contradiction* (la véracité d'une assertion notoirement fausse). L'argumentation d'EUCLIDE est donc recevable, d'un point de vue strictement formel. La base et le fond de certains de ses arguments posent cependant des problèmes, qui rendent le raisonnement spécieux.

Certains des problèmes fondamentaux, qui minent la preuve cette sixième proposition, ont déjà été relevés pour les cinq premières. Il s'agit notamment de :

- la confusion entre *égalité* et *congruence* des angles (c'est-à-dire l'égalité de leur mesure) ;
- l'absence d'une définition expresse de la congruence des angles ou de leur *mesure* ;
- l'absence d'une définition claire de la *distance* entre les points.

En sus, l'exhibition de la contradiction, phase critique de la preuve, n'est pas probante pour au moins deux raisons :
- le quiproquo entre *égalité* et *congruence* des triangles ;
- l'usage d'une *relation d'ordre* entres les triangles, non-définie au préalable.

En fait, au moyen de la proposition IV, EUCLIDE constate que les côtés des triangles BDC et CAB sont respectivement égaux, tandis que leurs angles sont respectivement congruents. Cela signifie que ces deux triangles sont, non pas *égaux*, mais plutôt *congruents*. Ensuite, il affirme que des triangles BDC et CAB, le premier est le plus petit et le second le plus grand. En réalité, il veut dire ici que l'*aire* du premier est strictement inférieure à l'*aire* du second.

En l'état, la contradiction ne saute pas aux yeux. Pour l'exhiber formellement de manière probante, il convient de réaliser en amont les deux actions suivantes :

1. Définir explicitement l'***aire des triangles***, comme étant une correspondance associant à chaque triangle une quantité, un nombre strictement positif, mesurant l'ampleur du secteur délimité par les côtés dudit triangle.

2. Montrer que *deux triangles congruents quelconques ont la même aire* (***proposition A***).

Dans le sillage de ces actions, il suffit alors, au cœur de la preuve de la proposition VI, de montrer que l'aire de BDC est strictement inférieure à l'aire de CAB, bien que ces triangles soient congruents, puis de constater qu'il s'agit là d'une contradiction de la proposition A.

(b)

Dans l'espace euclidien selon HILBERT, la sixième proposition du Livre I des *Éléments* d'EUCLIDE se formule comme suit :

> **Proposition VI.** Si les angles $\widehat{ABC}$ et $\widehat{ACB}$ d'un triangle ABC sont congruents, alors $[AB] \equiv [AC]$.

Cette formulation est équivalente à la suivante :

> **Proposition VI.** Si les angles $\widehat{ABC}$ et $\widehat{ACB}$ d'un triangle ABC sont congruents, alors ce triangle est isocèle en A.

Avant sa démonstration, il sied d'observer que cette proposition VI est la réciproque de la proposition 2.14 à la page 128. Pour mémoire, la réciproque d'une implication $p \Rightarrow q$ est l'implication $q \Rightarrow p$.

Pour démontrer la proposition VI, la *règle d'introduction de l'implication* (voir la page 21) et la *deuxième loi de congruence* (voir la proposition 2.7 à la page 121) seront mises à contribution. À cet effet, soit ABC un triangle tel que $\widehat{ABC} \equiv \widehat{ACB}$. Celui-ci peut être regardé sous d'autres perspectives : notamment, comme étant le triangle BCA ou CBA. Cependant, l'axiome III.1 à la page 112 livre $[BC] \equiv [CB]$. En outre,
$$\widehat{CBA} = \widehat{ABC} \quad \text{et} \quad \widehat{BCA} = \widehat{ACB}.$$
De ce fait, $\widehat{CBA} \equiv \widehat{BCA}$. Les congruences $[BC] \equiv [CB]$, puis
$$\widehat{CBA} \equiv \widehat{BCA} \quad \text{et} \quad \widehat{BCA} \equiv \widehat{CBA},$$
sont donc valides. Par conséquent, les triangles BCA et CBA sont congruents, eu égard à la deuxième loi de congruence. D'où
$$[BA] \equiv [CA].$$
Puisque $[AB] = [BA]$ et $[AC] = [CA]$, ceci signifie que $[AB] \equiv [AC]$. La proposition VI est ainsi démontrée.

Solution de l'exercice 2.2.

Soit α un plan et $\mathcal{D}$ une droite contenue dans α. Alors, il existe un A un point n'appartenant pas à la droite $\mathcal{D}$, car tout plan contient au moins trois points non alignés (voir les axiome I.3 et I.4 à la page 107). À présent, soit P un point quelconque de la droite $\mathcal{D}$. Alors, d'après l'axiome II.2 à la page 108, il existe sur la droite (AP) un point B tel que P soit situé entre A et B. Alors,

$$]\mathcal{D}, A) \cup \mathcal{D} \cup]\mathcal{D}, B) = \alpha \qquad \text{et} \qquad]\mathcal{D}, A) \cap]\mathcal{D}, B) = \emptyset.$$

Ces égalités se déduisent dans grandes difficultés de la définition des demi-plans ouverts. Elles permettent d'établir que $[\mathcal{D}, A)$ et $[\mathcal{D}, B)$ d'une part, puis $]\mathcal{D}, A)$ et $]\mathcal{D}, B)$ d'autre part, sont les uniques demi-plans fermés et ouverts, de frontière $\mathcal{D}$, contenus dans le plan α.

Solution de l'exercice 2.3.

Dans l'espace euclidien, soient $\mathcal{D}_1$ et $\mathcal{D}_2$ deux droites sécantes en un points A. Alors, il existe des points B et C, distincts chacun de A, tels que $\mathcal{D}_1 = (AB)$ et $\mathcal{D}_2 = (AC)$. Ainsi, les points A, B et C sont non alignés (le contraire entraînerait $\mathcal{D}_1 = (AB) = (AC) = \mathcal{D}_2$). Ils définissent donc un plan (ABC). Ce dernier contient les droites $\mathcal{D}_1$ et $\mathcal{D}_2$, eu égard à l'axiome I.5 à la page 107. Il est l'unique contenant ces deux droites, en raison de l'axiome I.4 à la page 107.

Solution de l'exercice 2.4.

Lorsque $A \neq B$, l'égalité $[AB] = [BA]$ est garantie par l'axiome II.1 à la page 108.

Solution de l'exercice 2.5.

Soit $\mathbb{S}$ la collection des segments de l'espace. La relation $\equiv$ est une relation binaire sur $\mathbb{S}$. Elle est réflexive, en vertu de l'axiome III.1 à la page 112.

Soient $[AB]$ et $[A'B']$ des segments tels que $[AB] \equiv [A'B']$. Alors, $[AB] \equiv [AB]$, eu égard à la réflexivité de la relation $\equiv$. Au compte de l'axiome III.2 à la page 112, les congruences $[AB] \equiv [A'B']$ et $[AB] \equiv [AB]$ entraînent $[A'B'] \equiv [AB]$. Donc, $[AB] \equiv [A'B']$ induit $[A'B'] \equiv [AB]$. La relation $\equiv$ est de ce fait symétrique.

Soient $[AB]$, $[A'B']$ et $[A''B'']$ des segments tels que $[AB] \equiv [A'B']$ et $[A'B'] \equiv [A''B'']$. Alors, $[A'B'] \equiv [AB]$ et $[A'B'] \equiv [A''B'']$. Selon l'axiome III.2, il en résulte que $[AB] \equiv [A''B'']$. Ainsi, les congruences $[AB] \equiv [A'B']$ et $[A'B'] \equiv [A''B'']$ induisent $[AB] \equiv [A''B'']$. Ceci signifie que la relation de congruence $\equiv$ est transitive.

Tout compte fait, la relation de congruence $\equiv$ est une relation d'équivalence sur la collection $\mathbb{S}$ des segments.

Solution de l'exercice 2.6.

Dans un premier temps, soient A et B des points égaux de l'espace euclidien. Alors, $[AA] \equiv [BB]$, eu égard à la réflexivité de la relation de congruence.

Dans un second temps, soient A et B des points distincts de l'espace euclidien. Alors, d'après l'axiome III.1 à la page 112, il existe un unique point $B_1 \in [BA)$ tel que $[AA] \equiv [B_1 B]$. Du reste, sur la demi-droite $(AB) \setminus]BA)$, il y a un et un seul point B_2 satisfaisant $[AA] \equiv [BB_2]$. Cependant,

$$[AA] \cap [AA] = \{A\} \quad \text{et} \quad [B_1 B] \cap [BB_2] = \{B\}.$$

Selon l'axiome III.3 à la page 112, il en découle que $[AA] \equiv [B_1 B_2]$. Puisque $[AA] \equiv [BB_2]$, ceci induit $[B_1 B_2] \equiv [BB_2]$ (voir l'axiome III.2 à la page 112). Or, sur la droite (AB), relativement à B_2, les points B et B_1 sont situés du même côté. D'où $B_1 = B$ (voir l'axiome III.1). Par conséquent, $[AA] \equiv [BB]$.

Solution de l'exercice 2.7.

Soient A, A' et B' des points quelconques tels que $[AA] \equiv [A'B']$. Alors, $A' = B'$. En effet, le contraire entraînerait l'existence, sur la demi-droite $[A'B')$, l'existence de deux points distinct A' et B' tels que $[AA] \equiv [A'A']$ et $[AA] \equiv [A'B']$: une contradiction de l'axiome III.1 à la page 112.

Solution de l'exercice 2.8.

Pour établir que la congruence définit une relation d'équivalence sur la collection des angles de l'espace euclidien, il suffit de mettre à contribution la morale de l'exercice 1.3 à la page 89, ou d'argumenter pied à pied, comme dans la solution de l'exercice 2.5 ci-dessus, *mutatis mutandis*.

Solution de l'exercice 2.9.

Soit Int $\left(\widehat{AOB}\right)$ l'intérieur de l'angle $\widehat{AOB}$. Alors, par définition,

$$]AB[\;\subseteq\; \text{Int}\left(\widehat{AOB}\right) = \;](OA), B) \cap \;](OB), A).$$

Dans un premier temps, soit un point $M \in \text{Int}\left(\widehat{AOB}\right)$. Alors,

$$]OM) \cap (OA) = \emptyset \quad \text{et} \quad]OM) \cap (OB) = \emptyset;$$

le contraire entraînerait en effet $(OM) = (OA)$ ou $(OM) = (OB)$, contredisant ainsi l'hypothèse $M \in \text{Int}\left(\widehat{AOB}\right)$. Maintenant, soit P un point de la demi-droite $]OM)$, distinct de M. Alors, AMP et BMP sont des triangles. Du reste, $[MP] \subseteq]OM)$. De ce fait,

$$[MP] \cap (OA) = \emptyset \quad \text{et} \quad [MP] \cap (OB) = \emptyset.$$

Au demeurant, l'appartenance du point M à l'intérieur de l'angle $\widehat{AOB}$ signifie que

$$[BM] \cap (OA) = \emptyset \quad \text{et} \quad [AM] \cap (OB) = \emptyset.$$

Par ailleurs, la droite (OA) ne rencontre aucun des points B, M et P. Par conséquent, en raison de l'axiome II.5 à la page 109, les égalités

$$[MP] \cap (OA) = \emptyset \quad \text{et} \quad [BM] \cap (OA) = \emptyset$$

livrent $[BP] \cap (OA) = \emptyset$, c'est-à-dire $P \in\,](OA), B)$. Dans le même esprit, puisque la droite (OB) ne rencontre aucun des points A, M et P, les égalités

$$[MP] \cap (OB) = \emptyset \quad \text{et} \quad [AM] \cap (OB) = \emptyset$$

induisent $[AP] \cap (OB) = \emptyset$, c'est-à-dire $P \in\,](OB), A)$. Donc,

$$P \in\,](OA), B) \cap\,](OB), A) = \text{Int}\left(\widehat{AOB}\right)$$

(voir le schéma B.1 à la page 220). L'inclusion suivante est ainsi établie :

$$]OM) \subseteq \text{Int}\left(\widehat{AOB}\right).$$

De plus, une argumentation analogue permet de montrer que, dans le plan (OAB), si une demi-droite ouverte d'origine O contient un point de $(AB) \backslash]AB[$, ou si elle est contenue dans une droite parallèle à (AB), alors n'est pas contenue dans l'intérieur de l'angle $\widehat{AOB}$ (voir le schéma B.2 à la page 220). À ce compte-là, il existe un point C satisfaisant

$$]OM) \cap]AB[\, = \{C\}.$$

Dans un second temps, soit M un point du plan (OAB), tel qu'il existe un point C satisfaisant

$$]OM) \cap]AB[\, = \{C\}.$$

Alors, $]OM) =\,]OC)$. En outre, puisque $]AB[\, \subseteq \text{Int}\left(\widehat{AOB}\right)$, le point C appartient à l'intérieur de l'angle $\widehat{AOB}$. Cette appartenance entraîne

$$]OM) =\,]OC) \subseteq \text{Int}\left(\widehat{AOB}\right),$$

eu égard à un résultat obtenu dans le paragraphe précédent. De ce fait, $M \in \text{Int}\left(\widehat{AOB}\right)$.

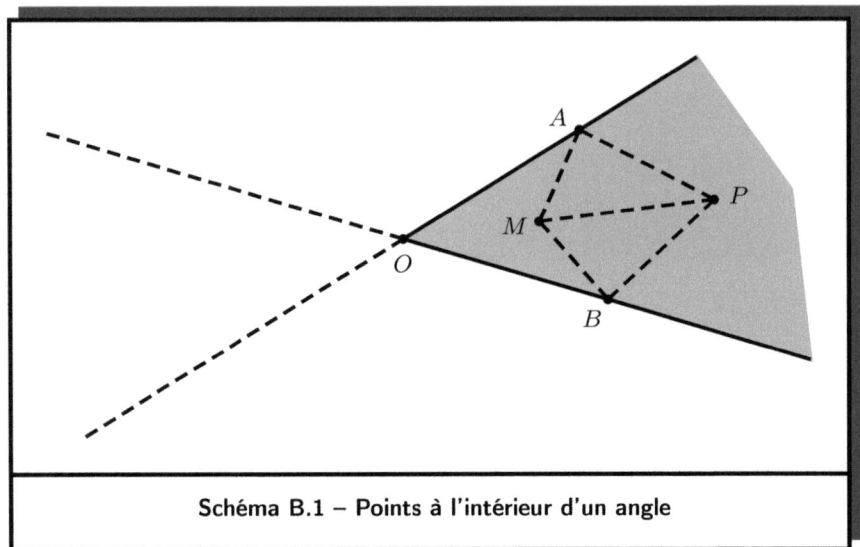

Schéma B.1 – Points à l'intérieur d'un angle

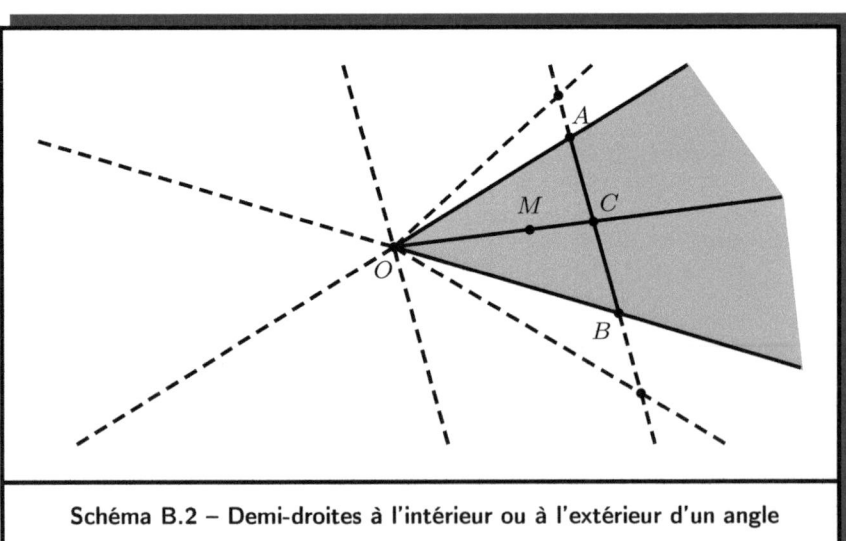

Schéma B.2 – Demi-droites à l'intérieur ou à l'extérieur d'un angle

Solution de l'exercice 2.10.

Dans un souci de simplification, sont considérés des points A et B, tels que $\mathcal{G} = [OA)$ et $\mathcal{H} = [OB)$. Alors, eu égard à la proposition 2.10 à la page 124, et en raison de l'inclusion de la demi-droite ouverte $\mathcal{K} \setminus \{O\}$ dans l'intérieur de l'angle $\widehat{AOB}$, il existe un point $C \in \,]AB[$ tel que $\mathcal{K} = [OC)$. De plus, il existe des points A', B' et C', tels que

$$\mathcal{G}' = [O'A'), \qquad \mathcal{H}' = [O'B') \qquad \text{et} \qquad \mathcal{K}' = [O'C'),$$

puis,

$$[OA] \equiv [O'A'], \qquad [OB] \equiv [O'B'] \qquad \text{et} \qquad [OC] \equiv [O'C'].$$

Alors,

$$\widehat{AOC} \equiv \widehat{A'O'C'} \qquad \text{et} \qquad \widehat{COB} \equiv \widehat{C'O'B'}.$$

Les triangles OAC et $O'A'C'$ sont donc congruents, en vertu de la première loi de congruence (voir la proposition 2.6 à la page 120), et compte tenu des relations

$$[OA] \equiv [O'A'], \qquad [OC] \equiv [O'C'] \qquad \text{et} \qquad \widehat{AOC} \equiv \widehat{A'O'C'}.$$

Il en est de même pour les triangles OBC et $O'B'C'$, car

$$[OB] \equiv [O'B'], \qquad [OC] \equiv [O'C'] \qquad \text{et} \qquad \widehat{BOC} \equiv \widehat{B'O'C'}.$$

De ce fait, $[AC] \equiv [A'C']$ et $[CB] \equiv [C'B']$, puis

$$\widehat{OCA} \equiv \widehat{O'C'A'} \qquad \text{et} \qquad \widehat{OCB} \equiv \widehat{O'C'B'}.$$

Cependant, les angles $\widehat{OCA}$ et $\widehat{OCB}$ sont supplémentaires. De ce fait, les angles $\widehat{O'C'A'}$ et $\widehat{O'C'B'}$ sont également supplémentaires ; en effet, le contraire entraînerait l'existence d'un point $D' \in \,](O'C'), B')$ tel que $[C'B') \neq [C'D')$, puis $\widehat{OCB} \equiv \widehat{O'C'B'}$ et $\widehat{OCB} \equiv \widehat{O'C'D'}$: une contradiction de l'axiome III.4 à la page 113. Ainsi, $C' \in \,]A'B'[$. Puisque $C \in \,]AB[$, puis $[AC] \equiv [A'C']$ et $[CB] \equiv [C'B']$, il en résulte que $[AB] \equiv [A'B']$ (voir l'axiome III.3 à la page 112). Eu égard

221

aux relations $[OA] \equiv [O'A']$ et $[OB] \equiv [O'B']$, il s'ensuit que les triangles OAB et $O'A'B'$ sont congruents (voir la proposition 2.15 à la page 129). Donc, $\widehat{AOB} \equiv \widehat{A'O'B'}$, c'est-à-dire $(\widehat{\mathcal{G}, \mathcal{H}}) \equiv (\widehat{\mathcal{G}', \mathcal{H}'})$.

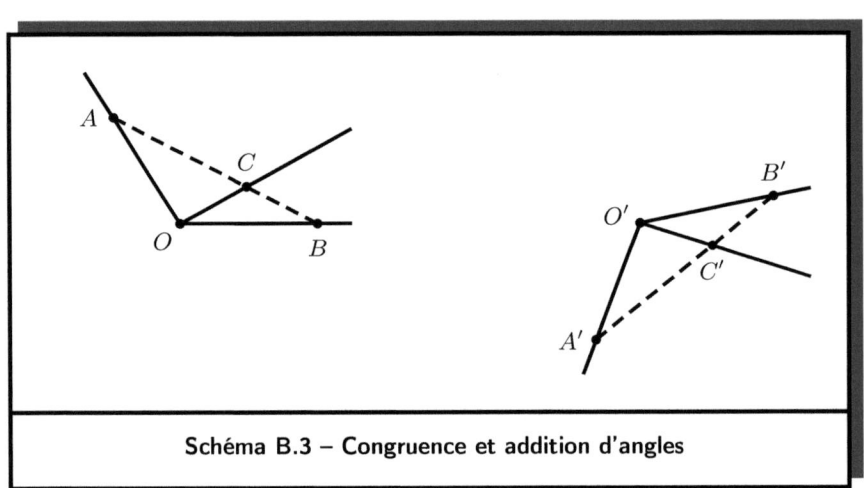

Schéma B.3 – Congruence et addition d'angles

Solution de l'exercice 2.11.

Soit $\widehat{AOB}$ un angle et M un point de son intérieur $\text{Int}\left(\widehat{AOB}\right)$. Alors, il existe un point $P \in\,]AB[\,\cap\,]OM)$ (voir la proposition 2.10 à la page 124). Donc, $]OP) =]OM) \subseteq \text{Int}\left(\widehat{AOB}\right)$. De plus, il existe des points C et D satisfaisant $O \in\,]AC[$ et $O \in\,]BC[$, puis $[OA] \equiv [OC]$ et $[OB] \equiv [OD]$. Ainsi, l'angle $\widehat{COD}$ est l'opposé de $\widehat{AOB}$. Maintenant, soit N un point tel que $O \in\,]MN[$. Alors, il existe un point $Q \in [ON)$ tel que $[OP] \equiv [OQ]$ (voir le schéma B.4). Cependant, tout angle est congruent à son opposé (voir la proposition 2.9 à la page 124). Ceci induit la congruence des triangles OAB et OCD. Dans le même esprit, les triangles OAP et OCQ d'une part, puis OBP er ODQ d'autre part, sont congruents. Il s'ensuit que le point Q appartient au segment $]CD[$. (Pour quelles raisons?) Par conséquent, $]OQ) \cap\,]CD[\, = \{Q\}$. Ceci signifie que la demi-droite $]ON)$, égale à $]OQ)$, est à l'intérieur de l'angle $\widehat{COD}$.

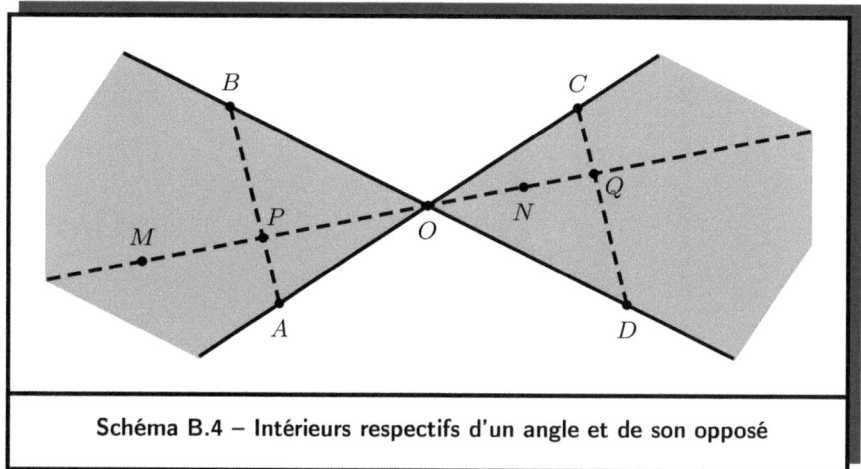

Schéma B.4 – Intérieurs respectifs d'un angle et de son opposé

Solution de l'exercice 2.12.

Soit $\widehat{AOB}$ un angle aigu. Alors, par définition, il existe à l'extérieur de cet angle des points A' et B' tels que les angles $\widehat{AOA'}$ et $\widehat{BOB'}$ soient droits. En outre, pour des points C et D tels que $O \in\,]AC[$ et $O \in\,]BD[$, l'angle $\widehat{COD}$ est l'opposé de l'angle $\widehat{AOB}$ (voir le schéma B.5 à la page 224). Maintenant, soient C' et D' des points vérifiant respectivement $O' \in\,]A'C'[$ et $O' \in\,]B'D'[$. Au demeurant, les angles $\widehat{COC'}$ et $\widehat{DOD'}$, opposés respectifs de $\widehat{AOA'}$ et $\widehat{BOB'}$, sont droits. Or, eu égard à l'exercice 2.11 à la page 135, les points C' et D' sont à l'extérieur de l'angle $\widehat{COD}$. L'angle $\widehat{COD}$, opposé de $\widehat{AOB}$, est donc aigu.

Soit $\widehat{AOB}$ un angle obtus. Alors, il existe à l'intérieur de cet angle des points A' et B' tels que les angles $\widehat{AOA'}$ et $\widehat{BOB'}$ soient droits. De plus, pour des points C et D tels que $O \in\,]AC[$ et $O \in\,]BD[$, l'angle $\widehat{COD}$ est l'opposé de $\widehat{AOB}$ (voir le schéma B.6 à la page 224). À présent, soient C' et D' des points tels que $O' \in\,]A'C'[$ et $O' \in\,]B'D'[$. Du reste, les angles $\widehat{COC'}$ et $\widehat{DOD'}$, opposés respectifs de $\widehat{AOA'}$ et $\widehat{BOB'}$, sont droits. Par ailleurs, selon l'exercice 2.11, les points C' et D' sont à l'intérieur de l'angle $\widehat{COD}$. L'angle $\widehat{COD}$, opposé de $\widehat{AOB}$, est donc obtus.

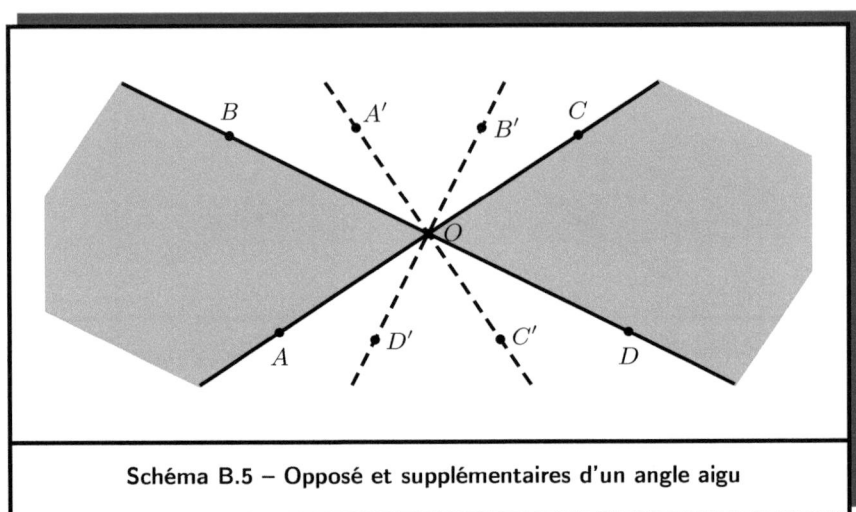

Schéma B.5 – Opposé et supplémentaires d'un angle aigu

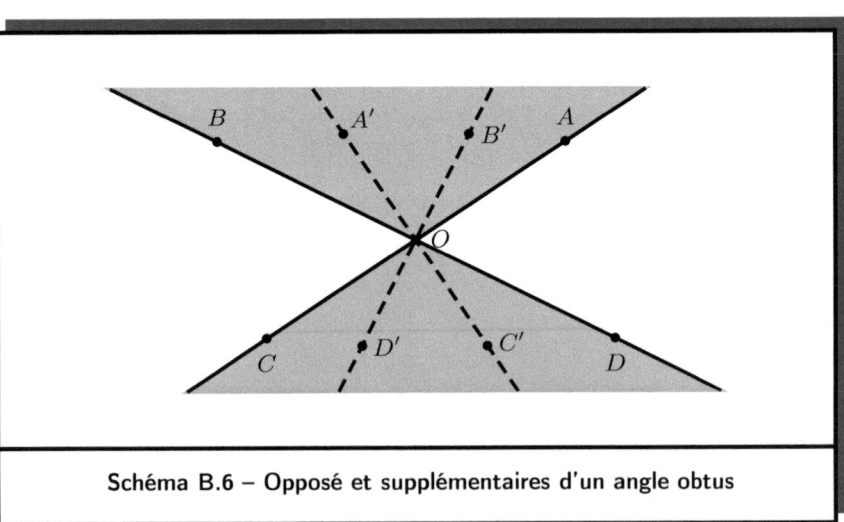

Schéma B.6 – Opposé et supplémentaires d'un angle obtus

Solution de l'exercice 2.13.

Un angle aigu $\widehat{AOB}$ étant donné, soient C et D des points tels que $O \in]AC[$ et $O \in]BD[$. Alors, il existe à l'extérieur de cet angle des points A' et B', contenus dans le demi-plan $](OB), C)$, tels que les angles $\widehat{AOA'}$ et $\widehat{BOB'}$ soient droits. De plus, les angles $\widehat{AOD}$ et $\widehat{BOC}$ sont les supplémentaires de $\widehat{AOB}$. Au demeurant, l'exercice 2.11 à la page 135 permet d'établir que les demi-droites $]OA')$ et $]OB')$ sont à l'intérieur de l'angle $\widehat{BOC}$ (voir le schéma B.5 à la page 224). Du reste, l'angle $\widehat{COA'}$, comme $\widehat{BOB'}$, est droit. De ce fait, l'angle $\widehat{BOC}$ est obtus. Par ailleurs, les points C' et D', tels que $O \in]A'C'[$ et $O \in]B'D'[$, sont à l'intérieur de l'angle $\widehat{AOD}$. Ce dernier est donc obtus, puisque les angles $\widehat{AOA'}$ et $\widehat{DOD'}$ sont droits.

Solution de l'exercice 2.14.

Un angle obtus $\widehat{AOB}$ étant donné, soient C et D des points tels que $O \in]AC[$ et $O \in]BD[$. Alors, il existe à l'intérieur de cet angle des points A' et B' tels que les angles $\widehat{AOA'}$ et $\widehat{BOB'}$ soient droits. En outre, les angles $\widehat{AOD}$ et $\widehat{BOC}$ sont les supplémentaires de $\widehat{AOB}$. En outre, les demi-droites ouvertes $]OA')$ et $]OB')$ sont à l'extérieur de $\widehat{BOC}$, tandis que les angles $\widehat{BOB'}$ et $\widehat{COA'}$ sont droits (voir le schéma B.6 à la page 224). Ceci signifie que l'angle $\widehat{BOC}$ est aigu. Il en est de même pour l'angle $\widehat{AOD}$. En effet, les points C' et D', vérifiant $O \in]A'C'[$ et $O \in]B'D'[$, sont à l'extérieur de $\widehat{AOD}$, pendant que les angles $\widehat{AOC'}$ et $\widehat{DOD'}$ sont droits.

Solution de l'exercice 2.15.

Soit α un angle droit, puis β un autre angle tel que $\alpha \equiv \beta$. Maintenant, soient des angles α' et β' supplémentaires respectifs des α et β. Alors, $\alpha \equiv \alpha'$, selon la définition des angles droits. Ceci induit $\beta \equiv \alpha'$. Au demeurant, $\alpha' \equiv \beta'$, en vertu de la proposition 2.8 à la page 122.

Par conséquent, $\beta \equiv \beta'$. De ce fait, l'angle β est congruent à ses deux supplémentaires. Il est donc droit.

Solution de l'exercice 2.16.

Soit $\widehat{AOB}$ un angle obtus, puis $\widehat{A'O'B'}$ un autre angle vérifiant $\widehat{AOB} \equiv \widehat{A'O'B'}$. Alors, il existe à l'intérieur de $\widehat{AOB}$ des points C et D tels que les angles $\widehat{AOC}$ et $\widehat{BOD}$ soient droits. Cependant, selon la proposition 2.11 à la page 125, il existe à l'intérieur de $\widehat{A'O'B'}$ des points C' et D' tels que $\widehat{AOC} \equiv \widehat{A'O'C'}$ et $\widehat{BOD} \equiv \widehat{B'O'D'}$. Au compte de l'exercice 2.16 à la page 136, ces dernières congruences entraînent que $\widehat{A'O'C'}$ et $\widehat{B'O'D'}$ sont des angles droits. Par conséquent, l'angle $\widehat{A'O'B'}$ est obtus.

Solution de l'exercice 2.17.

Soit α un angle aigu, puis β un autre angle tel que $\alpha \equiv \beta$. À présent, sont considérés des angles α' et β', supplémentaires respectifs des α et β. Alors, $\alpha' \equiv \beta'$, selon la proposition 2.8 à la page 122. L'angle α' est cependant obtus (voir l'exercice 2.13 à la page 136). En vertu de l'exercice 2.16 à la page 136, il en résulte que l'angle β', supplémentaire de β, est également obtus. Il en de même pour le second supplémentaire de β (voir l'exercice 2.12 à la page 136). De ce fait, β est un angle aigu.

Solution de l'exercice 2.18.

Soit $\mathcal{D}$ une droite et A un point n'appartenant pas à cette droite. Du reste, soient B et C des points distincts de la droite $\mathcal{D}$. Alors, $\mathcal{D} = (BC)$. De plus, dans le demi-plan $(ABC) \setminus \bigl[(BC), A\bigr]$, il existe un point A' tel que $[BA] \equiv [BA']$ et $\widehat{ABC} \equiv \widehat{A'BC}$. Au demeurant, il existe un point P vérifiant $(BC) \cap [AA'] = \{P\}$. Ainsi, les angles $\widehat{APC}$ et $\widehat{A'PC}$ sont supplémentaires. En outre, $P = B$ ou $P \neq B$.

Premier cas : Soit $P = B$. Alors, les angles $\widehat{ABC}$ et $\widehat{A'BC}$ sont supplémentaires et congruents. Ils sont de ce fait droits (voir le schéma B.7). La droite (AA') est donc perpendiculaire à $\mathcal{D}$ ent P.

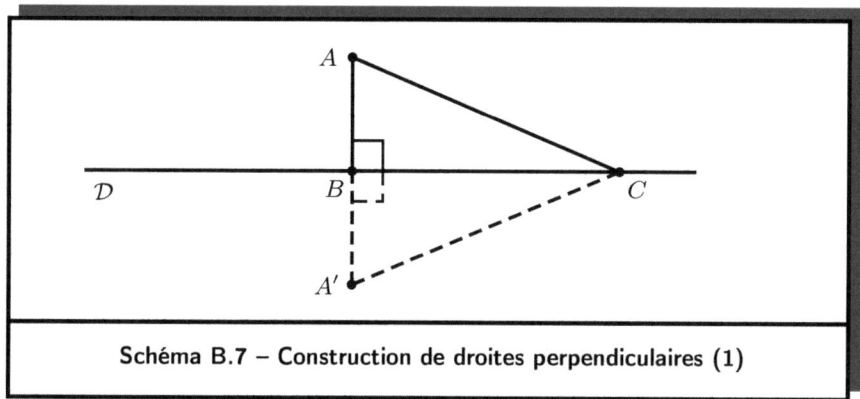

Schéma B.7 – Construction de droites perpendiculaires (1)

Second cas : Soit $P \neq B$. Alors, les angles $\widehat{ABC}$ et $\widehat{ABP}$ sont égaux ou supplémentaires ; il en est de même pour les angles $\widehat{A'BC}$ et $\widehat{A'BP}$ (voir le schéma B.8). En tout état de cause, $\widehat{ABP} \equiv \widehat{A'BP}$. De plus, $[BA] \equiv [BA']$ et $[BP] \equiv [BP]$. Eu égard à l'axiome III.6 à la page 113, il en résulte que les angles $\widehat{APB}$ et $\widehat{A'PB}$ sont congruents. Ces derniers étant supplémentaires, ils sont par conséquent droits. De ce fait, les droites (AA') et $\mathcal{D}$ sont perpendiculaires en P.

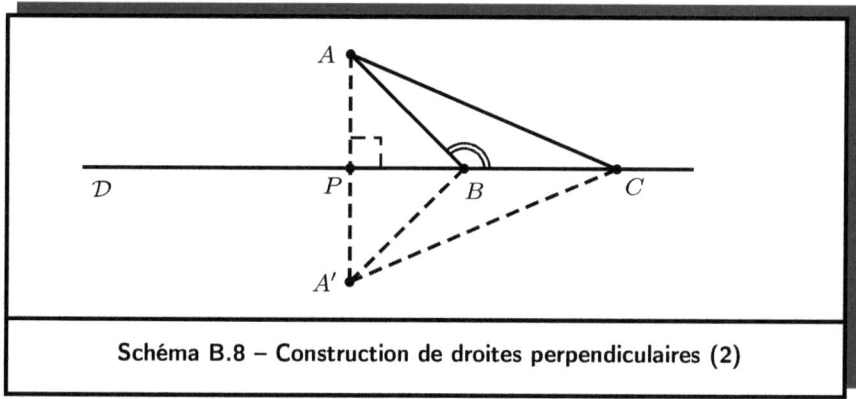

Schéma B.8 – Construction de droites perpendiculaires (2)

Donc, dans toutes les situations, il existe une droite passant par A et perpendiculaire à $\mathcal{D}$. Celle-ci est unique ; en effet, le contraire dédirait l'axiome III.4 à la page 113.

Solution de l'exercice 2.19.

Soit $\widehat{AOB}$ un angle. Alors, il existe un point C tel que $O \in\,]BC[$. Ainsi, l'angle $\widehat{AOC}$ est un supplémentaire de $\widehat{AOB}$. En outre, il existe un point $P \in\,](OB), A)$ tel que l'angle $\widehat{AOP}$ soit droit. Cependant,

$$](OB), A) = \operatorname{Int}\left(\widehat{AOB}\right) \cup\,]OA) \cup \operatorname{Int}\left(\widehat{AOC}\right),$$

où $\operatorname{Int}\left(\widehat{AOB}\right)$ et $\operatorname{Int}\left(\widehat{AOC}\right)$ désignent les intérieurs respectifs des angles $\widehat{AOB}$ et $\widehat{AOC}$. De ce fait,

$$P \in\,]OA) \quad \text{ou} \quad P \in \operatorname{Int}\left(\widehat{AOC}\right) \quad \text{ou} \quad P \in \operatorname{Int}\left(\widehat{AOB}\right).$$

Premier cas : Soit $P \in\,]OA)$. Alors, l'angle $\widehat{AOB}$ est égal à $\widehat{AOP}$ et, par conséquent, droit.

Deuxième cas : Soit $P \in \operatorname{Int}\left(\widehat{AOC}\right)$. Alors, $\widehat{AOC} \equiv \widehat{COA}$. De ce fait, en vertu de la proposition 2.11 à la page 125, il existe un point

$$Q \in \operatorname{Int}\left(\widehat{COA}\right) = \operatorname{Int}\left(\widehat{AOC}\right)$$

tel que $\widehat{COQ} \equiv \widehat{AOP}$ (voir le schéma B.9 à la page 229). L'angle $\widehat{COQ}$ est donc est droit, au même titre que $\widehat{AOP}$ (voir l'exercice 2.15 à la page 136). Ceci signifie que l'angle $\widehat{AOC}$ est obtus. Son supplémentaire $\widehat{AOB}$ est par conséquent aigu.

Troisième cas : Soit $P \in \operatorname{Int}\left(\widehat{AOB}\right)$. Alors, un raisonnement analogue à celui du deuxième cas permet d'établir que l'angle $\widehat{AOB}$ est obtus.

Ces arguments montrent bien que l'angle $\widehat{AOB}$ est soit droit, soit aigu ou obtus.

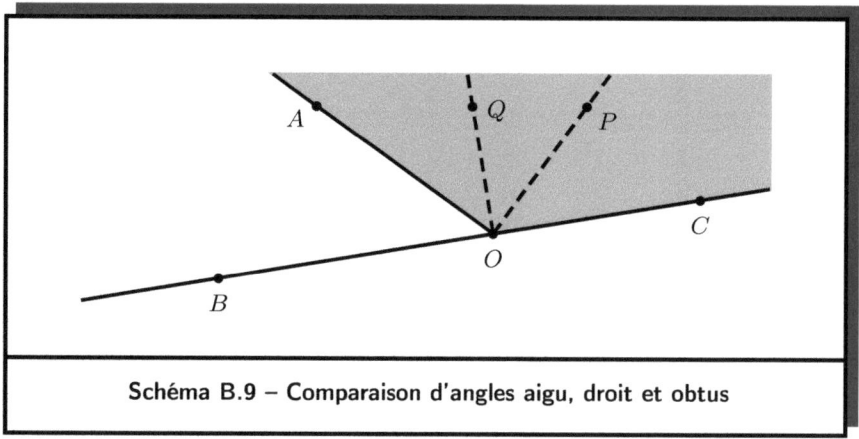

Schéma B.9 – Comparaison d'angles aigu, droit et obtus

B.3. Solutions d'exercices du chapitre 3

Solution de l'exercice 3.1.

Dans l'espace euclidien, soit P un point et $[AB]$ un segment. Alors, $[PP]$ est l'unique segment contenu dans $[PP]$. De ce fait, l'assertion $\widehat{[AB]} < \widehat{[PP]}$ est fausse, dans la mesure où il n'existe pas de point $X \in [PP]$ vérifiant $[AB] \equiv [PX]$ et $[PX] \neq [PP]$.

À présent, soit $A \neq B$, alors $A \in [AB]$ et $[AA] \neq [AB]$. Puisque $[PP] \equiv [AA]$, ceci entraîne $\widehat{[PP]} < \widehat{[AB]}$.

Solution de l'exercice 3.2.

Soient $[AB]$, $[CD]$ et $[EF]$ des segments satisfaisant

$$\widehat{[AB]} < \widehat{[CD]} \qquad \text{et} \qquad \widehat{[CD]} < \widehat{[EF]}.$$

Alors, il existe des points $X \in [CD]$ et $Z \in [EF]$ vérifiant

$$[AB] \equiv [CX] \qquad \text{et} \qquad [CX] \neq [CD],$$

puis
$$[CD] \equiv [EZ] \quad \text{et} \quad [EZ] \neq [EF].$$

Du reste, il existe un unique point $Y \in [EF)$ tel que $[AB] \equiv [EY]$. Alors, $Y \in [EZ]$ et $[EY] \neq [EZ]$; le contraire entraînerait en effet
$$Z = Y \quad \text{ou} \quad Z \in {]}EY{[},$$

puis
$$\widehat{[CD]} = \widehat{[EZ]} = \widehat{[EY]} = \widehat{[AB]} \quad \text{ou} \quad \widehat{[CD]} = \widehat{[EZ]} < \widehat{[EY]} = \widehat{[AB]}:$$

une contradiction de l'hypothèse. Du reste, $[EZ] \subseteq [EF]$. De ce fait, $Y \in [EF]$ et $[EY] \neq [EF]$. Par conséquent, $\widehat{[AB]} < \widehat{[EF]}$.

Solution de l'exercice 3.3.

Des points distincts A et B de l'espace euclidien étant considérés, soit m un entier naturel. Alors,
$$m \cdot \left(0 \cdot \widehat{[AB]}\right) = m \cdot \widehat{[AA]} = \widehat{[AA]} = (m \cdot 0) \cdot \widehat{[AB]}.$$

Maintenant, soit n un nombre entier naturel vérifiant
$$m \cdot \left(n \cdot \widehat{[AB]}\right) = mn \cdot \widehat{[AB]}.$$

Alors, la proposition 3.7 à la page 145 livre
$$m \cdot \left((n+1) \cdot \widehat{[AB]}\right) = m \cdot \left(n \cdot \widehat{[AB]} \oplus \widehat{[AB]}\right)$$
$$= mn \cdot \widehat{[AB]} \oplus m \cdot \widehat{[AB]}$$
$$= (mn + m) \cdot \widehat{[AB]}$$
$$= \big(m(n+1)\big) \cdot \widehat{[AB]}.$$

Au compte de la règle du raisonnement par induction (voir l'exercice 1.6 à la page 90), il en résulte que
$$m \cdot \left(n \cdot \widehat{[AB]}\right) = mn \cdot \widehat{[AB]}$$

pour tous entiers naturels m et n.

Solution de l'exercice 3.4.

(a)

La proposition **(a)** est triviale.

(b)

Soit $\widehat{[AB]} \leq \widehat{[CD]}$ et $\widehat{[CD]} \leq \widehat{[AB]}$. Alors, l'une des deux assertions suivantes est fausse :
$$\widehat{[AB]} < \widehat{[CD]} \quad \text{et} \quad \widehat{[CD]} < \widehat{[AB]}.$$

Eu égard à la transitivité de la relation $<$ sur $\widehat{\mathbb{S}}$, le contraire entraînerait en effet $\widehat{[AB]} < \widehat{[AB]}$: ceci est une contradiction. Par conséquent, $\widehat{[AB]} = \widehat{[CD]}$ ou $\widehat{[CD]} = \widehat{[AB]}$.

(c)

Soit $\widehat{[AB]} \leq \widehat{[CD]}$ et $\widehat{[CD]} \leq \widehat{[EF]}$. Alors, l'une des assertions suivantes est vraie :
- **(i)** $\widehat{[AB]} = \widehat{[CD]}$ et $\widehat{[CD]} = \widehat{[EF]}$.
- **(ii)** $\widehat{[AB]} < \widehat{[CD]}$ et $\widehat{[CD]} = \widehat{[EF]}$.
- **(iii)** $\widehat{[AB]} = \widehat{[CD]}$ et $\widehat{[CD]} < \widehat{[EF]}$.
- **(iv)** $\widehat{[AB]} < \widehat{[CD]}$ et $\widehat{[CD]} < \widehat{[EF]}$.

La première, **(i)**, entraîne $\widehat{[AB]} = \widehat{[EF]}$. La deuxième, **(ii)**, implique $\widehat{[AB]} < \widehat{[EF]}$. Par ailleurs, la troisième, **(iii)**, livre $\widehat{[AB]} < \widehat{[EF]}$, tandis que la quatrième, **(iv)**, induit $\widehat{[AB]} < \widehat{[EF]}$.

En vertu de la *règle de disjonction des cas*, ces observations établissent que
$$\widehat{[AB]} \leq \widehat{[EF]}$$
est une conséquence de $\widehat{[AB]} \leq \widehat{[CD]}$ et $\widehat{[CD]} \leq \widehat{[EF]}$.

(d)

Soient $[AB]$ et $[CD]$ des segments. Alors,

$$\widehat{[AB]} = \widehat{[CD]} \quad \text{ou} \quad \widehat{[AB]} < \widehat{[CD]} \quad \text{ou} \quad \widehat{[CD]} < \widehat{[AB]},$$

selon la proposition 3.8 à la page 147.

Ainsi, si la l'assertion $\widehat{[AB]} < \widehat{[CD]}$ est fausse, alors $\widehat{[AB]} = \widehat{[CD]}$ ou $\widehat{[CD]} < \widehat{[AB]}$, c'est-à-dire $\widehat{[CD]} \leq \widehat{[AB]}$

En revanche, si $\widehat{[CD]} \leq \widehat{[AB]}$, c'est-à-dire

$$\widehat{[CD]} = \widehat{[AB]} \quad \text{ou} \quad \widehat{[CD]} < \widehat{[AB]},$$

alors l'assertion $\widehat{[AB]} < \widehat{[CD]}$ est fausse. Car, le contraire induirait $\widehat{[CD]} < \widehat{[CD]}$ ou $\widehat{[AB]} < \widehat{[AB]}$.

Les équivalences

$$\neg \left(\widehat{[AB]} < \widehat{[CD]} \right) \Leftrightarrow \widehat{[CD]} \leq \widehat{[AB]}$$

et

$$\neg \left(\widehat{[AB]} \leq \widehat{[CD]} \right) \Leftrightarrow \widehat{[CD]} < \widehat{[AB]}$$

sont de ce fait prouvées.

B.4. Solutions d'exercices de l'annexe A

Solution de l'exercice A.1.

Tout d'abord, soient les droites $\mathcal{D}_1$, $\mathcal{D}_2$ et $\mathcal{D}_3$ coplanaires. Alors, les relations $\mathcal{D}_1 \parallel \mathcal{D}_2$ et $\mathcal{D}_2 \parallel \mathcal{D}_3$ entraînent $\mathcal{D}_1 \parallel \mathcal{D}_3$. En effet, la négation de $\mathcal{D}_1 \parallel \mathcal{D}_3$ induirait que la droite $\mathcal{D}_3$ est sécante à $\mathcal{D}_1$, puis, eu égard à la proposition A.3 à la page 179, également sécante à $\mathcal{D}_2$: une contradiction de l'hypothèse.

À présent, soient les droites $\mathcal{D}_1$, $\mathcal{D}_2$ et $\mathcal{D}_3$ non-coplanaires. Alors, $\mathcal{D}_1 \cap \mathcal{D}_2 = \emptyset$ et $\mathcal{D}_2 \parallel \mathcal{D}_3 = \emptyset$. Du reste, il existe un unique plan α contenant $\mathcal{D}_1$ et $\mathcal{D}_2$, ainsi qu'un plan β incluant $\mathcal{D}_2$ et $\mathcal{D}_3$. Donc, $\alpha \cap \beta = \mathcal{D}_2$. Au demeurant, $\mathcal{D}_1 \cap \mathcal{D}_3 = \emptyset$, car l'existence d'un point $M \in \mathcal{D}_1 \cap \mathcal{D}_3$ dédirait $\alpha \cap \beta = \mathcal{D}_2$. Maintenant, soit A un point de la droite $\mathcal{D}_1$ et γ le plan contenant A et $\mathcal{D}_3$. Alors, il existe une droite $\mathcal{G}$ tel que $A \in \mathcal{G} = \alpha \cap \gamma$; eu égard à la proposition A.5 à la page 180, le contraire livrerait en effet $\alpha = \gamma$, contredisant le fait que les droites $\mathcal{D}_1$, $\mathcal{D}_2$ et $\mathcal{D}_3$ soient non-coplanaires. Dans le même esprit, $\beta \cap \gamma = \mathcal{D}_3$; autrement, l'égalité $\beta = \gamma$ serait valide, avec pour conséquence

$$A \in \mathcal{G} = \alpha \cap \gamma = \alpha \cap \beta = \mathcal{D}_2,$$

puis $A \in \mathcal{D}_1 \cap \mathcal{D}_2$.

Pour poursuivre l'argumentation, les droites $\mathcal{D}_1$ et $\mathcal{G}$ sont supposées distinctes. Alors, elles sont sécantes en A. Dans la mesure où $\mathcal{D}_1$ est parallèle à $\mathcal{D}_2$, il en résulte que $\mathcal{D}_2$ et $\mathcal{G}$ sont sécantes en un point, désigné ici par B (voir la proposition A.3 à la page 179). Par conséquent,

$$B \in \mathcal{D}_2 \cap \mathcal{G} \subseteq \beta \cap \gamma = \mathcal{D}_3.$$

D'où $B \in \mathcal{D}_2 \cap \mathcal{D}_3$. Ceci contredit $\mathcal{D}_2 \cap \mathcal{D}_3 = \emptyset$. La supposition $\mathcal{D}_1 \neq \mathcal{G}$ est donc fausse. Autrement dit, $\mathcal{D}_1 = \mathcal{G}$. De ce fait, les droites $\mathcal{D}_1$ et $\mathcal{D}_3$ sont coplanaires et disjointes. Elles sont par conséquent parallèles.

Solution de l'exercice A.2.

Soient O et A des points distincts de l'espace euclidien, et soit α un plan contenant O et A. Du reste, le cercle de centre O et de rayon $[OA]$, contenu dans le plan α, est désigné ici par $\mathcal{C}$. Autrement dit,

$$\mathcal{C} = \{M \in \alpha \mid [OA] \equiv [OM]\}.$$

Alors, $A \in \mathcal{C}$, eu égard à la réflexivité de la relation de congruence. En outre, en vertu de l'axiome III.1 à la page 112, il existe un point $A' \in (OA) \setminus [OA)$ tel que $[OA] \equiv [OA']$. De même, pour chaque point

$P \notin (OA)$, il y a un point $B \in]OP)$ vérifiant $[OA] \equiv [OB]$. De ce fait, le cercle $\mathcal{C}$ contient au moins trois points non-alignés. Notamment, A, A' et B (voir le schéma B.10). Donc, $\mathcal{C}$ n'est pas contenu dans une droite. Par conséquent, $\dim(\mathcal{C}) = 2$.

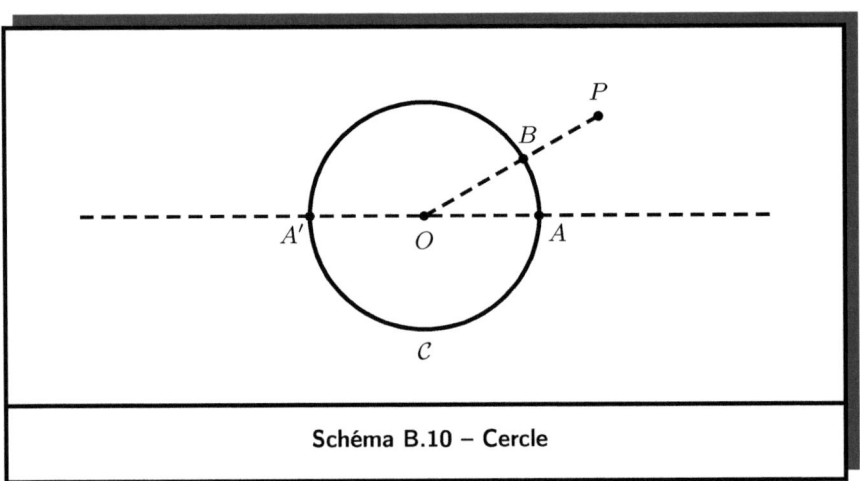

Schéma B.10 – Cercle

Solution de l'exercice A.3.

Soient O et A des points distincts de l'espace euclidien, et soit $\mathcal{S}$ la sphère de centre O et de rayon $[OA]$. Alors, par définition,

$$\mathcal{S} = \Big\{ M \in \mathbb{E} \ \big| \ [OA] \equiv [OM] \Big\}.$$

Par ailleurs, pour chaque plan α contenant les points O et A, le cercle

$$\mathcal{C} = \Big\{ M \in \alpha \ \big| \ [OA] \equiv [OM] \Big\}$$

est un sous-ensemble de $\mathcal{C}$. Au demeurant, pour tout point $P \notin \alpha$, il existe un point $B \in]OP)$ tel que $[OA] \equiv [OB]$ (voir l'axiome III.1 à la page 112). D'où $B \in \mathcal{S}$ (voir le schéma B.11). En conséquence, la sphère $\mathcal{S}$ n'est pas contenu dans un plan. Donc, $\dim(\mathcal{S}) = 3$.

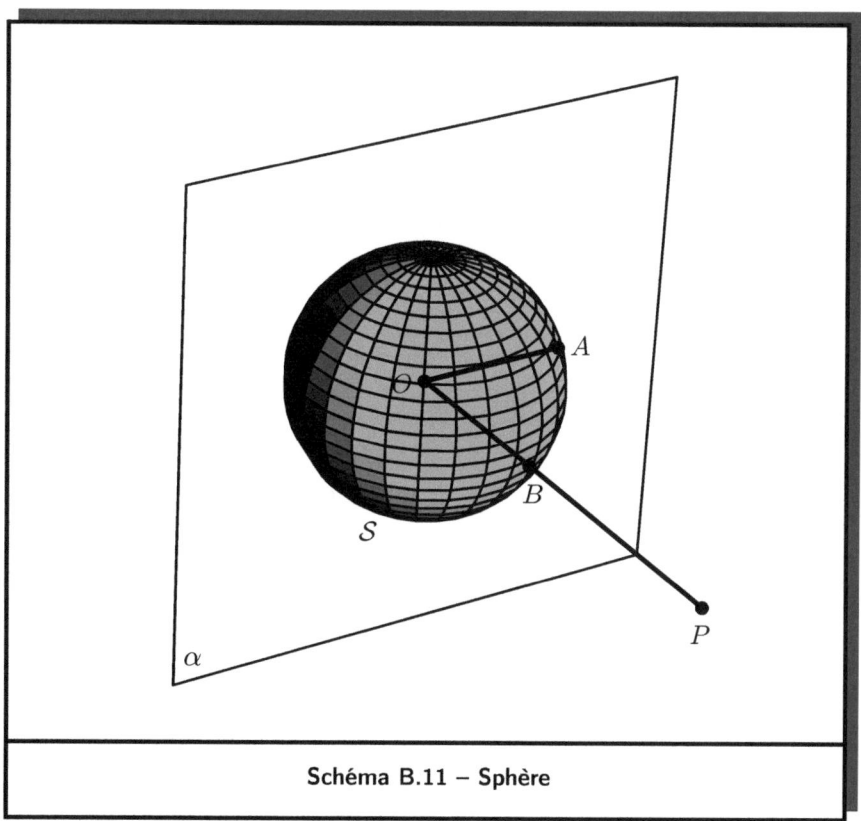

Schéma B.11 – Sphère

Liste des tableaux

1.1.	L'alphabet grec	5
1.2.	Connecteurs logiques et quantificateurs	8
1.3.	Noms des expressions composées	10
1.4.	Table de vérité de la négation	15
1.5.	Tables de vérité de la disjonction, conjonction, etc.	16
1.6.	Principales règles de déduction	24
1.7.	Expressions formelles des axiomes du système ZF	30
1.8.	Réflexivité, symétrie, antisymétrie et transitivité	38
1.9.	Structures algébriques à une opération	45
1.10.	Structures algébriques à deux opérations	46
1.11.	Propriétés des structures algébriques sur $\mathbb{R}$	87
1.12.	Propriétés de la relation d'ordre sur $\mathbb{R}$	88
A.1.	Dimension des entités basiques de l'espace euclidien	202
A.2.	Dimension d'ensembles non-vides de points de l'espace	202
B.1.	Preuve de la première loi de distributivité	208
B.2.	Preuve de la seconde loi de distributivité	208
B.3.	Preuve de la première loi de De Morgan	208
B.4.	Preuve de la seconde loi de De Morgan	209

Liste des schémas

1.1.	Les trois phases de la démarche mathématique	3
1.2.	Éléments de la logique mathématique	26
1.3.	Intersection d'ensembles	32
1.4.	Différences de deux ensembles	33
1.5.	Réunion d'ensembles	34
1.6.	Construction de l'ensemble $\mathbb{N}$ et de ses structures	83
1.7.	Construction de l'ensemble $\mathbb{Z}$ et de ses structures	84
1.8.	Construction de l'ensemble $\mathbb{Q}$ et de ses structures	85
1.9.	Construction de l'ensemble $\mathbb{R}$ et de ses structures	86
2.1.	Construction d'un triangle équilatéral	97
2.2.	Proposition II	99
2.3.	Proposition III	100
2.4.	Proposition IV	101
2.5.	Preuve de la proposition V	104
2.6.	Axiome II.5	109
2.7.	Demi-plans dans l'espace	111
2.8.	Axiome des parallèles	114
2.9.	Axiome V de la continuité	115
2.10.	Demi-espaces	118
2.11.	Partition de l'espace par un plan	119
2.12.	Première loi de congruence des triangles	120
2.13.	Angles supplémentaires	122
2.14.	Congruence des angles supplémentaires	123
2.15.	Angles opposés	124
2.16.	Intérieur d'un angle	125
2.17.	Congruence et soustraction d'angles	126
2.18.	Angles droits	128
2.19.	Triangle isocèle	129

2.20.	Troisième loi de congruence des triangles	130
2.21.	Angle aigu et angle obtus	135
2.22.	Droites sécantes.	137
3.1.	Milieu d'un segment	163
3.2.	Angles intérieur et extérieur d'un triangle (1)	164
3.3.	Angles intérieur et extérieur d'un triangle (2)	164
3.4.	Angles inégaux d'un triangle non-isocèle (1)	166
3.5.	Angles inégaux d'un triangle non-isocèle (2)	166
3.6.	Inégalité du triangle	169
A.1.	Droite sécante à deux parallèles	179
A.2.	Plan sécant à deux droites parallèles	182
A.3.	Droite sécante à deux plans parallèles	182
A.4.	Plan sécant à deux plans parallèles	185
A.5.	Projection plane	187
A.6.	Projection sur un plan dans l'espace	188
A.7.	Repérage sur une droite	190
A.8.	Repérage dans un plan	193
A.9.	Repérage dans l'espace.	197
A.10.	Tétraèdre	203
B.1.	Points à l'intérieur d'un angle	220
B.2.	Demi-droites à l'intérieur ou à l'extérieur d'un angle .	220
B.3.	Congruence et addition d'angles.	222
B.4.	Intérieurs respectifs d'un angle et de son opposé	223
B.5.	Opposé et supplémentaires d'un angle aigu	224
B.6.	Opposé et supplémentaires d'un angle obtus	224
B.7.	Construction de droites perpendiculaires (1)	227
B.8.	Construction de droites perpendiculaires (2)	227
B.9.	Comparaison d'angles aigu, droit et obtus	229
B.10.	Cercle	234
B.11.	Sphère	235

Bibliographie

[1] Euclide, *Les éléments de géométrie*, traduit par F. Peyrard, chez F. Louis Librairie, Paris, 1804.

[2] Hilbert, David, *Grundlagen der Geometrie*, 2. Auflage (Erstausgabe 1899), Teubner, Leipzig, 1903.

[3] Hilbert, David, *Les principes fondamentaux de la géométrie*, traduit par L. Laugel, Gauthier-Villars, Paris, 1900.

[4] Nguembou Tagne, C. V., *Discours formel sur les mathématiques pour le secondaire*, Volume I, Books on Demand, Paris, Norderstedt, 2018.

Index

$\mathbb{D}$, 106
$\mathbb{E}$, 106
$\mathbb{N}$, 49
$\mathbb{P}$, 106
$\mathbb{Q}$, 56
$\mathbb{R}$, 72
$\mathbb{Z}$, 52
$=$, 8
$\emptyset$, 27
$\exists$, 8
$\forall$, 8
$\in$, 6, 8
$\Leftrightarrow$, 8
$\neg$, 8
$\neq$, 29
$\notin$, 6, 29
$\Rightarrow$, 8
$\subseteq$, 29
$\subsetneq$, 31
$\vee$, 8
$\wedge$, 8

A

Abscisse, 189
Addition, 50, 53, 57, 79, 143, 199
Alphabet, 8
Angle, 93, 101, 112
    aigu, 93, 135
    droit, 93, 127
    obtus, 93, 135
Angles
    opposés, 123
    supplémentaires, 121
Anneau, 43
    commutatif, 44
    unitaire, 44
Antécédent, 7, 36, 39
Antisymétrie, 37
Application, 40
    bijective, 41
    identité, 40
    injective, 40
    inverse, 41
    réciproque, 41
    surjective, 41
Applications composables, 41
Archimède, 115

Assertion, 14
  atomique, 14
  conjonction, 14
  connectée, 14
  disjonction, 14
  équivalence, 14
  implication, 14
  négation, 14
  quantifiée, 14
Associativité, 42
Axe, 191, 194
Axiome
  d'Archimède, 115
  de complétude, 115
  de compréhension, 28
  de la continuité, 115
  d'extensionalité, 27
  de l'infini, 28
  de la mesure, 115
  de la paire, 28
  des parallèles, 114
  des parties, 28
  de remplacement, 29
  de la réunion, 28
  du vide, 27
Axiomes
  d'association, 107
  de congruence, 110–113
  de distribution, 108–109

B

Bijection, 41
Bijectivité, 41

Borne
  inférieure, 64
  supérieure, 64

C

Cantor, Georg, 27
Carré, 94
Centre
  d'un cercle, 93, 204
  d'une sphère, 204
Cercle, 93, 204
Circonférence, 93
Classe d'équivalence, 38, 140
Collection, 6
Commutativité, 42
Composée, 41
Composition, 41
Congruence, 110, 119
Consistance, 131
Constante, 4
Contexte
  associé à un langage, 12
Coordonnée, 189, 192
Coplanarité, 107
Corps, 44
  commutatif, 44
Correspondance, 7
  d'une variables, 7
  de n variables, 7
Côté
  d'un angle, 112
  d'une droite, 109
Couple, 6, 33

Coupure de Dedekind, 72
   composante majeure, 72
   composante résiduelle, 72

D

Dedekind, Richard, 71

Demi-cercle, 93

Demi-droite, 109
   fermée, 109
   ouverte, 109

Demi-espace, 117
   ouvert, 117

Demi-groupe, 43

Demi-plan, 110
   fermé, 110
   ouvert, 110

De Morgan, 89, 90

Dénominateur, 56

Diamètre d'un cercle, 93

Différence, 32

Dimension, 200, 201, 203

Distance, 153

Distributivité, 43
   à droite, 43
   à gauche, 43

Diviseur, 54

Divisibilité, 54

Division, 58

Domaine de définition, 36, 39

Droite, 106

Droites
   coplanaires, 107
   parallèles, 94, 114, 136, 178
   sécantes, 116, 179

E

Élément
   absorbant, 42
   inverse, 42
   neutre, 42
   nul, 42
   plus grand, 63
   plus petit, 62

Ensemble, 27
   bornée, 62
   d'arrivée, 36
   de définition, 39
   de départ, 36
   dense, 61
   inductif, 48
   majoré, 62
   minoré, 62
   totalement ordonné, 60

Ensemble de définition, 36

Ensemble ordonné complet, 68

Ensembles disjoints, 32

Équivalence logique, 89

Espace euclidien, 106

Espace vectoriel, 199

Expression, 9
   conjonction, 10
   disjonction, 10
   équivalence, 10
   implication, 10
   négation, 10

Extérieur
    d'un angle, 113, 124
    d'un segment, 108
Extrémité, 92, 108

F

Figure, 93
Fonction, 39
Formule, 9
Fraction, 56
    irréductible, 67
    réductible, 67
    simplifiable, 67
Fränkel, Abraham, 27
Frontière d'un demi-plan, 110

G

Groupe, 43
    abélien, 43

I

Image, 7, 36, 37, 39
Inégalité triangulaire, 167
Inclusion
    large, 29
    stricte, 31
Indépendance, 131
Injection, 40
Injectivité, 40
Intérieur
    d'un angle, 112, 124
    d'un segment, 108

Intersection, 31
Inverse, 41, 42

L

Ligne, 92
    droite, 92
Loi
    De Morgan, 207
Loi de composition interne, 42
Lois
    de congruence, 119–121, 129–130
    De Morgan, 89, 90, 207
    distributivité, 89, 207
Longueur d'un segment, 97

M

Magma, 43
Majorant, 62
Mesure d'un angle, 102
Milieu, 161
Minimum, 62
Minorant, 62
Monoïde, 43
Multilatère, 94
Multiple, 54
Multiplication, 50, 53, 57, 81
    par un scalaire, 199

N

Négation, 14
Nombre
    premier, 55
    rationnel, 56

Nombre entier
    impair, 54
    naturel, 12, 49
    pair, 54
    relatif, 52
Nombre rationnel
    négatif, 59
    positif, 59
Nombres premiers entre eux, 55
Numérateur, 56
n-uplet, 6, 34

O

Opération, 42, 143
    associative, 42
    commutative, 42
    distributive à droite, 43
    distributive à gauche, 43
Ordre total, 60
Origine, 189, 191, 194
    d'un angle, 112
    d'une demi-droite, 109

P

Paire, 28
Partie, 28
    bornée, 62
    dense, 61
    majorée, 62
    minorée, 62
Partition, 142
Plan, 106
Planche, 194

Plans parallèles, 180
Plus grand diviseur commun, 67
Plus petit multiple commun, 66
Point, 92, 106
Point de rupture
    d'une coupure, 74
Points
    alignés, 107
    coplanaires, 107
    non alignés, 107
Polygone, 94
Postulats d'Euclide, 95
Prédécesseur, 12, 48
Produit, 81
Produit cartésien, 35
Projection, 186, 187
Projeté, 186, 187
Puissance naturelle, 58

Q

Quadrilatère, 94
Quotient, 142

R

Réciproque, 41
Réflexivité, 37, 89, 140
Réunion, 33
Rayon
    d'un cercle, 204
    d'une sphère, 204
Rectangle, 94
Région triangulaire, 203

Règle de déduction, 20
    alternative, 21
    contraposition, 23
    disjonction des cas, 22
    élimination de $\Leftrightarrow$, 22
    élimination de $\Rightarrow$, 22
    élimination de $\vee$, 21
    existence non-constructive, 23
    introduction de $\Leftrightarrow$, 21
    introduction de $\Rightarrow$, 21
    introduction de $\wedge$, 20
    modus ponens, 22
    raisonnement par induction, 90
    raisonnement par l'absurde, 23
    reductio ad absurdum, 23
Relation
    antisymétrique, 37
    binaire, 6, 36
    d'équivalence, 38, 89, 140
    d'inclusion, 29, 31
    d'ordre, 38, 54, 59
    de congruence, 110, 119
    de divisibilité, 54
    de parallélisme, 114, 178
    de perpendicularité, 136
    n-aire, 6
    réflexive, 37, 89, 140
    symétrique, 37, 89, 140
    transitive, 37, 89, 140
Repère, 189, 191, 194
    Origine, 189

Repère cartésien, 189, 191, 194
    Origine, 189
Restriction, 40
Rhomboïde, 94

S

Segment, 108
    fermé, 108
    ouvert, 108
Singleton, 28
Skolem, Thoralf, 27
Somme, 79
Sous-collection, 11
Sous-ensemble, 28
    bornée, 62
    dense, 61
    majoré, 62
    minoré, 62
    propre, 31
Soustraction, 54, 58
Sphère, 204
Structure associée à un langage, 12
Successeur, 12, 48
Superficie, 93
Surjection, 41
Surjectivité, 41
Symétrie, 37, 89, 140
Système ZF, 27–30

T

Tables de vérité, 15, 16
Terme, 8
Tétraèdre, 203

Transitivité, 37, 89, 140
Trapèze, 94
Triangle, 94, 113
    acutangle, 94
    amblygone, 94
    équilatéral, 94, 96
    isocèle, 94, 102, 128
    obtus-angle, 94
    oxygone, 94
    rectangle, 94
    scalène, 94
Triangles congruents, 119
Trilatères, 94
Triplet, 34

V

Valeur absolue, 64
Variable, 4
    libre, 16
    liée, 16
Vecteur, 199

Z

Zermelo, Ernst, 27
Zermelo-Fränkel, 27